教育部高职高专计算机教指委规划教材

计算机网络技术项目教程

主　编　张学金　王立征
副主编　赵宪华　李韦韦

中国人民大学出版社
·北京·

中国人民大学出版社

教育部高职高专计算机教指委规划教材
编委会委员名单

总　序

近年来，我国高等教育取得了跨越式发展，毛入学率由1998年的8%迅速增长到2010年的25%，已经进入到大众的发展阶段，这其中，高等职业教育对实现“形成全民学习、终身学习的学习型社会”、“构建终身教育体系”的宏伟目标，发挥着其他教育形式不可替代的作用。

质量是职业教育的生命，社会需求是职业教育发展的终极动力。新颁布的《国家中长期教育改革和发展规划纲要》特别强调通过推进教育教学改革来提高质量。《纲要》要求通过课程、教材、教学模式和评价方式的创新，推进就业创业教育，实现人才培养方式转变，着力提高学生的职业道德、职业技能和就业创业能力。

实际上，为了适应我国高等职业教育的发展，全面提高教育教学质量，教育部主管部门先后启动了“国家精品课程建设”和“国家示范性高等职业院校建设计划”，经过四年的建设，无论是办学条件、人才培养模式，还是学生的就业质量都取得了显著进步；同时，也涌现出了一批高水平的优秀课程和优秀教材，为传播优秀教学理念、教学方法和教学内容起到了重要作用，为提高教学质量奠定了坚实基础。

为进一步深化教育教学改革和精品课程建设，进一步挖掘优秀的课程和教材，推广优秀的教育成果，扩大精品课程的受益面，在教育部高等学校高职高专计算机类专业教学指导委员会的指导下，中国人民大学出版社组织召开了计算机类专业的教材研讨会，并成立了教材编审委员会，计划在未来两三年内陆续推出百种高职高专计算机系列精品教材。

此套教材的作者大都是有着丰富的职业教育教学经验和较高专业学术水平的专家和教

授。教材内容的选择克服了追求理论“大而全”的不足，做到了少而精，有针对性，突出了能力的训练和培养；教材体例的安排突出了学习使用的弹性和灵活性，形成文字教材和多媒体教程相结合的立体化教材，加强了教师对学生学习过程的指导和帮助，形象生动、灵活方便，更能适应学员在职、业余自学，或配合教师讲授时使用，相信会起到很好的教学效果。为满足教师在实际教学中的需求，本套教材在编写体例形式上不拘一格，具备“任务引领型”、“案例型”、“项目实训型”等写作特点，其目的是让学生在学中练、练中学，在实际动手练习中掌握理论知识和专业技能。

我们期待，这套高职高专计算机精品教材能够为促进我国高校IT职业教育的教学质量做出积极的贡献；我们也相信，这套教材必将在实践中日臻完善、追求卓越！

教育部高等学校高职高专计算机类专业教学指导委员会 主任委员

大连东软信息学院院长　温涛教授

二〇一〇年六月

前言

21 世纪已进入计算机网络时代，随着通信技术和计算机技术紧密结合和同步发展，网络技术成为当前最活跃的一个高新技术领域。在短短 20 年的时间里，我国的计算机网络技术得到了飞跃发展，网络技术被广泛应用于政府、企业、机关、学校等众多部门，大大提高了人们的办事效率。社会对计算机网络人才的巨大需求，推动了职业教育的课程改革。现在，大多数的高职高专院校都把《计算机网络技术》作为计算机类专业一门必修的技术课程。

山东信息职业技术学院在高职中开设计算机网络技术课程已有 10 年，是 2008 年全国第一批思科网络学院挂牌学院，拥有思科公司的网络设备和优秀的教学资源，2010 年 9 月，投资 56 万元新建了计算机网络集成实训室，拥有先进的网络硬件实训设备。张学金、王立征老师多年来一直从事计算机网络方面的应用和教学工作，积累了丰富的工作经验。李韦韦、赵宪华老师都是计算机网络方向的硕士，兼职思科网络学院和计算机网络集成实训室的管理员，具有较强的理论和实践经验。

本书紧跟职业教育面向工作过程的教学思路，采用项目驱动，案例描述，力求做到“内容新、覆盖面宽，淡化理论、注重应用，深入浅出、通俗易懂”，既要让学生学到知识、学会知识、还要让学生懂得怎样去用学到的知识解决实际问题，提高分析问题、解决问题的能力。

本书作为计算机网络的入门教材，主要面向“用网”的层次，适当兼顾“管网”和“组网”的需要。希望读者能够以 Windows Server 2003 为例学会网络操作系统的使用，掌握 DHCP 服务、DNS 服务、Web 服务、FTP 服务等网络概念，熟练使用 Internet 提供的各种服务。对于学习能力强、特别感兴趣的读者，可以掌握到“组网”的层次，学完本书后能够掌握Windows Server 2003网络服务的配置，初步具备构建企业内部网络的能力。

本书开头为基础部分，主要介绍计算机网络的概念、组成、发展，数据通信基础和计算机网络的体系结构等计算机网络的基础知识；项目1主要介绍网络拓扑结构、网络传输介质、介质访问控制技术和局域网技术标准等局域网技术；项目2主要介绍IP地址的组成、分类，子网掩码的作用、组成及子网划分方法；项目3主要介绍对等网的基本知识和对等网的组建方法；项目4主要介绍活动目录的安装和域模式结构网络的组建；项目5主要介绍IP地址的分配方法和DHCP服务器的安装与配置；项目6主要介绍域名的层次结构和DNS服务器的安装与配置；项目7主要介绍Web服务器和FTP服务器的搭建；项目8主要介绍无线局域网的组网模式和组网方法；项目9从“网管”的角度较为详细地介绍了TCP/IP协议诊断命令；项目10主要介绍Internet的接入技术、WWW浏览器的使用、电子邮件的收发操作以及Internet常用的共享上网方法等。

本书建议学时60学时，其中理论授课40学时，实训操作20学时。

本书基础部分由张学金编写，项目1、2、5、9由赵宪华编写，项目3、7、8、10由李韦韦编写，项目4、6由王立征编写，全书由张学金统稿。

本书作为校企合作开发的技能性教材，在编写过程中得到了思科、锐捷网络等知名网络公司工程技术人员和潍坊贝通网络信息有限公司等我院多家校外实训基地专家的指导和支持，在此表示衷心地感谢！

由于作者水平有限，书中难免还有疏漏之处，敬请读者批评指正。我们的E-mail地址是wfzxj2006@163.com。

编　者

2011年5月

目　录

基础部分

学习目标

了解计算机网络的基本概念；

了解数据通信系统的实现技术；

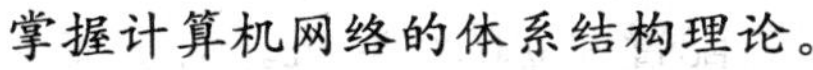

掌握计算机网络的体系结构理论。

项目分析

本部分主要涉及计算机网络的基础性知识，对后续项目而言是支撑性知识。内容主要包括计算机网络简介，数据通信基础和计算机网络的体系结构。

0.1 计算机网络简介

随着计算机技术和通信技术的迅猛发展，以及世界各国政府对“信息高速公路”建设的重视和推动，电子媒体、电子邮箱、电子商务、网络银行、网络视频、即时通信、电子政务等等，网络中的各种应用改变了人们的生活方式，由此造成了世界翻天覆地的变化，称为“工业革命”之后的又一次革命，即“信息革命”。

0.1.1 计算机网络的概念与发展

计算机网络是现代计算机技术和通信技术密切相结合的产物，是基于网络协议，利用通信设备和传输介质，将地理位置分布不同的、功能独立的各个计算机系统连接起来，以实现信息传递和资源共享的系统。

计算机网络技术的发展代表了目前计算机体系结构发展的一个极其重要的方向，近年来，计算机应用上的绝大多数创新都与网络应用有关联。从当前大多数人的观点来说，一台不联网的计算机不是一台完备的计算机。计算机网络从无到有，发展到现在也就是 50 多年的时间，从发展历程上看，基本经历了下述四个阶段。

第一阶段：计算机网络的雏形阶段。该阶段主要存在于 20 世纪 50 年代到 60 年代中期。该阶段的计算机网络实际上是以单台计算机为中心的远程终端联机系统。这样的系统中，除了一台中心计算机，其余的终端都不具备自主处理的功能，在系统中主要存在的是终端和中心计算机之间的通信，如图 0—1 所示。该系统不能称之为完全意义上的计算机网络，只能说是具有了计算机网络的雏形。那个时代的计算机比较昂贵，而通信线路和通信设备的价格相对便宜，为了共享计算机资源和进行信息的采集及综合处理，联机终端网络是一种主要的系统结构形式。20 世纪 60 年代初期，美国航空公司使用的订票系统就是由一台中心计算机和连接全美范围的 2000 多个终端组成的远程终端联机系统。由于该类系统的廉价性，20 世纪末期，在一些学校等需要众多计算机教学设施的场所仍然存在基于该系统的计算机机房。随着计算机价格的不断下降，该系统最终退出了历史舞台。

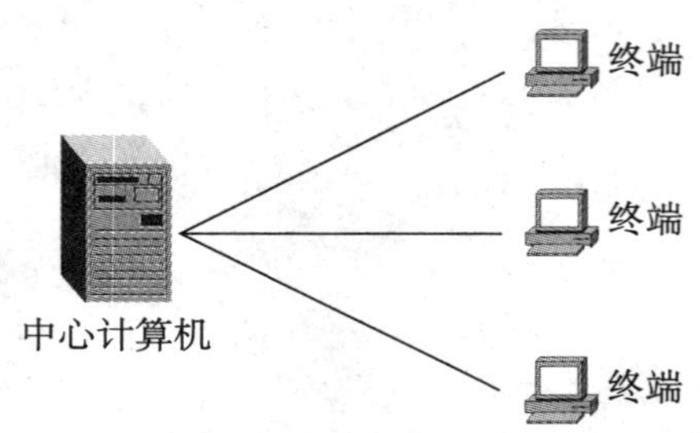

图 0—1　计算机网络的雏形

第二阶段：计算机网络的形成阶段。该阶段为 20 世纪 60 年代后期至 70 年代后期。随着计算机性能的提高和价格的下降，许多机构已经有能力配置独立的计算机。为了实现信息交换和资源共享，这些机构将不同地理位置的计算机互联起来，由此发展到了计算机与计算机之间直接通信的阶段。在该类网络中，计算机之间的地位是不存在主从关系的平等关系。1969 年 12 月，美国国防部高级研究计划署（ARPA，Advanced Research Project Agency）研制的 ARPAnet 投入使用，标志着现代计算机网络的正式诞生。在 ARPAnet 中，分组交换技术被正式使用。

第三阶段：计算机网络结构体系标准化阶段。该阶段为 20 世纪 80 年代至 90 年代初期。由于计算机网络的优越特性，众多机构建立了自己的计算机网络系统，然而这些计算机网络在实现技术上却存在较大的差别，由此造成不同网络之间不能实现互联。随着计算机网络的发展，使具有不同体系结构的计算机网络实现互联成为人们追求的新目标。伴随 ARPAnet 出现的 TCP/IP 模型和国际标准化组织（ISO，International Standardization Organization）制定和颁布的"开放系统互联参考模型"（OSI/RM，Open System Interconnection Reference Model）成为国际社会所公认的计算机网络标准的基础。

第四阶段：计算机网络互联阶段。该阶段为 20 世纪 90 年代初期至今。这一阶段计算机网络发展的特点是：互联、高速、智能与更为广泛的应用。20 世纪 90 年代，美国总统克林顿主导的"信息高速公路"工程，让世界看到了计算机网络发展的前景和重要性。由世界范围内的网络互联而成的 Internet 成为覆盖全球的、最大的信息共享平台。中国也于 20 世纪 90 年代初接入 Internet，20 世纪 90 年代末至今，计算机网络普及和网络应用技术进入了爆破式发展时期。随着网络技术的进一步发展，网络应用将会以更快的步伐进入到千家万户，必然对人类的生活、工作和社会的进步产生更加深刻的影响。

0.1.2　计算机网络的组成

探究计算机网络的组成，可以有多种方法，但是一种通用的划分方法是将计算机网络划分为资源子网和通信子网两部分，如图 0—2 所示。

1. 资源子网

资源子网主要承担全网的数据处理业务，向网络用户提供各种网络资源和网络服务。它

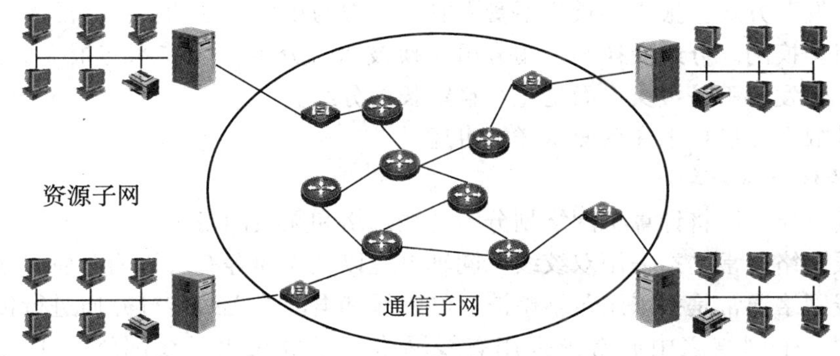

图 0—2 资源子网和通信子网

主要由联网的服务器、工作站、个人计算机、共享的打印机、其他设备及相关软件等组成。

2. 通信子网

通信子网主要承担全网的数据传输、转发、加工和转换等通信处理工作。它主要由网卡、传输介质、中继器、集线器、网桥、交换机和路由器等设备和相关软件组成。

0.1.3 计算机网络的分类

计算机网络的分类标准很多，可以依据网络的覆盖范围、交换方式、传输介质和通信方式等划分。最常用的计算机网络分类方法是依据覆盖范围分类。

1. 根据网络覆盖的范围分类

(1) 局域网（Local Area Network，LAN）。局域网是在较小的范围内组建的网络，它覆盖的范围通常是几十米到几千米，如一个办公室、一栋楼房、一个园区、一个单位等。局域网的主要特点是覆盖的地理范围小、数据传输速率高、误码率低、有利于实现排他性的区域资源共享等。局域网有完备而成熟的局域网技术。

(2) 城域网（Metropolitan Area Network，MAN）。城域网的规模通常限制在一座城市内，覆盖的范围从几十千米到几百千米。在一个城市内通过城域网可以将政府部门、大型企业、机关、部门等连接起来，可以实现大量用户的信息传递。

(3) 广域网（Wide Area Network，WAN）。广域网覆盖的范围从数百千米到数千千米，甚至上万千米，可以是一个地区，一个国家，甚至是全世界。最大的广域网是 Internet。

从网络传输的实现技术上也可以区分为局域网技术和广域网技术。局域网技术主要用于近距离的、可靠的数据传输和区域资源共享。广域网技术主要实现不同局域网之间的互联。两种技术在网络实现的各个层次上具有很大的不同。有关局域网的划分不一定是从覆盖范围上进行的划分，如果一个网络达到了城域网的覆盖范围，但采用了局域网技术，仍然可以称之为局域网。

2. 根据数据交换技术分类

按照网络所采用的数据交换技术，可以将网络划分为电路交换网、报文交换网和分组交换网三种类型。

(1) 电路交换网。电路交换网采用电路交换技术。电路交换在用户开始通信前，先建立一条从发送端到接收端的信道，并在双方通信期间始终占有该信道。

(2) 报文交换网。报文交换网采用报文交换技术。报文交换不占有专有信道，而是像邮局寄送信件一样，只需将发送的数据打包为包含送达地址的报文，而报文在网络中的传输采用“存储—转发”方式。报文的长度不受限制，一般与单次发送的数据量的多少有关。

(3) 分组交换网。分组交换网采用分组交换技术。分组交换技术与报文交换技术类似，所不同的是，转发的不是报文，而是短小且定长的分组。

有关三种数据交换技术在后面将详细讲述。

3. 根据传输介质分类

根据传输介质可以将计算机网络划分为有线网络和无线网络。

(1) 有线网络通常是指采用双绞线、同轴电缆以及光缆等有线传输介质组建的网络。

(2) 无线网络通常是指采用包括微波、红外线和电波等无线传输介质进行传输的网络。

当前在同一个网络之中通常既采用有线网络技术也采用无线网络技术，没有明显的界限。

4. 根据通信方式分类

根据网络的通信方式可以将计算机网络划分为广播式传输网络和点到点式传输网络。

(1) 广播式传输网络。广播式传输网络中的数据在公用介质中传输，即所有联网的计算机都共享一个通信信道。在广播式传输网络中发送给一个终端的数据，其他端也能接收到。

(2) 点到点式传输网络。点到点传输网络中，数据以点到点的方式在计算机或通信设备之间传输。它与广播式传输网络不同的是信道带宽独享，每对用户之间都有专有信道相连，发送给指定设备的数据，其他设备接收不到。

0.2 数据通信系统

网络是信息传输与共享的平台。所传输的信息包括文字、图片、声音和视频等，这些信息作为我们所看到的内容并不是直接从网络的一端传到另一端的。类似于计算机网络的电话网，打电话的双方听到的是对方的声音，但是声音并不能通过电话线直接从一端传送到另一端，之所以能够听到对方的声音是因为电话系统将声音转换成了电信号才得以在电话线上传输，涉及如何把信息转换成能够在电话线上传输的电信号的问题，这就是数据编码的问题。

当有了载有信息的电信号之后，如何传输这个电信号，比如说用几根线传输，信号是双向传输还是单向传输（即打电话的双方是否能够同时说话）等有关实现终端信号传输的问题即为数据传输技术问题。

在任何打电话的双方之间建立一根直接的连线是不经济的，电话作为终端连接在一个庞大的电话网中，也就是说电信号需要在这个电话网中寻找一条道路传输到对方终端，而网络中的中间节点就像铁道网中的火车站一样，需要调度在铁道上运行的众多火车。通过调度，不仅要防止混乱的发生，而且也要提高火车的通行速度。在数据通信上，这个问题就是数据交换问题。

0.2.1 信息、数据与信号

信息是现实世界在人们头脑中的反映。计算机网络的主要特征是信息共享，所以对计算机网络来说，如何实现信息的交换是主要的问题之一。然而我们需要文字等符号记载下来，符号成为信息的载体。比如说表示一个班有 40 个学生，可以表示为“40”，也可以表示为“四十”，又可以表示为“forty”，也就是说，同样的信息可以用不同的符号来表述。那么在计算机中用什么符合记载信息呢？是二进制数据。

数据是信息的载体，是把事件的某些属性规范化后得到的表现形式，它可以被识别，也可以被描述。数据可分为模拟数据与数字数据两种。模拟数据在时间上和幅度取值上都是连续的，其电平随时间连续变化。例如，语音是典型的模拟数据，其他由模拟传感器接收到的数据如温度、压力、流量等也是模拟数据。数字数据在时间上是离散的，在幅值上是经过量化的，它一般是由“0”和“1”构成的二进制代码组成的数字序列。现代计算机所能处理的数据只能是二进制数据。无论文字、数字，还是图像、声音、视频，最终都要转化成二进制数据存储在计算机中，进而进行处理。无论何种信息，只要转化成二进制数据且存在于计算机中，都称之为数据。

信号是数据的载体，是数据的具体物理表现形式。对计算机设备来说，数据是抽象的，不能直接处理，它所处理的是代表二进制数据的信号，在计算机内部，一般使用电信号来表示数据，比如说一个相对较高的电压代表二进制数据“1”，一个相对较低的电压代表二进制数据“0”。当然，也可以用其他载体来承载数据，如在通信中，常使用光信号、无线电波信号等。

承载数据的信号有数字信号和模拟信号之分。模拟信号是指在幅度和时间上连续变化的信号，如语音信号、光信号、温度压力传感器的输出信号等，如图 0—3（a）所示。数字信号是指时间和幅度都用离散数字表示的信号，如图 0—3（b）所示。数字信号在通信线路上传输时要借助电信号的状态来表示二进制代码的值，电信号可呈现两种状态，分别表示“0”和“1”。

虽然模拟信号与数字信号有着明显的差别，但在一定条件下它们是可以相互转化的。模拟信号可以通过采样、编码等步骤变成数字信号，而数字信号也可以通过信号调制技术转化为模拟信号。

信号的第二种分类方法是将信号分为基带信号和宽带信号。基带信号就是将计算机发送的数字信号“0”或“1”用两种不同的电压表示后，直接送到线路上传输的信号。而宽带信号是基带信号经过调制后形成的频分复用模拟信号。

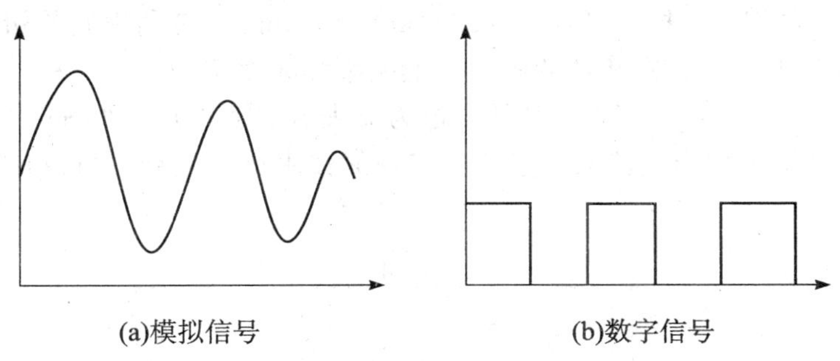

图 0—3　模拟信号与数字信号

0.2.2　数据编码

如何将数据转换成能够在信道中传输的信号呢？这就要看数据是数字数据还是模拟数据，要传输的数据是在模拟信道中传输还是在数字信道中传输。如果是数字数据在模拟信道中传输，需要把数字数据编制为模拟信号；如果是数字数据在数字信道中传输，需要把数据编制为数字信号；而模拟数据要在数字信道中传输要把模拟数据转化为数字信号。

1. 模拟信号编码技术

在长距离传输等需要使用模拟信道的情况下，发送端需将数字信号转换成模拟信号，这个过程叫调制，相应的调制设备叫调制器，在接收端需将模拟信号还原为数字信号，这个过程称为解调，相应的设备称为解调器。同时具备调制和解调功能的为调制解调器。在调制过程中，用以传输数据的波称之为载波，波是连续的、模拟的。载波信号可以表示为：

$$u(t)=A(t)\ \sin(\omega t+\Psi)$$

其中，振幅 A、角频率 ω、相位 Ψ 是载波信号的 3 个可变电参量。可以用 A、ω 和 Ψ 三个参量分别去调整波的振幅、频率和初始相位，并以此用于将数字信号调制成模拟信号。相应的调制方式分别称为“调幅”、“调频”和“调相”。在三个参量中，每种技术应当变化一个参量，而固定另外两个参量。

（1）调幅（AM，Amplitude Modulation）。

调幅技术，又称幅移键控（ASK，Amplitude Shift Keying），是利用波的振幅的大小来分别表示数字“0”和“1”。在振幅调制中，频率和相位都是常量，振幅为变量，即载波的幅度随发送的数字信号的值而变化。例如，表示数字“1”时可以用一个振幅较大的波表示，表示数字“0”时用振幅较小的波表示，或者用振幅为 0 的波表示（即不输出波），如图 0—4(a) 所示。

ASK 的特点是信号容易实现，技术简单，但由于振幅是靠能量维持的，随着波的能量的递减，可能会造成误码率的增加，抗干扰能力差，传输距离较短。

（2）调频（FM，Frequency Modulation）。

调频技术，又称频移键控（FSK，Frequency Shift Keying），是通过改变载波信号的频率来表示数字数据信号 0 或 1 的调制技术。在频率调制中，振幅和相位应当定为常量，频率为变量。例如，表示数字“1”时可以用一个频率较大的波表示，表示数字“0”时用频率较小的波表示，如图 0—4（b）所示。

FSK 的特点是信号容易实现，技术简单，只要能量存在，波的频率不会因为能量的改变而发生变化，抗干扰能力较强，传输距离较长。

（3）调相（PM，Phase Modulation）。

调相技术，又称相移键控（PSK，Phase Shift Keying），是利用波的初始相位的大小来分别表示数字“0”和“1”。在相位调制中，把振幅和频率定为常量，初始相位为变量。例如用初始相位为 0 表示数字“1”，用初始相位为 π 表示数字“0”，如图 0—4（c）所示。

PSK 的特点是抗干扰能力较强，但信号实现的技术比较复杂，所以比以上两种技术较少使用。

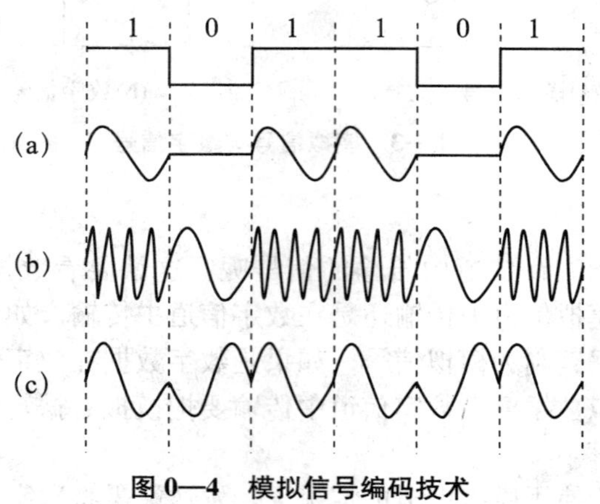

图 0—4　模拟信号编码技术

2. 数字信号编码技术

在数据通信中将数字数据转化为数字信号的过程叫数字编码，将数字信号还原为数字数据的过程称为数字解码。一般用电压的高低来编制数字信号，主要有以下几种编码方法：

（1）不归零编码 NRZ（Non-Return-Zero）。

不归零编码用电压的高低表示二进制的 0 和 1。例如，用低电平表示二进制 0，用高电平表示二进制 1。不归零编码的优点是易于实现，缺点是无法判断每一位的开始与结束，收发双方不能保持同步。为保证收发双方同步，必须在发送 NRZ 码的同时，用另一个信道同时传送同步信号。如图 0—5(a) 所示。

（2）曼彻斯特编码（Manchester Encoding）。

曼彻斯特编码不是用电压的高低表示二进制数 0 和 1，而是用电压的跳变来表示的。在曼彻斯特编码中，每一个数据位的中间均有一个跳变，这个跳变既作为时钟信号，又作为数据信号。例如，用电压从高到低的跳变表示二进制“1”，从低到高的跳变表示二进制“0”。曼彻斯特编码的优点是收发双方可以根据自带的时钟信号来保持同步，无需专门传递同步信号，成本低，缺点是效率低，信号占用的频带较宽，如图 0—5(b) 所示。

（3）差分曼彻斯特编码（Differential Manchester Encoding）。

差分曼彻斯特编码是对曼彻斯特编码的改进，每个数据比特位中间的电压跳变仅做同步之用，每比特位的值根据其开始边界是否发生跳变来决定。我们用每比特位的开始无跳变表示二进制“1”，有跳变表示二进制“0”。差分曼彻斯特编码的优点是自带同步时钟信号保持同步，成本低，抗干扰性能好，缺点是实现技术复杂，如图 0—5(c) 所示。

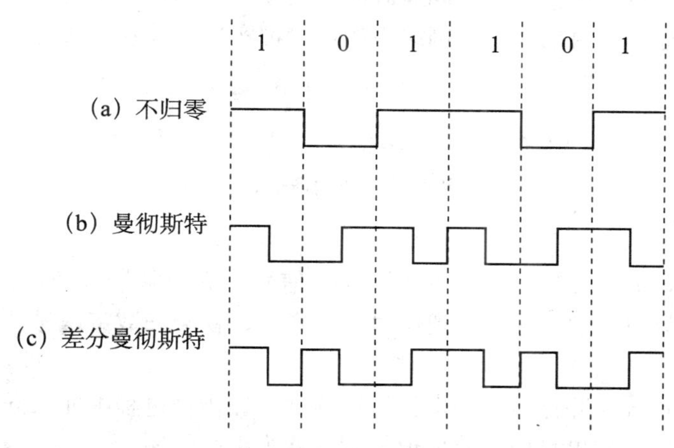

图 0—5　数字信号编码技术

3. 模拟数据至数字信号的编码技术

模拟数据可以基带传输，但必须转换成数字信号。模拟数据是连续的，也就是说任何一段模拟数据都会包含无穷多的数据量，比如从波上截取的一段，因而不可能将模拟数据上所有的量都转化成离散的数据。模拟数据转化成数字数据的过程，称为数字化。模拟数据数字化的过程必然伴随着数据的失真。脉冲编码调制技术（Pulse Code Modulation，PCM）是模拟数据采样编码的主要技术，经过三步将模拟信号转变为数字信号，这三步是采样、量化和编码。

（1）采样。采样是指将模拟数据，用相等时间间隔的时间序列划分成离散的模拟信号片段序列，也就是在时间上将模拟数据离散化。对同一个模拟数据来说，划分的时间片段越短，离散化出来的数据量就越多，数据的失真性就越小。

(2) 量化。量化是对采样出来的每一个模拟数据片段用一个单一的值来表示。对每一个抽样出来的模拟数据片段来说，它仍然含有无穷多个数据，我们需要用一个具有代表意义的数据来表示这一个片段。怎样的数据可以表示这一个片段呢？常用的数据有片段的最大值、最小值和平均值。

(3) 编码。编码则是按照一定的规律，把量化后的值用二进制数字表示，然后转换成二进制信号流。这样就将模拟数据转化成了数字信号。

0.2.3 数据传输

数据传输就是实现通信设备之间的信息的传递。数据的传输过程涉及几个我们需要了解的概念。

1. 信道

传输信息（信号）的必经之路称为信道。要把信道和物理线路区分开来，因为一条物理线路可以使用多路复用技术划分出多条信道。根据通信介质的属性，还可以将信道分为数字信道和模拟信道。数字信道用来传输数字信号，模拟信道用来传输模拟信号。

2. 通信方式

数据通信的方式有单工、半双工和全双工之分，如图 0—6 所示。比如，实现 A、B 两个设备之间的通信，如果只能实现从 A 到 B，或者从 B 到 A 的单向通信，称之为单工通信；如果既能实现从 A 到 B 的通信，又能实现从 B 到 A 的通信，但是同时间内只能实现一个方向的通信，称之为半双工通信；如果同时既能实现从 A 到 B，又能实现从 B 到 A 的双向通信，称之为全双工通信。目前大多数网络中的通信都实现了全双工通信。

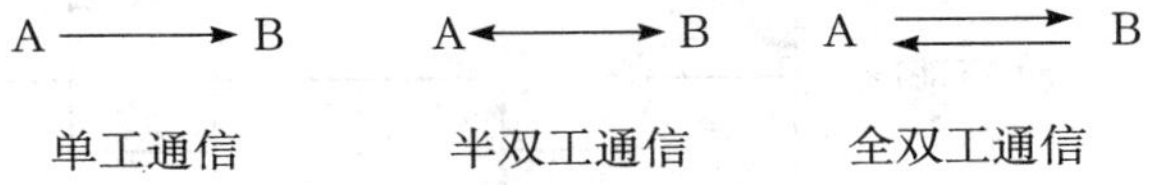

A ⟶ B　　A ⟷ B　　A ⇄ B

单工通信　　半双工通信　　全双工通信

图 0—6　数据通信方式

3. 传输类型

对数据的传输，如果在传输介质中传输数字信号，称为基带传输，如果传输模拟信号，称为频带传输；如果可以建立多个信道同时传输音频、视频和数字信号，称为宽带传输。

4. 传输方式

数据的传输方式分为并行传输和串行传输两种。在传输过程中如果同时用多个信道进行传输，称为并行传输；如果只用一个信道传输，称为串行传输。

对同样大小的数据量和相同的信道传输速率来说，8 个信道同时传输（一次可以传输一个字节）与同时只有一个信道传输（一次只能传输一个比特位），其传输能力的强弱是相当可观的。但是从成本上考虑，并行传输需要建立多个信道，成本较高，适合短距离传输，而串行传输只需建立一个信道，成本较低，适合长距离传输。

二进制数据表示信息，一般以一个字节为单位，比如 ASCII 码中的一个字符用一个字节表示，所以在数据的传输中，接收方必须知道一个字节是从哪个比特位开始的。如果字节的起始位弄错了，则接收方对它所接收信息的解析是错的。这就是传输的同步问题。从 A 到 B 实现两个设备之间的数据通信，如果使用 8 个信道的并行传输，则一次可以传输一个字节，接收方不需要对字节的起始位进行判断。如果使用的是串行传输，则接收方需要判断一个字节的起始位，根据解决串行传输同步问题的方法不同，将串行传输又分为异步传输和同步传输。

（1）异步传输。

异步传输一般以字符为单位（一个字符并不一定是一个字节，比如一个汉字字符需要两个字节），在发送每一字符代码时，前面均加上一个“起”信号，字符代码后面均加上一个“止”信号。起止信号用一串不同于其他符号的二进制串表示，且收发双方都知晓，如此数据的接收方测到起止信号就能知道一个字符的开始与结束，也就实现了串行传输收、发双方字符的同步。这种传输方式的优点是同步实现简单，收发双方的时钟信号不需要严格同步，传输速率可以不一致，缺点是对每一字符都需加入“起、止”码元，使需要传输的数据量膨胀，传输效率降低。

（2）同步传输。

同步传输不是向数据流中添加起止符达到同步的目的，而是以同步的时钟节拍来发送数据信号，因此在一个数据流中，各信号码元之间的相对位置都是固定的（即同步的）。这种同步要求收发双方具有相同的传输速率，对设备的要求较高，但传输速率较快。

5. 传输速率

（1）比特率（bps）。

测量数据传输的单位是比特率。比特率是指单位时间内所传送的二进制码元的有效位数，以每秒多少比特数计，即 bps。

（2）波特率（Baud）。

波特率也是数据传输单位，波特率是脉冲信号经过调制后的传输速率，它是指单位时间（秒）内传输的码元数目，以波特（Baud）为单位，通常用于表示调制器之间传输信号的速率。这里的码元是对于网络中传送的进制数字中每一位的通称，也常称作“位”，可以是二进制的，也可以是多进制的。波特率 N 和比特率 R 的关系为 $R=N\log_2 M$，当码元为二进制时，M 为 2；码元为八进制时，M 为 8，依此类推。如果波特率为 100Baud，在二进制时，比特率为 100bps，在八进制时比特率为 300bps。

6. 误码率

误码率指信息传输的错误率，是衡量系统可靠性的指标。它以接收信息中错误比特数占总传输比特数的比例来度量的。误码率越高，信道越不可信。

0.2.4　多路复用技术

为了降低网络建设成本，可以在一条物理线路上建立多条通信信道，这样的技术称为多路复用技术。

（1）频分多路复用（FDM，Frequency Division Multiplexing）。

基本原理：如果每路信号以不同的载波频率进行调制，而且各个载波频率是完全独立的，即各个信道所占用的频带不相互重叠。相邻信道之间用“警戒频带”隔离，那么每个信道就能独立地传输一路信号。

主要特点：信号被划分成若干通道（频道，波段），每个通道互不重叠，独立进行数据传递。频分多路复用在无线电广播和电视领域中应用较多。

（2）时分多路复用（TDM，Time Division Multiplexing）。

时分多路复用是以信道传输时间作为分割对象，通过为多个信道分配互不重叠的时间片的方法来实现多路复用。时分多路复用将用于传输的时间划分为若干个时间片，每个用户分得一个时间片。

时分多路复用通信是各路信号在同一信道上占有不同时间片进行通信。

(3) 波分多路复用（WDM，Wavelength Division Multiplexing)。

波分多路复用就是在同一根光纤内传输多路不同波长的光信号，以提高单根光纤的传输能力。

(4) 码分多址（CDMA，Code Division Multiple Access)。

CDMA又称为码分多址，采用地址码和时间、频率共同区分信道的方式。CDMA的特征是每个用户具有特定的地址码，而地址码之间相互具有正交性，因此各用户信息的发射信号在频率、时间和空间上都可能重叠，从而使有限的频率资源得到利用。

CDMA是扩频技术上发展起来的无线通信技术，即将需要传送的具有一定信号带宽的信息数据，用一个带宽远大于信号带宽的高速伪随机码进行调制，使原数据信号的带宽被扩展，再经载波调制并发送出去。接收端也使用完全相同的伪随机码，对接收的带宽信号作相关处理，把宽带信号换成原信息数据的窄带信号即解扩，以实现信息通信。

(5) 空分多址（SDMA，Space Division Multiple Access)。

空分多址技术是将空间分割构成不同的信道，从而实现频率的重复使用，达到信道增容的目的。例如，在一颗卫星上使用多个天线，各个天线的波束射向地球表面的不同区域，地面上不同地区的地球站，它们在同一时间，即使使用相同的频率工作，它们之间也不会形成干扰。

0.2.5 数据交换技术

1. 电路交换

当用户要发信息时，由源交换机根据信息要到达的目的地址，把线路接到目的交换机，这个过程称为线路接续。线路接通后，就形成了一条端对端（主叫用户终端和被叫用户终端之间）的信息通路，在这条通路上双方即可进行通信。通信完毕，由通信双方的某一方，向自己所属的交换机发出拆除线路的要求，交换机收到此信号后就将此线路拆除。线路拆除后空出来的线路就可以供别的用户呼叫使用。

2. 报文交换

在报文交换中，数据传输的单位是报文，即发送节点一次性要发送的数据块，长度不限且可变。报文交换传送数据的方式采用存储—转发方式，即数据发送端想要发送一个报文，它首先要把目的地址附加在报文上，然后将报文投向网络中的节点，网络节点根据报文上的目的地址信息，以接力的形式传送到目的节点。每个节点在收到报文之后，会将报文暂时存储在本节点，然后对报文进行差错校验，校验无误后利用路由信息找出下一个“接力”节点的地址，并把整个报文传送给该节点，因此，在报文交换中，端与端之间（主叫用户终端和被叫用户终端之间）无须先通过呼叫建立连接。

这种方法比起电路交换来有许多优点：

(1) 线路效率较高，这是因为许多报文可以分时共享一条节点的通道。对于同样的通信容量来说，需要较少的传输能力。

(2) 不需要同时使用发送器和接收器来传输数据，网络可以在接收器可用之前，暂时存储这个报文。

(3) 在电路交换网络上，当通信量变得很大时，就不能接受某些呼叫，而在报文交换网络上，却仍然可以接收报文，但传送延迟会增加。

（4）报文交换系统可以把一个报文发送到多个目的地，而电路交换网络很难做到这一点。

报文交换的主要缺点是，它不能满足实时或交互式的通信要求，经过网络的延迟长，而且有相当大的变化。因此，这种方式不能用于声音连接，也不适合于交互式终端到计算机的连接。有时节点收到过多的数据而不得不丢弃报文，并阻止了其他报文的传送，而且发出的报文不按顺序到达目的地。另外，报文交换中，若报文很长，需要较大容量的存储器。若将报文放到外存储器，则会造成响应时间过长，增加了网络延迟时间。

3. 分组交换

分组交换也称包交换，它是将用户传送的数据划分成一定的长度，每个部分叫做一个分组。分组交换与报文交换都是采用存储—转发交换方式。二者的主要区别是：报文交换时报文的长度不限且可变，而分组交换的报文长度不变。分组交换首先把来自用户的数据暂存于存储装置中，并划分为多个一定长度的分组，每个分组前边都加上固定格式的分组标题，用于指明该分组的发端地址、收端地址及分组序号等。

以报文分组作为存储—转发的单位，分组在各交换节点之间传送比较灵活，交换节点不必等待整个报文的其他分组到齐，一个分组、一个分组地转发。这样可以大大压缩节点所需的存储容量，也缩短了网络时延。另外，较短的报文分组比长的报文可大大减少差错的产生，提高了传输的可靠性。

分组交换通常有两种方式：数据报方式和虚电路方式。

在数据报方式中，每个分组按一定格式附加源地址和目的地址、分组编号、分组起始和结束标志、差错校验等信息，以分组形式在网络中传输。网络只是尽力地将分组交付给目的主机，但不保证所传送的分组不丢失，也不保证分组能够按发送的顺序到达接收端。所以网络提供的服务是不可靠的，也不保证服务质量。数据报方式通常适用于较短的单个分组的报文。数据报方式优点是传输延时小，当某节点发生故障时不会影响后续分组的传输。缺点是每个分组附加的控制信息多，增加了传输信息的长度和处理时间，增大了额外开销。

虚电路方式与数据报方式的区别主要是在信息交换之前，需要在发送端和接收端之间先建立一个逻辑连接，然后才开始传送分组，所有分组沿相同的路径进行交换转发，通信结束后再拆除该逻辑连接。网络保证所传送的分组按发送的顺序到达接收端。所以网络提供的服务是可靠的，也保证服务质量。这种方式对信息传输频率高、每次传输量小的用户不太适用，但由于每个分组头只需标出虚电路标识符和序号，所以分组头开销小，适用长报文的传送。

在分组交换方式中，由于能够以分组方式进行数据的暂存交换，经交换机处理后，很容易地实现不同速率、不同规程的终端间通信。

分组交换的特点主要有：

● 线路利用率高。分组交换以虚电路的形式进行信道的多路复用，实现资源共享，可在一条物理线路上提供多条逻辑信道，极大地提高了线路的利用率。

● 不同种类的终端可以相互通信。数据以分组为单位在网络内存储—转发，使不同速率终端、不同协议的设备经网络提供的协议变换功能后实现互相通信。

● 信息传输可靠性高。每个分组在网络中进行传输时，在节点交换机之前采用差错校验和重发的功能，因而在网络中传送的误码率大大降低。而且当网络内发生故障时，网络中的路由机制会使分组自动地选择一条新的路由以避开故障点，不会造成通信中断。

● 分组多路通信。由于每个分组都包含有控制信息，所以分组型终端可以同时与多个用户终端进行通信，可把同一信息发送到不同用户。

4. 信元交换

信元交换又叫异步传输模式（ATM，Asynchronous Transfer Mode），是一种面向连接的快速分组交换技术，它是通过建立虚电路来进行数据传输的。ATM 采用固定长度的信元作为数据传送的基本单位，信元长度为 53 字节，其中信元头为 5 字节，数据为 48 字节。长度固定的信元可以使 ATM 交换机的功能尽量简化，只用硬件电路就可以对信元头中的虚电路标识进行识别，因此大大缩短了每一个信元的处理时间。另外 ATM 采用了统计时分复用的方式进行数据传输，根据各种业务的统计特性，在保证服务质量要求（QoS，Quality of Service）的前提下，在各个业务之间动态地分配网络带宽。

0.3 计算机网络体系结构

体系结构（Architecture）是研究系统各部分组成及相互关系的技术科学。计算机网络体系结构是指整个网络系统的逻辑组成和功能分配，它定义和描述了一组用于计算机及其通信设施之间互联的标准和规范的集合。研究计算机网络体系结构的目的在于定义计算机网络各个组成部分的功能，以便在统一的原则指导下进行计算机网络的设计、建造、使用和发展。

就目前计算机网络的技术状况来说，计算机网络的体系结构具有两大特征：高度结构化和层次结构。所谓结构化，是将一个复杂的系统设计问题分解成为一个个容易处理的子问题加以解决，并协调好各个子问题之间关系，最终完成系统的整体规划与设计。结构化方法是现代系统设计最重要的系统设计方法之一。所谓层次结构，是将一个复杂的系统设计问题划分成一组组容易理解的子问题，每一组问题具有相似的功能，并具有前后或上下的层次关联关系，承担着各自的具体任务。层次结构设计是结构化系统设计中最常用的、最基本的方法之一。现代计算机网络体系结构的建立是层次结构化系统设计的典型范例。

0.3.1 网络协议与分层

1. 协议的概念

从最根本的角度上讲，协议就是规则。例如，在公路上行驶的各种交通工具，需要遵守交通规则，这样才能减少交通阻塞，有效地避免交通事故的发生。又如，不同国家的人使用的是不同的语言，如果他们事先不约定好使用同一种语言的话，那么他们是无法进行沟通的。同样的，在计算机网络的通信过程中，数据从一台计算机传输到另一台计算机，我们称为数据通信或数据交换。网络中的数据通信也需要遵守一定的规则，以减少网络阻塞，提高网络的利用率。网络协议，就是为进行网络中的数据交换而建立的规则或约定。联网的计算机以及网络设备之间要进行数据与控制信息的成功传递就必须共同遵守网络协议。

网络协议主要由以下三要素组成。

（1）语法。语法规定了通信双方“如何讲”，即确定用户数据与控制信息的结构与格式。

（2）语义。语义规定通信的双方准备“讲什么”，即需要发出何种控制信息，完成何种动作以及做出何种应答。

（3）同步（时序）。同步规定双方“何时进行通信”，即事件实现顺序的详细说明。

2. 协议分层

计算机网络是一个非常复杂的系统，网络通信也比较复杂。网络通信的涉及面极广，不仅涉及网络硬件设备（如物理线路、通信设备、计算机等），还涉及各种各样的软件，所以用于网络的通信协议必然很多。实践证明，结构化设计方法是解决复杂问题的一种有效手段。其核心思想就是将系统模块化，并按层次组织各模块。因此，在研究计算机网络的结构时，通常也按层次进行分析。

（1）分层的好处。计算机网络中采用分层体系结构有如下好处：

● 各层之间可相互独立。高层并不需要知道低层是采用何种技术来实现的，而只需要知道低层通过接口能提供哪些服务。每一层都有一个清晰、明确的任务，实现相对独立的功能，因而可以将复杂的系统性问题分解为一层一层的小问题。当属于每一层的小问题都解决了，那么整个系统的问题也就接近于完全解决了。

● 灵活性好，易于实现和维护。如果把网络协议作为一个整体来处理，那么任何一个方面的改进必然要对整体进行修改，这与网络的迅速发展是极不协调的。若采用分层体系结构，由于整个系统已被分解成为若干个易于处理的部分，那么这样一个庞大而又复杂的系统的实现与维护也就变得容易控制。当任何一层发生变化时（如技术的变化），只要层间接口保持不变，则其他各层都不会受到影响。另外，当某层提供的服务不再被其他层需要时，可以将这层直接取消。

● 有利于促进标准化。这主要是因为每一层的协议已经对该层的功能与所提供的服务做了明确的说明。

（2）各层间的关系。

前面我们已经谈到了，网络协议都是按层的方式来组织的，每一层都建立在它的下一层之上。不同的网络，其层次数、各层的名字、内容和功能都不尽相同。然而，在所有的网络中，每一层的目的都是向它的上一层提供一定的服务，而上一层根本不需要知道下一层是如何实现服务的。

每一对相邻层次之间都有一个接口（Interface），接口定义了下层向上层提供的原语操作（即命令）和服务，相邻两个层次都是通过接口来交换数据的。当网络设计者在决定一个网络应包含多少层，每一层应当做什么的时候，其中一个很重要的考虑就是要在相邻层次之间定义一个清晰的接口。低层通过接口向高层提供服务。只要接口条件不变，低层功能不变，低层功能的具体实现方法与技术的变化就不会影响整个系统的工作。

（3）服务（接口）与协议，如图 0—7 所示。

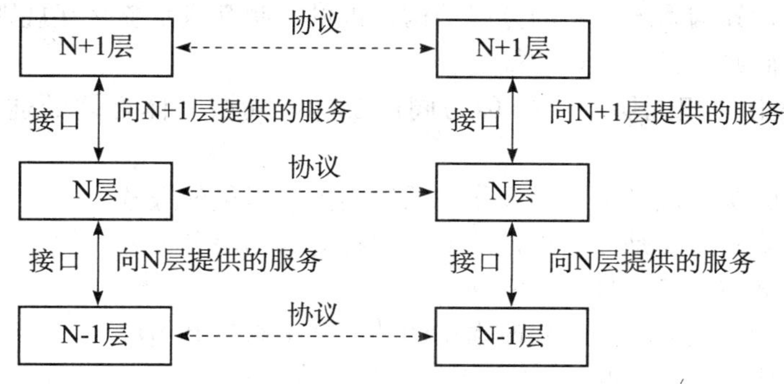

图 0—7　服务与协议的关系

服务和协议是完全不同的概念。服务是各层向其上层提供的一组原语，尽管服务定义了本层能够为其上层提供的支持操作，即下层能为上层做什么，但是没有设计这些操作是如何完成的，即服务只定义了相邻两层下层面向上层的接口。与服务相比，协议是定义同层对等实体之间交换的帧、分组和报文的格式及意义的一组规则。实体利用协议来实现它们的服务定义。只要不改变提供给用户的服务，实体可以任意改变它们的协议。换句话说，服务涉及层与层之间的接口，而协议涉及对等实体同层之间发送分组的格式、意义和规则。

0.3.2 OSI参考模型

国际标准化组织（International Standard Organization，ISO）于1979年成立机构专门研究网络体系结构与网络协议的国际标准化问题，经过多年卓有成效的工作，提出了一个试图使各种计算机在世界范围内互联成网的标准框架，即著名的开放系统互联参考模型(Open System Interconnection/Reference Model)，简称为OSI。在1983年形成了开放系统互联基本参考模型正式文件，即著名的ISO7498国际标准。“开放”是指只要遵循OSI标准，就可以和世界上任何地方的、也遵循这一标准的其他任何系统进行通信。“系统”是指在现实的系统中与互联有关的各部分。

在OSI标准的制定过程中，采用的方法是将整个庞大而复杂的问题划分为若干个容易处理的小问题，这就是分层体系结构方法。分层的原则如下：

（1）根据不同层次的抽象分层。

（2）每层应当实现一个定义明确的功能。

（3）每层功能的选择应该有助于制定网络协议的国际标准。

（4）各层边界的选择应尽量减少跨过接口的通信量。

（5）层数应足够多，以避免不同的功能混杂在同一层中，但也不能太多，否则体系结构会过于庞大。

开放系统互联参考模型OSI是个抽象的概念，并不是一个具体的网络。它将整个网络的功能划分成七个层次：物理层、数据链路层、网络层、传输层、会话层、表示层和应用层。最高层为应用层，面向用户提供网络应用服务。最低层为物理层，与通信介质相连实现真正的数据通信。两个用户的计算机通过网络进行通信时，除物理层之外，其余各对等层之间均不存在直接的通信关系，而是通过各对等层的协议来进行通信。只有两个物理层之间通过通信介质进行真正的数据通信。OSI参考模型如图0—8所示。

OSI参考模型有以下主要特性：

（1）它是一种将异构系统互联的分层结构，提供控制互联系统交互规则的标准框架，定义一种抽象结构，而并非具体实现的描述。

（2）不同系统上的相同层的实体称为同层实体，同层实体之间的通信由该层的协议管理。

（3）相邻层间的接口定义了原语操作和低层向上层提供的服务。

（4）所提供的公共服务是面向连接的或无连接的数据服务。

（5）直接的数据传送仅在最底层实现。

（6）每层完成所定义的功能，修改本层的功能并不影响其他层。

OSI参考模型具有以下优点：

（1）简化相关的网络操作。并规定了每一层的功能。

（2）提供即插即用的兼容性和不同厂商之间集成的标准接口。

（3）使工程师们能专注于设计和优化不同网络互联设备的互操作性。

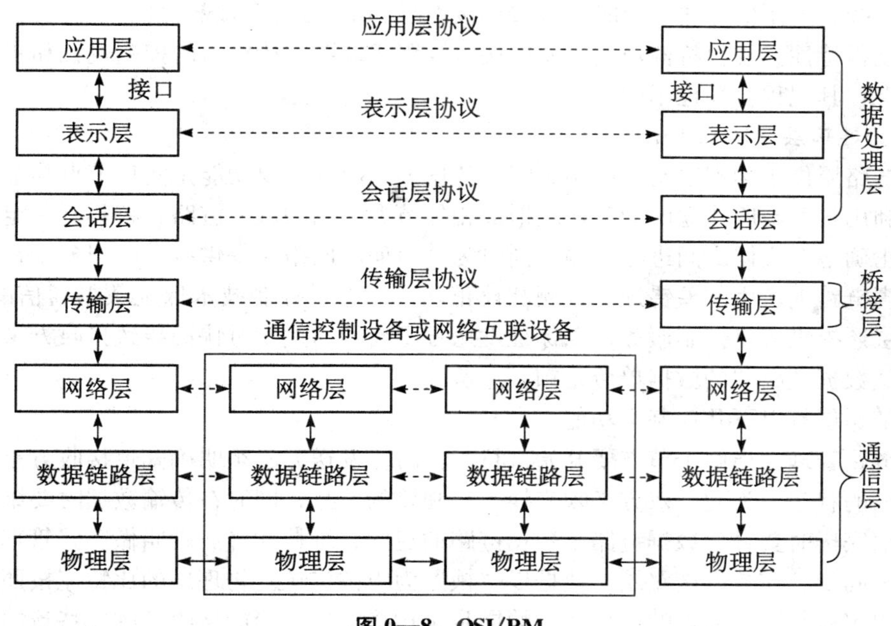

图 0—8 OSI/RM

(4) 防止一个区域的网络变化影响另一个区域的网络。因此，每一个区域的网络都能单独快速地升级。

(5) 把复杂的网络连接问题分解成小的、简单的问题，以便于学习和操作。

1. *物理层*（Physical Layer）

物理层是 OSI 参考模型的最低层。物理层的主要任务就是透明地传送二进制比特流，即经过实际电路传送后的比特流不发生变化。但是物理层并不关心比特流的实际意义和结构，只是负责接收和传送比特流。作为发送方，物理层通过传输介质发送数据；作为接收方，物理层通过传输介质接收数据。在物理层中的数据以“bit”为单位，其数据又称为比特流。

物理层所解决的网络问题的核心是协调位传输的规则。所有与位相关的协议都围绕着一个目的：实现“位”的快速、正确传输。为实现这一目的，物理层定义了物理网络结构，网络传输介质的机械特性和电气特性，位传输编码和计时规则，以及信道的使用方式等网络通信的基本技术要求。

与物理层有关的网络互联设备有：

(1) 集线器、中继器，其作用是为电子信号进行接收、放大、重传。

(2) 传输介质连接器，其作用是向传输介质互联的设备提供机械接口。

(3) 调制解调器，其作用是完成数字信号与模拟信号之间的转换。

物理层定义网络硬件的特性，包括使用的传输介质以及与传输介质连接的接头等部件的物理特性。

(1) 机械特性。规定所用接线器的形状、几何尺寸、引线数目、排列方式等。

(2) 电气特性。规定了与信号线的连接方式相关的电气参数。主要内容包括信号“0”或“1”的电平范围、阻抗匹配、传输距离的限制等。

(3) 功能特性。描述了某条连线上的某种电平所表示的含义。按功能可将接口信号线分为数据信号线、控制信号线、定时信号线、接地线和次信道信号线 5 种。

（4）规程特性。规程特性规定了使用接口线路实现数据传输时的控制过程和步骤。不同的接口标准，其规程特性也不同。

2. 数据链路层（Data Link Layer）

数据链路层位于物理层与网络层之间。数据链路层的主要功能是实现节点与节点之间的连接。它利用物理层所建立的物理连接形成相邻节点之间的数据链路，将具有一定意义和结构的信息正确地在实体之间进行传输，同时为其上面的网络层提供有效的服务。在数据链路层中对物理链路上产生的差错进行检测和校正，采用差错控制技术保证数据通信的正确性；数据链路层还提供流量控制服务，以保证发送方不会因为速度过快而导致接收方来不及正确接收数据。数据链路层的数据单位是帧。

数据链路层有以下几项基本功能：

（1）链路管理。当两个节点要开始进行通信时，发送方必须明确知道接收方是否处在准备接收数据的状态。为此，双方必须交换一些必要的信息；同时在传输数据时要维持数据链路，当通信完毕时要释放数据链路。数据链路的建立、维持和释放就叫做链路管理。

（2）帧同步。在数据链路层，数据以“帧”为单位传送。物理层的比特流按照数据链路层协议的规定被封装在数据帧中传送。帧同步是指接收方应当能从收到的比特流中正确地区分出一帧的开始和结束的地方。

（3）流量控制。发送方发送的数据必须使接收方来得及接收，当接收方来不及接收时，就必须控制发送方发送数据的速率。

（4）差错控制。在计算机通信过程中，往往要求有极低的误码率。为此，必须采用差错控制技术。差错控制技术要使接收端能够发现并纠正传输错误。数据链路层实体将对帧的传输过程进行检查，发现差错可以用重传方式解决。

（5）寻址。在多点连接的情况下，要保证每一帧能传送到正确的目的地址。

在数据链路层所涉及的地址是物理地址，即 MAC 地址。为了区分网络中的不同设备，OSI 要求每个连接于网络的设备必须拥有一个物理设备地址。由于物理设备地址属于数据链路层中的 MAC 子层（参见 IEEE 802 局域网模型）的功能要求，故而常把网络设备的物理设备地址称为 MAC 地址。

在通常所使用网络设备中，如路由器、交换机、集线器和网卡等均在出厂前，拥有一个物理“硬”地址。原则上世界上所有网络设备的物理设备地址都是不同的。因为每个设备所使用的 MAC 地址均要得到国际标准化组织的批准，从而才能保证所有厂家的设备都具有不一样的物理地址，因此，在计算机网络设备的安装与调试中，不需要设置物理地址，也无法改变其物理地址。MAC 地址一般由 12 位十六进制数（二进制 48 位数）组成。如某网卡的地址是 8E178F889922，其中前 6 位是制造商编号，后 6 位是产品序号。网络设备制造商的编码由 IEEE（电气和电子工程师协会）分配和管理。

交换机是工作在数据链路层的典型设备。网卡工作于数据链路层和物理层。如果单就硬件而言，网卡属于物理层上的设备。部分具有智能管理的集线器也工作在数据链路层。工作在数据链路层的设备还有网桥，现在已经不多用了。

3. 网络层（Network Layer）

网络层是 OSI 参考模型的第三层。数据链路层解决了相邻节点之间的数据帧的通信问题，实现了点到点的连接，网路层要解决的问题是如何实现在数据所经过的节点上选择下一跳路径，即路由选择的问题。网络层还具有拥塞控制、信息包顺序控制及网络记账等功能。在网络层交换的数据单位是包。网络层有以下几项基本功能：

（1）为传输层提供服务。根据网络层差错控制、流量控制、路由选择、顺序传输的不同处理方式，网络层向传输层提供的服务主要有两类：面向连接的服务和无连接的服务。

面向连接的服务是指在网络层传输数据之前必须建立一条从源地址到目的地址的固定的数据传输通路，之后，数据分组将在这条通路上进行有序地传输。而在网络层内部采用分组交换技术，数据经过通信子网内各节点时要存储—转发。因此，这条通路并不是一条真正的物理通路，而是一条逻辑连接通路，称为虚电路。当分组传输结束后，还要拆除这种连接。

无连接的服务是指网络层在传输数据之前不需要建立从源地址到目的地址的连接，每个分组在传输时要加上网络地址，根据地址分组在网络上独立地传输。当分组经过转发节点时都要进行路由选择。这样，到达接收端的分组顺序就可能与发送顺序不同。因此，传输层必须对这些分组重新排序，这种服务称为数据报服务。所以面向无连接的服务是一种无序的服务。

（2）打包和拆包。在网络层，数据传输的基本单位是数据包（也称为分组）。在发送方，传输层的报文到达网络层时被分为多个数据块，在这些数据块的头部和尾部加上一些相关控制信息后，即组成数据包（打包）。数据包的头部包含源节点和目标节点的网络地址（逻辑地址）。在接收方，数据从低层到达网络层时，要将各数据包原来加上的包头和包尾等控制信息去掉（拆包），然后组合成报文，发送给传输层。

（3）路由选择。路由选择也叫做路径选择，是根据一定的原则和路由选择算法在多节点的通信子网中选择一条最佳路径。确定路由选择的策略称为路由选择算法。在数据报方式中，网络节点要为每个数据包做出路由选择；而在虚电路方式中，只需在建立连接时确定路由。

（4）流量控制。流量控制的作用是控制阻塞，避免死锁。如果通信双方不考虑网络的拥挤情况直接发送数据，可能会造成数据包的丢失，甚至是网络节点的瘫痪，即死锁。为防止出现阻塞和死锁，需进行流量控制，通常可采用滑动窗口、预约缓冲区、许可证和分组丢弃四种方法。

工作在网络层上的最典型的设备就是路由器，另外具有路由功能的三层交换机也工作在网络层。

4. 传输层（Transport Layer）

传输层的任务是根据通信子网的特性，最佳的利用网络资源，为两个端系统的会话层之间提供建立、维护和取消传输连接的功能，负责端到端的可靠数据传输。在这一层，信息传送的协议数据单元称为报文。网络层只是根据网络地址将源地址发出的数据包传送到目的地址，而传输层则负责将数据可靠地传送到目的地址相应的端口。

OSI模型中低三层（物理层、数据链路层和网络层）提供的是通信子网的功能，主要是面向通信的服务。而OSI模型的高三层（会话层、表示层和应用层）提供的则是面向通信管理和数据处理的服务。这样，作为OSI模型第四层的传输层，便成了连接通信服务和通信管理及数据处理服务的桥梁，担任高三层协议和低三层协议中所提供的服务之间的联络工作。

传输层提供了主机应用程序进程之间的端到端的服务，其基本功能包含以下几个方面：

（1）分割与重组数据。

（2）按端口号寻址。传输层负责在一个节点内对一个特定的进程进行连接。所有的低层只需考虑把自身与网络地址（一个节点一个地址）联系起来。

(3) 连接管理。传输层负责建立和释放连接，由于存在丢失和重发包的可能性，因此这是一个复杂的过程。

(4) 流量控制和缓冲。网络中的每个节点都能以一个特定的速率接收信息。这一速率由计算机的计算能力和其他因素决定。每个节点还有一定数量的用于存储数据的处理器内存。传输层确保在接收方节点有足够的缓冲区，且保证数据传输的速率不会造成接收方来不及接收。

5. 会话层（Session Layer）

会话层提供一个面向用户的连接服务，它为会话用户之间的对话提供组织和同步所必需的手段以便对数据的转送提供控制和管理。在会话层及以上的高层中，数据传送的单位不再另外命名，统称为报文。会话层不参与具体的传输，它提供包括访问验证和会话管理在内的建立和维护应用之间通信的机制，例如，服务器验证用户登录是由会话层完成的。

会话层的根本任务，是在服务请求方和提供方之间建立通信，并维护通信正常工作。为此，会话层必须完成以下三个任务：

(1) 建立连接。建立连接的基本任务是使网络上的实体互相识别，并执行实体之间通信所需的相关任务。通常这些任务包括：①验证用户登录名和口令；②建立连接识别码；③批准哪些服务被请求，以及服务的时间范围；④决定哪个实体开始这个对话；⑤协调回答连接编号次序以及重新传送的过程。

(2) 数据传输。数据传送的基本任务是维护数据传输双方的连接或通信，并在两个实体之间传送数据。为此，数据传输必须完成：①实际的数据传送；②数据收到的确认（包括当数据没有收到时的否定的确认）；③恢复中断的通信。

(3) 释放连接。释放连接的基本任务很简单，就是结束这个连接。结束连接的方式，可以采用通信实体双方都同意的方式实现，也可以单方面中断连接的方式实现。当网络上的实体没有接收预期的确认或否认时，就会认为当前的连接已丢失，并放弃继续通信的要求。一旦连接中断，服务的请求者（或提供者）可以重建上一次的连接，或者重新开始一个新的连接。

6. 表示层（Presentation Layer）

表示层位于 OSI 的第六层。表示层要完成某些特定的功能，主要有不同数据编码格式的转换，提供数据压缩、解压缩服务，对数据进行加密、解密。要解决的问题是：如何描述数据的结构并使之与机器无关。

表示层是特殊层，因为它的存在不影响网络正常通信。这一层的设立是考虑到用户处于网络环境中需要保密、要求格式转换等。表示层向上对应用层服务，下面接受来自对话层的服务。它的目的是对应用层送入命令和内容加以解释说明，并赋予各种语法以应有含义，使从应用层送入的各种信息具有明确的表示意义。因此，表示层如同应用程序和网络之间的翻译官，在表示层，数据将按照网络能理解方案进行格式化，这种格式化也因所使用网络的类型不同而不同。表示层管理数据的解密和加密，如系统口令的处理使用的即是一种安全连接，账户数据在发送前被加密，在网络的另一端，表示层将对接收到的数据解密。除此之外，表示层协议还对图片和文件格式信息进行解码和编码。

7. 应用层（Application Layer）

应用层是 OSI/RM 的最高层，是网络与用户之间的窗口，直接面对网络应用程序和用户，为软件提供接口以使应用程序使用网络服务。目前，在应用层中已经制定了许多非常有用的应用层协议，其中包括文件传输、文件存取和管理以及电子邮件的信息处理等方面的协议。

对 OSI/RM 各层的对比与总结，整理如表 0—1 所示。

表 0—1　　OSI/RM 各层的对比与总结

OSI 层	连接对象	协议数据单元	实现功能
物理层	传输介质	比特流	在物理介质上传输二进制比特流
数据链路层	相邻节点	帧	帧的装配、拆解、流量控制和差错校验
网络层	网络与网络	分组（数据包）	路由选择、流量控制和拥塞控制
传输层	端到端	报文	可靠的端到端的数据传输
会话层	建立连接	报文	信道连接与挂断
表示层	数据表示	报文	数据表示、数据加密与解密
应用层	面向用户	报文	为用户提供服务（WWW、FTP、电子邮件等）

0.3.3　TCP/IP 模型

20 世纪 60 年代初期，美国国防部委托高级研究计划署（ARPA）研制广域网络互联课题，后来就诞生了 ARPAnet。ARPAnet 的初期运行情况表明，计算机广域网络应该有一种标准化的通信协议，于是在 1973 年 TCP/IP 协议簇诞生了。现代 Internet 的雏形，美国国家科学基金会（National Science Foundation）建立的 NSFnet 借鉴了 ARPA 的 TCP/IP 技术。借助于 TCP/IP 技术，NSFnet 使越来越多的网络互联在了一起，最终形成了今天的 Internet。TCP/IP 也因此成为 Internet 上广泛使用的标准网络通信协议。

在 TCP/IP 协议簇中，除了 TCP 和 IP 之外，还包括其他一系列协议。起初人们认为 OSI 参考模型会发展成为一种国际标准，但由于 Internet 的飞速发展，使 TCP/IP 协议得到了广泛的使用，虽然 TCP/IP 不是 ISO 标准，但它的广泛应用却使其成为“实际的网络标准”。

TCP/IP 协议和开放系统互联参考模型一样，是一个分层结构。协议的分层使得各层的任务和目的十分明确，这样有利于软件编写和通信控制。TCP/IP 协议分为四层，由下至上分别是网络接口层、网际层、传输层和应用层，其与 OSI/RM 各层的对应关系，以及各层的主要协议如图 0—9 所示。

1. 网络接口层

网络接口层是 TCP/IP 模型的最低层，也称为网络访问层，该层对应着 OSI 的物理层和数据链路层。其功能是接收和发送 IP 数据包，负责与网络中的传输介质打交道。TCP/IP 模型没有定义网络接口层所使用的协议，它提供的灵活性可以适应各种网络类型，包括 LAN、MAN 和 WAN。因此，TCP/IP 协议可以运行在任何网络上。

2. 网际层

网际层对应着 OSI 模型中的网络层，主要处理分组，将分组形成 IP 数据包，并负责为 IP 数据包进行路由选择。本层的网际协议（IP）和传输层的 TCP 协议是 TCP/IP 体系中两个最重要的协议。与 IP 协议配套使用的还有 3 个协议：地址解析协议（ARP，Address Resolution Protocol）、反向地址解析协议（RARP，Reverse Address Resolution Protocol）、互联网控制报文协议（ICMP，Internet Control Message Protocol）。

3. 传输层

传输层对应着 OSI 的传输层，其主要功能是对其上层应用层传递过来的用户信息进行分段处理，然后在各段信息中加入一些附加的说明，如说明各段的顺序等，保证对方收到可靠的信息。该层有两个协议，一个是传输控制协议（TCP，Transmission Control Protocol），另一个是用户数据报协议（UDP，User Data gram Protocol）。

(1) 传输控制协议（TCP）。

传输控制协议是一个面向连接的协议，它允许从源主机发出的字节流无差错地传送到网络

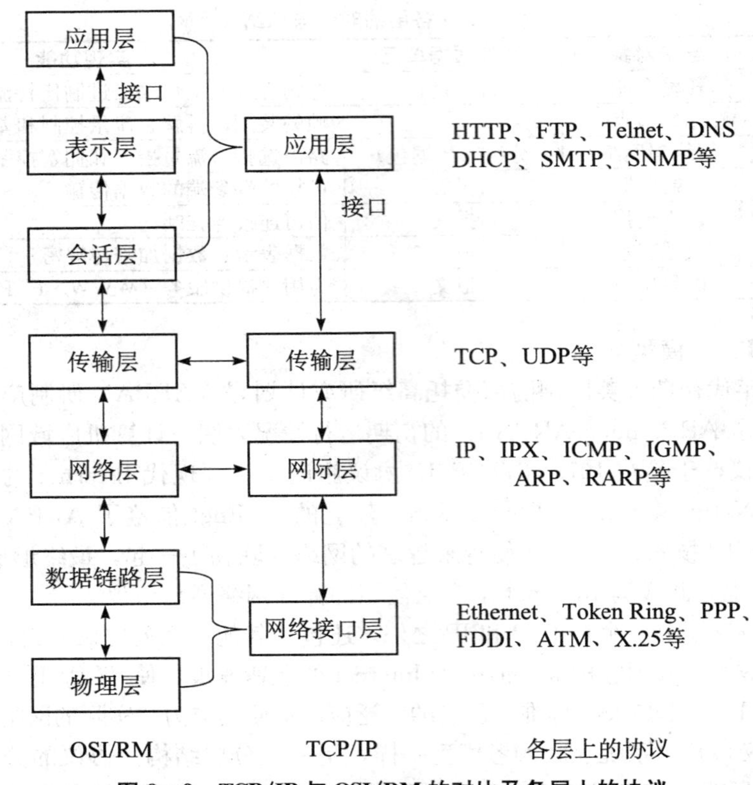

图 0—9　TCP/IP 与 OSI/RM 的对比及各层上的协议

上的其他主机上。在发送端，TCP 把应用层的字节流分成多个报文段并传给网际层。在接收端，TCP 把收到的报文段再拆封成字节流，送往应用层。TCP 同时还要处理流量控制，以避免高速发送方主机向低速接收方主机发送的报文过多而造成接收方主机无法处理的情况。

（2）用户数据报协议（UDP）。

用户数据报协议是一个不可靠的、无连接的协议。UDP 主要用于不需要数据分组顺序到达的传输中，同时它也被广泛地应用于只有一次的、客户机/服务器（C/S）模式的请求应答查询，以及快速传送比准确传送更重要的应用程序（如传输语音或影像）当中。

4. *应用层*

应用层是 TCP/IP 模型的最高层，对应着 OSI 的会话层、表示层和应用层，应用层负责向用户提供一组常用的应用程序，如电子邮件、远程登录和文件传输等。应用层包含了所有 TCP/IP 协议簇中的高层协议，如文件传输协议（FTP）、电子邮件协议（SMTP）、超文本传输协议（HTTP）、简单网络管理协议（SNMP）和域名系统协议（DNS）等。

应用层协议一般可以分为 3 类：一类是依赖于面向连接的 TCP 的，如文件传输协议（FTP）、电子邮件协议（SMTP）等；一类是依赖于无连接的 UDP 的，如简单网络管理协议（SNMP）；还有一类则既依赖于 TCP，又依赖于 UDP，如域名系统协议（DNS）。

0.3.4　IEEE 802 局域网模型

IEEE 是 Institute of Electrical and Electronic Engineers，即电气和电子工程师协会（美国）的缩写，它是定义网络标准的专业组织。该组织中的 IEEE 802 委员会负责规范局域网标准，这些标准我们称之为 IEEE 802 标准，是目前主要的局域网标准。IEEE 802 标准所描述的局域网模型与 OSI 参考模型的对比关系如图 0—10 所示。局域网模型只对应 OSI 参考模型的物理层与数据链路层，它将数据链路层划分为介质访问控制子层（MAC）与逻辑链路控制子层（LLC）。IEEE 802 局域网模型有三层，各层功能如下：

1. 物理层

物理层的功能如下：

(1) 信号的编码/解码；

(2) 前导码的生成/去除（前导码仅用于接收同步）；

(3) 比特的发送/接收。

2. 介质访问控制子层（MAC）

介质访问控制子层（MAC）的功能如下：

(1) 在发送时将要发送的数据组装成帧，帧中包含有地址和差错检测等字段；

(2) 在接收时，将接收到的帧解包，进行地址识别和差错检测；

(3) 管理和控制对于局域网传输介质的访问。

3. 逻辑链路控制子层（LLC）

逻辑链路控制子层（LLC）的功能如下：

(1) 为高层协议提供相应的接口，即一个或多个服务访问点（SAP，Service Access Point），通过 SAP 支持面向连接的服务和复用能力；

(2) 端到端的差错控制和确认，保证无差错传输；

(3) 端到端的流量控制。

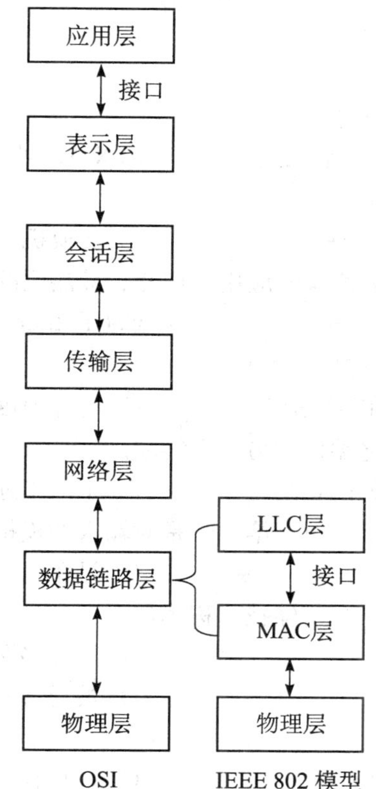

图 0—10　IEEE 802 模型与 OSI/RM 的对比关系

由 IEEE 802 委员会规范的局域网标准当前已接近 20 个，具体标准如下：

IEEE 802.1：局域网概述、体系结构、网络管理和网络互联；

IEEE 802.2：逻辑链路控制（LLC）；

IEEE 802.3：带冲突检测的载波侦听多路介质访问技术（CSMA/CD）和物理层规范（以太网）；

IEEE 802.4：令牌总线介质访问技术和物理层规范（Token Bus）；

IEEE 802.5：令牌环介质访问技术和物理层规范（Token Ring）；

IEEE 802.6：城域网访问技术和物理层规范（分布式队列双总线网，DQDB）；

IEEE 802.7：宽带技术咨询和物理层课题与建议实施；

IEEE 802.8：光纤技术咨询和物理层课题；

IEEE 802.9：综合语音/数据服务的访问方法和物理层规范；

IEEE 802.10：互操作局域网（WLAN）安全标准（SILS）；

IEEE 802.11：无线局域网访问方法和物理层规范；

IEEE 802.14：交互式电视网（包括 Cable Modem）；

IEEE 802.15：简单、低耗能无线连接标准（蓝牙标准）；

IEEE 802.16：无线城域网标准；

IEEE 802.17：基于弹性分组环（RPR，Resilient Packet Ring）构建新型宽带电信以太网。

习　题

一、单项选择题

1. 世界上第一个计算机网络是(　　)。

A. NSFnet　　B. ARPAnet　　C. X.25 网　　D. ATM

2. (　　)属于通信子网设备。

A. 服务器　　B. 客户机　　C. 交换机　　D. 终端

3. 目前，世界上最大、发展最快、应用最广泛、最热门的计算机网络是(　　)。

A. ARPAnet　　B. Internet　　C. CERnet　　D. Ethernet

4. 计算机网络最突出的优点是(　　)。

A. 精度高　　B. 内存容量大　　C. 运算速度快　　D. 资源共享

5. (　　)信号只能从一个终端发向另一个终端。

A. 双工通信　　B. 单工通信　　C. 半双工通信　　D. 全双工通信

6. 将模拟信号变换为数字信号时，第一步是对输入的模拟信号进行(　　)。

A. 编码　　B. 采样　　C. 量化　　D. 滤波

7. 将信道在时间上进行分割的传输技术称为(　　)。

A. 码分多路复用　　B. 频分多路复用

C. 时分多路复用　　D. 波分多路复用

8. 下列设备属于资源子网的是(　　)。

A. 交换机　　B. 网桥　　C. 扫描仪　　D. 路由器

9. 国际标准化组织的英文缩写为(　　)。

A. OSI　　B. ISO　　C. CCITT　　D. FDDI

10. 在基带传输时，需要解决数据的信号编码问题，可以使用的编码有(　　)。

A. 海明码　　B. 曼彻斯特码　　C. 定比码　　D. ASCII 码

11. 为了将数字信号传的更远，可采用的设备是(　　)。

A. 中继器　　B. 网桥　　C. 放大器　　D. 调制解调器

12. 数据传输过程中，网络节点对数据一般都是提供一种交换功能，数据从一个节点传到下一个节点，节点的交换延迟时间随着交换方式的不同各异，其中节点延迟最短的交换方式是(　　)。

A. 报文交换　　B. 电路交换　　C. 数据报交换　　D. 虚电路分组交换

13. 物理层传输的是(　　)。

A. 比特流　　B. 分组　　C. 信元　　D. 帧

14. 一般来说 TCP/IP 的 IP 协议提供的服务是(　　)。

A. 传输层服务　　B. 网络层服务　　C. 会话层服务　　D. 表示层服务

15. 完成路径选择功能是在 OSI 模型的(　　)。

A. 应用层　　B. 传输层　　C. 网络层　　D. 应用层

16. 下列不属于数据链路层功能的是(　　)。

A. 帧同步功能　　B. 电路管理功能

C. 差错控制功能　　D. 流量控制功能

17. 数据传输速率 bps 为每秒钟传输的(　　)。

A. 字节数　　B. 位数　　C. 码元数　　D. 字数

18. 网络互联系统中，路由器工作在(　　)。

A. 物理层　　B. 数据链路层　　C. 应用层　　D. 网络层

19. 以下哪个功能不是数据链路层需要实现的？(　　)

A. 差错控制　　B. 流量控制　　C. 路由选择　　D. 组帧和拆帧

20. 在网络协议要素中，规定用户数据格式的是(　　)。

A. 语法　　B. 语义　　C. 时序　　D. 接口

21. 以下那种协议属于传输层协议？(　　)

A. UDP　　B. RIP　　C. ARP　　D. FTP

22. (　　)协议可以将 IP 地址解析为网卡地址。

A. DNS　　B. DHCP　　C. RARP　　D. ARP

23. 负责提供可靠的端到端的数据传输的是(　　)层的功能。

A. 传输层　　B. 网络层　　C. 应用层　　D. 数据链路层

24. 协议的语义定义了(　　)。

A. 数据的结构和格式　　B. 数据的意义

C. 事件发生的顺序　　D. 什么时候发生数据

25. 在 OSI 网络层传输的数据单元是(　　)。

A. 比特流　　B. 数据包　　C. 报文　　D. 数据帧

26. 在同步时钟信号作用下使二进制码元逐位传送的传输方式称为(　　)。

A. 模拟传输　　B. 无线传输　　C. 串行传输　　D. 并行传输

27. 电话采用(　　)交换方式。

A. 分组交换　　B. 报文交换　　C. 电路交换　　D. 虚电路交换

28. 下列哪种类型的线路属于单工通信(　　)。

A. 广播通信　　B. 对讲机通信　　C. 网络通信　　D. 电话通信

29. 在通信技术中，通信双方为了完成通信所规定的双方必须遵守的规约称为(　　)。

A. 规则　　B. 协议　　C. 层次　　D. 数据单元

30. (　　)用来说明某个引脚出现的某一电平的意义。

A. 机械特性　　B. 电气特性　　C. 规程特性　　D. 功能特性

二、多项选择题

1. 下列设备属于通信子网的是(　　)。

A. PC 机　　B. 双绞线　　C. 服务器　　D. 交换机

2. 数据通信要进行二进制代码的传输，传输二进制代码一般用哪两种传输方式？(　　)

A. 并行传输　　B. 串行传输　　C. 位传输　　D. 字符传输

3. 下列属于计算机网络数据交换方式的是(　　)。

A. 分组交换　　B. 模拟交换　　C. 报文交换　　D. 虚电路交换

4. 模拟信号的编码技术主要有(　　)。

A. ASK　　B. FSK　　C. BSK　　D. PSK

5. 下列关于局域网的叙述中，不正确的是(　　)。

A. 地理分布范围大　　B. 数据传输率低

C. 误码率高　　D. 不包含 OSI 模型的所有层

6. 物理层定义了建立、维持、释放物理信道有关的特性有哪些(　　)。

A. 机械特性　　B. 电气特性　　C. 功能特性　　D. 规程特性

7. 下列协议属于传输层协议的有(　　)。

A. TCP　　B. ARP　　C. UDP　　D. FTP

8. 关于数据报交换方式的描述中，错误的是(　　)。

A. 在报文传输前建立源节点与目的节点之间的虚电路

B. 同一报文的不同分组可以经过不同路径进行传输

C. 同一报文的每个分组中没有源地址和目标地址

D. 同一报文的不同分组可能不按顺序到达目的节点

9. 关于虚电路服务说法正确的是(　　)。

A. 分组按序到达　　B. 属于电路交换

C. 分组不携带地址信息　　D. 是面向连接的

10. 关于 OSI 参考模型，以下描述正确的是(　　)。

A. 物理层完成比特流的传输

B. 数据链路层为分组通过通信子网选择合适的传输路径

C. 网络层为分组通过通信子网选择合适的传输路径

D. 应用层处于参考模型的最高层

11. 下列哪种类型的线路属于全双工通信？（　　）

A. 广播通信　　B. 对讲机通信　　C. 网络通信　　D. 电话通信

12. 下列哪种类型的线路属于单工通信？（　　）

A. 广播通信　　B. 对讲机通信　　C. 网络通信　　D. 电视通信

13. 下列哪种技术属于数字编码技术？（　　）

A. 调制解调　　B. 不归零编码

C. 曼彻斯特编码　　D. 差分曼彻斯特编码

14. 将数字数据转换成模拟信号的编码技术有哪些？（　　）

A. 调频调制　　B. 调幅调制　　C. 调相调制　　D. 脉冲编码调制

15. 下列哪几种交换技术属于分组交换？（　　）

A. 数据报交换　　B. 电路交换　　C. 虚电路交换　　D. 报文交换

16. PCM 编码技术是一种将模拟数据转换成数字信号的编码技术，需要经过哪些步骤进行信号的转换？（　　）

A. 采样　　B. 量化　　C. 编码　　D. 调制

17. 下列互联设备工作在 OSI 参考模型的物理层的有哪些？（　　）

A. 中继器　　B. 交换机　　C. 路由器　　D. 集线器

18. 下列互联设备工作在 OSI 参考模型的数据链路层的有哪些？（　　）

A. 交换机　　B. 网桥　　C. 路由器　　D. 集线器

三、填空题

1. 计算机网络是由（　　）和（　　）组成。

2. 根据网络范围和计算机之间的距离将计算机网络划分为（　　）、（　　）和（　　）。

3. 计算机网络是（　　）技术和（　　）技术相结合的产物。

4. 如果从信号传输方向的角度来看，通信的双方构成三种通信方式：（　　）、半双工方式和（　　）。

5. 常用的数据交换技术有（　　）、（　　）和（　　）。

6. 在一条物理线路上传输多条支路信号的技术称为多路复用，常用的多路复用技术有（　　）、（　　）、（　　）和（　　）等。

7. 数字数据通过模拟信道传输时需要通过（　　）设备进行信号的转换。

8. 通信子网主要有（　　　　　　）等设备和相关软件组成。

9. 数据可分为（　　）数据和（　　）数据。

10. 模拟信号的数字化过程包括（　　）、（　　）和（　　）。

11. 为解决串行传输的同步问题，将串行传输分为（　　）和（　　）。

12. 网络协议的三要素是（　　）、（　　）和（　　）。

13. 网络体系结构是指计算机网络是（　　）和（　　）的集合。

14. OSI 的会话层处于（　　）层提供的服务之上，给（　　）层提供服务。

15. 差分曼彻斯特编码中，每个比特的中间跳变的作用是（　　）。

16. （　　）是指二进制数据在传输过程中出现错误的概率。

四、简答题

1. 什么是计算机网络？

2. 计算机网络的发展经历了哪几个阶段？
3. 依照覆盖范围，计算机网络分为哪几类？简述它们的特点。
4. 简述多路复用技术及其分类。
5. 什么是网络协议？网络协议的三要素是什么？
6. 试述网络体系结构分层的好处。
7. TCP/IP 模型有哪几层？
8. 常见的网络互联设备有哪些？它们分别工作在 OSI 模型的哪一层？

项目1　局域网技术

学习目标

了解局域网的基本特点；
掌握计算机网络的三种基本拓扑结构；
了解计算机网络的两种扩展拓扑结构；
掌握三种有线传输介质的特性；
了解无线传输介质的特性；
掌握三种介质访问控制技术；
了解以太网技术。

项目分析

本项目主要涉及局域网的一些技术。局域网是联网距离有限的资源共享系统。网络拓扑结构是指网络中各个设备相互连接的形式。现在最主要的拓扑结构有总线型、星型、环型、树型和网型。网络传输介质是网络中发送方与接收方之间的物理通路，它对网络的数据通信具有一定的影响。常用的传输介质有：双绞线、同轴电缆、光纤、无线传输介质。介质访问控制技术是局域网中解决主机共享信道而产生竞争时，如何分配信道使用权的技术。主要的介质访问控制技术有载波侦听多路访问/冲突检测（CSMA/CD）、令牌环访问控制法（Token Ring）和令牌总线访问控制法（Token Bus）。以太网是现今主要的局域网技术标准，至今已发展到万兆速率技术阶段。

1.1　局域网概述

从地理覆盖范围和网络传输的实现技术划分，可将网络分为局域网（LAN）和广域网（WAN）。局域网产生于20世纪60年代末，20世纪70年代出现一些实验性的网络，到20世纪80年代，局域网的产品已经大量涌现，其典型代表就是以太网（Ethernet）。近年来，随着社会信息化的发展，局域网已经成为计算机网络发展的重要组成部分。

局域网是联网距离有限的资源共享系统。该系统采用局域网技术，相对广域网来说带宽较高，建网成本较低，是组成Internet的基本单元。

局域网可分为小型局域网和大型局域网。小型局域网是指占地空间小、规模小、组网经费少的计算机网络，常用于办公室、学校计算机实训室、游戏厅、网吧等，甚至家庭中的两台计算机也可以组成小型局域网。大型局域网主要指校园网、企业网等跨越距离较大的网络。

局域网具有如下特点：

● 为一个单位或者部分用户所拥有，地理范围和节点数目有限。

● 数据传输速率高，通常在10～1000Mbps之间。由于局域网的通信线路较短，故选用专用的高性能的介质做通信线路，使线路有较宽的频带，这样就可以提高通信速率，缩短延迟时间。

● 误码率低。局域网通信线路短，出现差错的机会少，而且局域网多为专用，噪声和其他干扰因素影响小，因而网络信息传输过程中出错的概率小，可靠性高。

● 建网成本低。网络区域有限，通信线路短，网络设备相对较少，所以大大降低了网络成本，缩短了建网周期。

1.2 网络拓扑结构

拓扑是一个数学概念，它把物理实体抽象成与其大小和形状无关的点，把连接实体的线路抽象成线，进而研究点、线、面之间的关系。计算机网络也采用拓扑学中的研究方法，将网络中的设备定义为节点，把两个设备之间的连接线路定义为链路。从拓扑学的观点来看，计算机网络也是由一组节点和链路组成的几何图形，这种几何图形就是计算机网络的拓扑结构。计算机网络的节点分为两类：转接节点和访问节点。集线器、交换机、路由器等网络互联设备属于转接节点，它们在网络中只是转接和交换传送的信息。服务器、工作站、个人计算机等属于访问节点，它们是信息传送的源节点和目的节点。计算机网络拓扑结构反映了网络中各实体间的结构关系。拓扑设计是构建计算机网络的第一步，也是实现各种网络协议的基础，它对网络的性能、系统可靠性等有重大影响。计算机网络的拓扑结构主要是指通信子网的拓扑结构。

计算机网络主要有三种基本拓扑结构：即总线型，星型和环型。由基本网络拓扑结构还可以扩展出树型和网型等拓扑结构。

1.2.1 总线型拓扑结构

总线型拓扑结构中所有的站点都通过接口接到总线上，如图1—1所示。在总线结构中，主机发出的数据帧沿着总线向两端传送，每台主机都会收到该数据帧，并将该数据帧中的目的地址和自己的主机地址进行比较，如果相同则接收该数据帧，否则丢弃该数据帧。传送到总线末端的数据帧会被终端匹配器吸收。总线结构的优点是组网实现简单，节约传输介质等。总线结构的缺点是由于总线是共享介质，如果多台主机同时发送数据就会发生冲突，因此，需要介质访问协议进行控制，而且当总线的某个地方出现故障时，将会导致整个网络的瘫痪，且不易排查是哪个地方的故障。

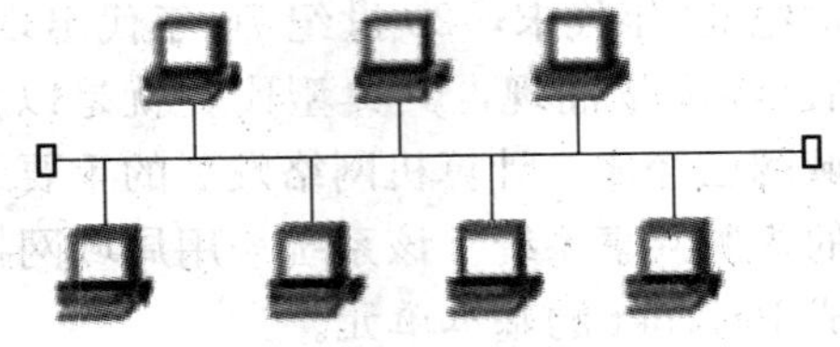

图1—1 总线型拓扑结构

1.2.2 星型拓扑结构

星型拓扑结构中所有的节点都连接到中心节点，如图1—2所示。中心节点是网络中的关键设备，它可以是集线器或者交换机等网络互联设备。与总线型结构相比，缺点是要用大量的传输介质，造价相对要高很多。如果中心节点出现故障，将导致它所连网络全部不能工作。优点是一根连线出现故障，只会影响该连线上的计算机，而不会影响其他计算机。作为中心节点的交换机或者集线器的故障率是很低的，因此，星型网络的故障率比总线型网络要低很多，且故障容易查找和处理。星型结构及由其拓展的树型结构是现在局域网组建中广泛采用的拓扑结构。

需要特别指出的是由集线器连接的网络在物理上是星型拓扑结构，而在逻辑上却是总线型的，这是由集线器对数据传输的性质决定的。

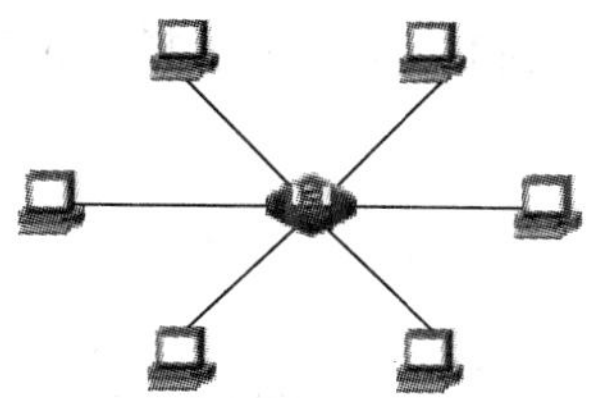

图1—2 星型拓扑结构

1.2.3 环型拓扑结构

环型拓扑结构是将各主机或终端先连接到一个转发器上，再将所有的转发器连接形成一个环形而形成的结构，如图1—3所示。在环型网中，同总线网络一样，传输介质是共享的，但数据的传输采用令牌体制，同一个环中只有一个“令牌”，谁握有“令牌”，谁就有权利向环中发送信息，从而避免了总线结构中出现的数据发送冲突问题，所以这种网络又称为令牌环网。令牌环网的优点是避免了总线结构中数据发送的冲突问题。缺点是网络容错能力差，组网的相关设备稀少昂贵，在国内较少使用。十多年前，许多企业内部的FDDI网络，即为采用光纤与计算机组成的环型网，其传输率可达到100Mbps，但目前已鲜有使用。

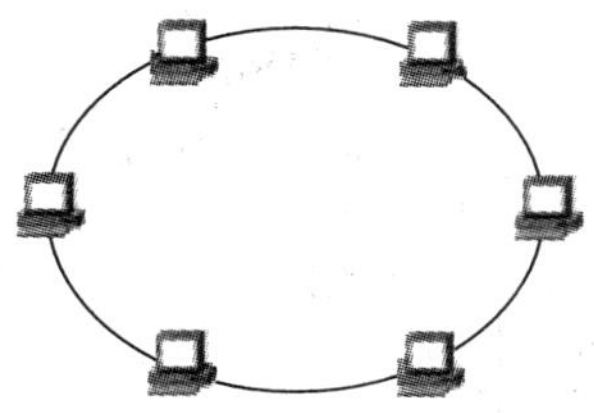

图1—3 环型拓扑结构

1.2.4 树型拓扑结构

树型拓扑结构其实是星型拓扑结构的拓展，将多级星型网络按层次方式进行排列，即形成树型网络，如图1—4所示。采用树型结构的原因有：使为数众多的终端能共享一条通信线路，以提高线路利用率；增强网络的分布处理能力，可改善星型网的可靠性和可扩充性。

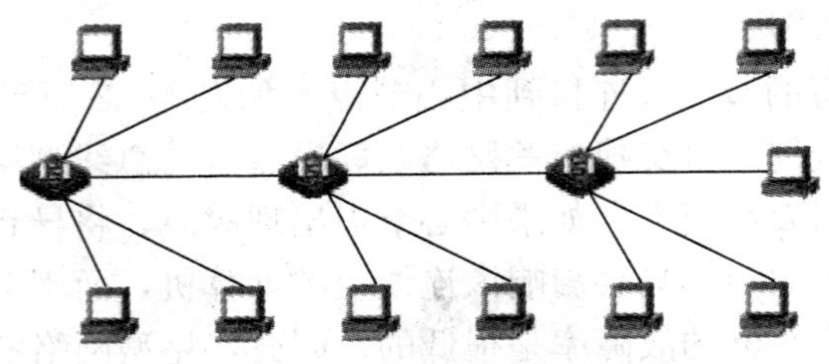

图 1—4 树型拓扑结构

1.2.5 网型拓扑结构

所谓网型拓扑结构是指节点之间的连接没有一定的规律可遵循，具有任意性，如图 1—5 所示。它的优点是系统的可靠性高，资源共享方便。缺点是结构复杂，软件控制麻烦，必须选择路由算法和流量控制方法。网型拓扑结构是广域网系统所采用的拓扑结构。

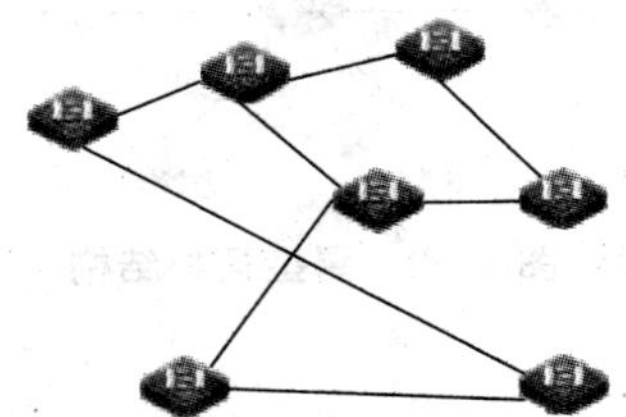

图 1—5 网型拓扑结构

每一种拓扑结构都有其两面性，但是从实践上来看，在局域网中多采用星型和树型拓扑结构，在广域网中多采用网型拓扑结构，有关各种拓扑结构的比较如表 1—1 所示。

表 1—1 各种网络拓扑结构的比较

拓扑结构	特 点	优 点	缺 点
总线型	只有一条信道，一个时刻只能有一个节点发送数据。	费用低、易布线、易维护。	故障检测困难、争用总线。
星型	节点之间必须经过中心节点才可进行通信。	结构简单、协议简单、易检测和隔离故障	费用高，中心节点故障会造成整个网络瘫痪。
环型	沿环路单向传输。	结构简单、性能好、适合用光纤连接	可靠性差、重新配置较难。
树型	星型的扩展，根节点和子树节点均可作为转接节点。	性能同星型，费用较星型低。	时延大。
网型	每个节点至少两条链路与其他节点相连。连接没有一定的规律可遵循，具有任意性。	性能好，可靠性高	结构复杂、控制繁琐。

1.3 网络传输介质

网络上的数据传输需要有“传输介质”，这好比车辆必须在道路上行驶一样，道路质量的好坏会影响到行车的安全及舒适程度。同样，网络传输介质的质量好坏也会影响数据传输的质量，包括速率、数据丢失率等。常用的网络传输介质可分为两类：一类是有线介质；一类是无线介质。有线传输介质包括双绞线、同轴电缆及光缆；无线介质有无线电波，微波、红外线和卫星通讯等。

1.3.1　双绞线

双绞线是目前使用最广泛的传输介质，价格也相对便宜。双绞线由两根、四根或八根绝缘铜导线组成。两根为一线对作为一条通信链路。为了减少各线对之间的电磁干扰，各线对以均匀对称的螺旋状方式扭绞在一起，线对的绞合程度越高，抗干扰能力越强，如图1—6所示。

图1—6　双绞线

双绞线既可以传输模拟信号，又可以传输数字信号。双绞线的传输距离一般在100米之内，超出了这个范围可能就会造成信号失真，中继器等设备可以放大双绞线传输的信号，延长双绞线的传输距离。使用双绞线组网，网卡必须带有RJ45接口。

目前双绞线分为屏蔽（STP，Shielded Twisted Pair）和非屏蔽双绞线（UTP，Unshielded Twisted Pair）两类。两者的差别在于屏蔽双绞线在双绞线和外皮之间增加了一个铅箔屏蔽层，目的是提高双绞线的抗干扰性能，但其价格是非屏蔽双绞线的两倍以上。屏蔽双绞线主要用于安全性要求较高的网络环境中，如军事网络和股票网络等，而且使用屏蔽双绞线的网络为了达到屏蔽的效果，要求所有的接口和配套设施均需使用屏蔽设备，否则就达不到真正的屏蔽效果，所以整个网络的造价会比使用非屏蔽双绞线的网络高出很多，因此至今一直未被广泛使用。

按照EIA/TIA（电气工业协会/电信工业协会）568A标准，非屏蔽双绞线UTP共分为1～5类，其中计算机网络常用的是3类和5类。

1类线：可用于电话传输，但不适用于数据传输。这一级电线没有固定的性能要求。

2类线：可用于电话传输和最高为4Mbps的数据传输，包括4对双绞线。

3类线：可用于最高为10Mbps的数据传输，包括4对双绞线。

4类线：可用于16Mbps的令牌环网和以太网，包括4对双绞线。其测试速度可达20Mbps。

5类线：既可用于100Mbps的快速以太网连接又支持150Mbps的ATM数据传输，包括4对双绞线，是连接桌面设备的首选传输介质。

非屏蔽双绞线电缆具有以下优点：

- 无屏蔽外套、直径小、节省所占用的空间。
- 重量轻、易弯曲、易安装。
- 将干扰减至最小或加以消除。
- 具有阻燃性。
- 具有独立性和灵活性，适用于结构化综合布线。

1.3.2　同轴电缆

同轴电缆中央是一根内导体铜质芯线，外面依次包有绝缘层、网状编织的外导体屏蔽层和塑料保护外层，如图1—7所示。同轴电缆绝缘效果佳，频带较宽，数据传输稳定，价格适中，性价比高。但是随着光缆价格的不断下降，同轴电缆已经基本不被使用。

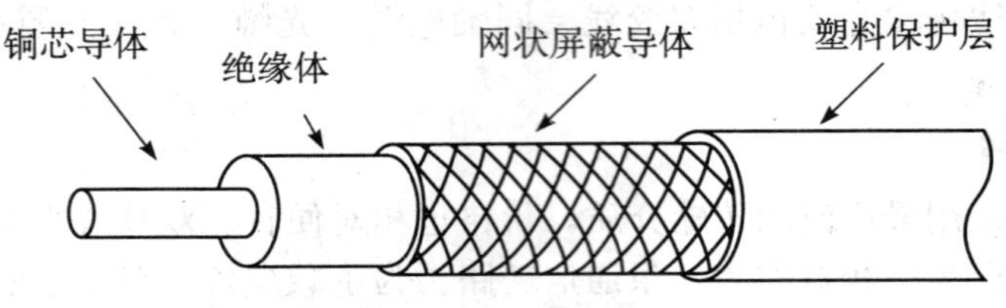

图 1—7　同轴电缆

通常按特性阻抗数值的不同，可将同轴电缆分为 50Ω 基带同轴电缆和 75Ω 宽带同轴电缆。前者用于传输基带数字信号，是早期局域网的主要传输介质；后者是有线电视系统 CATV 中的标准传输电缆，在这种电缆上传输的信号采用了频分复用的宽带模拟信号。

50Ω 基带同轴电缆可分为两类：粗缆和细缆。粗缆用于 10Base-5 以太网，最大干线长度 500m，最大网络干线电缆长度 2500m，每条干线段支持的最大节点数 100 个，收发器之间的最小距离 1.5m，收发器电缆的最大长度 50m；细缆用于 10Base-2 以太网，最大干线段长度 185m，最大网络干线电缆长度 925m，每条干线段支持的最大节点数 30 个，BNC、T 型连接器之间的最小距离 0.5m。

使用基带同轴电缆组网，需要在两端连接 50Ω 的反射电阻，又叫终端匹配器，同轴电缆组网的其他连接设备，粗缆与细缆的不尽相同。在与粗缆连接时，接收器是外置在电缆上的，要使用 9 芯 D 型 AUI 接口，网卡上必须带有粗缆连接接口（通常在网卡上标有“DIX”）；在与细缆连接时，收发器是内置在网卡上的，需要 BNC 接口、T 型接口配合使用，网卡上必须带有细缆连接接口（通常在网卡上标有“BNC”）。

1.3.3　光纤

光纤，又称光缆，由纤芯、包层和涂覆层组成，是新一代的传输介质，如图 1—8 所示。因其介质属性，与铜质介质相比，光纤具有一些明显的优势。因为光纤不会向外界辐射电子信号，所以使用光纤介质的网络无论是在安全性、可靠性还是在传输速率等网络性能方面都有了很大的提高。

图 1—8　光纤

根据光在光纤中的传播方式，光纤有两种类型：多模光纤和单模光纤。多模光纤纤芯直径较大，可为 61.5μm 或 50μm，包层外径通常为 125μm。单模光纤纤芯直径较小，一般为 9～10μm，包层外径通常也为 125μm。由于单模光纤的直径小于一般的光波波长，使得光在单模光纤中基本不能发生折射和反射，光波的传输路径只能与光纤的轴心一致，所以单模光纤传输速度快，能量散失小，但由于其制造工艺比多模光纤复杂，所以价格较贵。

光纤的很多优点使得它在远距离通信中起着重要作用，其优点如下：

- 光纤有很大的带宽，通信容量大；
- 光纤的传输速率高，能超过千兆；

- 光纤的传输衰减小，连接的距离更长；
- 光纤不受外界电磁波的干扰，适宜在电气干扰严重的环境中使用；
- 光纤无串音干扰，不易被窃听和截取数据，因而安全保密性好。

1.3.4 无线传输

无线传输是信号不被约束在一个物理实体内进行的信号传输，主要包括无线电波、微波、红外线和卫星通讯等。

1. 无线电波

无线电波广泛应用于通信，原因在于它传播距离可以很远，也很容易穿过建筑物。而且无线电波是全方向传播的，因此无线电波的发射和接收装置不必要求精确对准。

无线电波的传输特性与频率有关。在低频上，无线电波能轻易地绕过一般障碍物，但它的能量会随着传输距离的增大而急剧递减。在高频上，无线电波趋于直线传播并易受障碍物的阻挡，还会被雨水吸收。对于所有频率的无线电波，都很容易受到其他电子设备的各种电磁干扰。

2. 微波

对于频率在100 MHz以上的无线电波，它的能量将集中在一点并沿直线传播，这就是微波。由于微波只能沿直线传播，所以微波的发射天线和接收天线必须精确对准。而且如果两个微波塔相距太远，一方面地球表面就会挡住去路；另一方面，微波的长距离传播会发生衰减。因此每隔一段距离就需要一个中继站。中继站的距离与微波塔的高度成正比。

3. 红外线

红外线是一种在计算机网络中被广泛使用的无线传输介质。带有信息的红外线可以直接或经过墙面、天花板反射后被接收装置接收。然而，红外线每被反射一次，信号强度大约减小一半，再者，红外线信号没有穿透墙壁和其他固体物体的能力，还容易被强光光源所覆盖，所以红外线最有用的地方是在一个空旷的小房间里。

红外线光的高频特性决定了它可以支持高速率的数据传输，但目前红外线光在数据传输方面应用技术的发展相对比较慢。

4. 卫星通信

常用的卫星通信方法是在地面站之间利用36000km高空的同步地球卫星作为中继器的一种微波接力通信。通信卫星就是太空中无人值守的用于微波通信的中继器。

卫星通信可以克服地面微波通信距离的限制。一个同步卫星可以覆盖地球的三分之一以上的表面，只要在地球赤道上空的同步轨道上，等距离的放置三颗相隔120度的卫星就可以覆盖地球上的全部通信区域，这样，地球上的各个地面站之间就都可以互相通信了。

卫星通信的优点是通信容量很大，距离远，信号受到的干扰也比较小，通信比较稳定。缺点是传播延迟时间长。

1.4 介质访问控制技术

介质访问控制（MAC，Medium Access Control）技术，是解决局域网中主机共享信道产生竞争时，如何分配信道使用权的技术。对共享信道的争用，有两类基本的解决方式，即竞争型和受控型。所谓竞争型，即所有主机自由竞争信道的使用权，会有冲突的产生。所谓受控型，即每个主机各自都有使用介质的时间，没有冲突的产生。计算机局域网常用的介质访问控制技术有 3 种，分别是载波侦听多路访问/冲突检测（CSMA/CD）、令牌环访问控制法（Token Ring）和令牌总线访问控制法（Token Bus）。

1.4.1 载波侦听多路访问/冲突检测（CSMA/CD）

CSMA/CD 是 Carrier Sense Multiple Access With Collision Detection 的缩写，含有两方面的内容：即载波侦听多路访问（CSMA）和冲突检测（CD）。CSMA/CD 访问控制技术主要用于总线型网络拓扑结构，是典型的竞争型访问控制技术。在总线拓扑结构中，所有主机连接在一条总线上，而总线一般是传输电信号的同轴电缆或双绞线。电信号的特点使得网络中的主机同一时间点至多只能有一台向总线传送信号，否则会有冲突产生。

如何保证同一时间点上只有一台主机向总线发送信号？CSMA/CD 的设计思想如下。

1. 载波侦听多路访问（CSMA）

总线上的一台主机如果要发送数据，首先要侦听（监听）总线，查看信道上是否有信号。总线上各个主机都有一个“侦听器”，用来测试总线上有无其他主机正在发送信息（也称为载波识别）。如果信道已被占用，则此主机将等待一段时间然后再争取发送权；如果侦听到总线是空闲的，即没有其他主机发送信号，就立即抢占总线进行信息发送。

2. 冲突检测（CD）

当信道处于空闲时，某一个瞬间，如果总线上两个或两个以上的主机同时都想发送数据，那么该瞬间它们都可能检测到信道是空闲的，同时都认为可以发送信息，从而一齐发送，这就产生了冲突（碰撞）；另一种情况是某主机侦听到信道是空闲的，但这种空闲可能是距离较远的主机已经发送了信息包，但由于在传输介质上信号传送的延时，信息包还未传送到此主机所连接的节点的缘故，如果此主机又发送信息，则也将产生冲突。如果发生了冲突，在总线上会产生一个冲突信号，当发送信息的主机接收到冲突信号后，就会等待一个随机时间之后再去争用总线的使用权。发生冲突后每个主机所等待的随机时间是不一样，且一个主机如果连续发生冲突，则每一次等待的时间都会比上一次长，直至报错而放弃发送。

3. CSMA/CD 的工作过程与特点

可以将 CSMA/CD 的工作过程形象地概括为“先听后发，边听边发，冲突停止，延迟重发”。

（1）先听后发：发送数据之前首先监听网络信道，如果空闲，则发送数据；如果信道忙，则继续监听，直到介质空闲，则立即发送。

（2）边听边发：假设有多个节点同时检测到信道空闲，则同时发送数据会造成冲突，所以要一边发送一边监听信道上是否有冲突发生。

（3）冲突停止：若在发送的过程中检测到有冲突发生，则立即停止发送，并发出冲突信号，通知其他主机节点冲突已经发生。

（4）延迟重发：主机接收到冲突信号后会停止发送数据，并查看是否超出了允许发生冲突的次数。如果超出，则不再请求发送数据，数据发送失败；如果没有超出，则等待一个随机时间后返回第 1 步重新争用发送权。不同主机等待的随机时间不同，且主机产生冲突次数越多，等待的时间就越长，减少了再次发生冲突的概率。

用流程图来表示这一过程，如图 1—9 所示。

CSMA/CD 的主要特点：原理比较简单，技术上较易实现，网络中各主机处于同等地位，不需要集中控制，效率高。但这种方式不能提供优先级控制，各主机节点平等争用总线，当负载增大时，发送信息的等待时间较长。

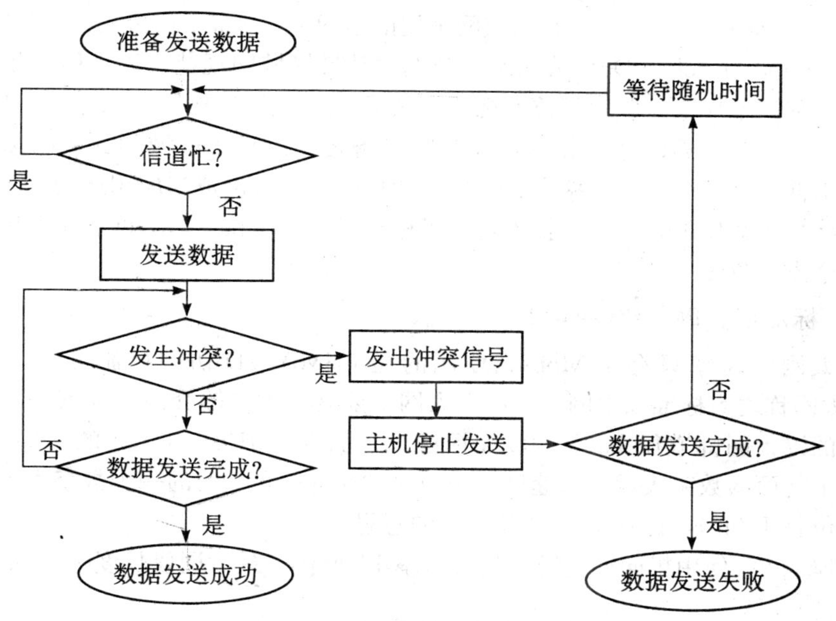

图 1—9　CSMA/CD 的工作过程

1.4.2　令牌环访问控制法（Token Ring）

令牌环介质访问控制方法主要在令牌环网中使用，是典型的受控型访问控制技术。在令牌环中，各主机通过环接口节点连成物理环形。令牌是一种特殊的 MAC 控制帧，令牌帧中有一个位标志令牌的"忙"或"闲"。当令牌环工作正常时，令牌总是沿着物理环单向逐节点传送，传送顺序与节点在环中排列的顺序相同。当某一主机节点想发送数据时必须等待，直至检测到经过该节点的令牌为止。这时该主机节点将令牌设为"忙"，此时环上不再有令牌。握有令牌的主机可以向令牌环网上发送信息，其他想要发送信息的主机节点必须等待。发送的信息将在环上环行一周，然后由发送主机将其清除。发送主机不再发送信息时，将令牌设为"闲"，并将其释放。

令牌环访问控制法的优点：具有极好的吞吐能力，且吞吐量随数据传输速率的增高而增加，并随介质的饱和而稳定下来，但并不下降；各主机节点不需要检测冲突，故信号电压允许较大的动态范围，连网距离较远；有一定实时性，在工业控制中得到了广泛应用。其主要缺点在于其实现的复杂性和时间开销较大。

1.4.3　令牌总线访问控制法（Token Bus）

令牌总线访问控制法是将令牌环访问控制技术应用到总线结构中。在采用令牌总线访问控制的局域网中，令牌用来控制主机对总线的访问权。从物理结构上看，令牌总线网是一种总线型结构，各主机节点共享总线传输信道，但从逻辑上看，它又是一种环型结构，它将总线的两端在逻辑上连接起来形成一个逻辑环。这种逻辑环通常按主机地址的递减或递增顺序排列，与工作站的物理位置并无固定关系，令牌传递由高地址向低地址，最后由最低地址向最高地址依次循环传递，从而在一个物理总线上形成一个逻辑环。

1.5 以太网

以太网（Ethernet）是当今现有局域网采用的最通用的通信协议标准，它是由 Xerox 公司创建并由 Xerox、Intel 和 DEC 公司联合开发的基带局域网规范。以太网不是一种具体的网络，而是一种技术规范。以太网技术规范定义了在局域网中采用的电缆类型和信号处理方法。以太网一般采用 CSMA/CD 技术，在互联设备之间以高于广域网数倍的速率传送信息包。由于成本低、可靠性高、速率高、设备通用性强，以太网成为应用最为广泛的局域网技术。随着网络技术的发展，以太网技术经历了标准以太网、快速以太网、千兆以太网、万兆以太网等几个发展阶段。

1.5.1 标准以太网（Ethernet）

最初以太网的速率只有 10Mbps，使用的是 CSMA/CD 访问控制方法，这种早期的 10Mbps 以太网称之为标准以太网。标准以太网主要有两种传输介质，那就是双绞线和同轴电缆。所有的以太网都遵循 IEEE 802.3 标准，下面列出 IEEE 802.3 的一些以太网标准，在这些标准中前面的数字表示传输速度，单位是“Mbps”，最后的一个数字表示单段网线长度（基准单位是 100m），Base 表示“基带”的意思。

（1）10Base-5：使用粗同轴电缆，最大速率 10Mbps，最大网段长度为 500m，基带传输方法。

（2）10Base-2：使用细同轴电缆，最大速率 10Mbps，最大网段长度为 185m，基带传输方法。

（3）10Base-T：使用双绞线电缆，最大速率 10Mbps，最大网段长度为 100m。

（4）10Base-F：使用光纤传输介质，最大速率 10Mbps。

1.5.2 快速以太网（Fast Ethernet）

在 1993 年 10 月以前，对于要求 10Mbps 以上数据流量的局域网应用，只有光纤分布式数据接口（FDDI）可供选择，但它是一种价格非常昂贵的、基于 100Mpbs 光缆的 LAN。1993 年 10 月，Grand Junction 公司推出了世界上第一台快速以太网集线器 Fastch10/100 和网卡 FastNIC100，快速以太网技术正式得以应用。随后 Intel、SynOptics、3COM、BayNetworks 等公司亦相继推出自己的快速以太网装置。与此同时，IEEE 802 工程组亦对 100Mbps 以太网的各种标准，如 100Base-TX、100Base-T4、MII、中继器、全双工等标准进行了研究。1995 年 3 月 IEEE 宣布了快速以太网标准（Fast Ethernet），就这样开始了快速以太网的时代。

快速以太网与原来在 100Mbps 带宽下工作的 FDDI 相比它具有许多的优点，最主要体现在快速以太网技术可以有效地保障用户在布线基础实施上的投资，它支持 3、4、5 类双绞线以及光纤，能有效利用现有的设施。快速以太网的不足其实也是以太网技术的不足，那就是快速以太网仍是基于 CSMA/CD 技术，当网络负载较重时，会造成效率的降低，当然这可以使用交换技术来弥补。

快速以太网标准类型有：

（1）100Base-TX：是一种使用 5 类无屏蔽双绞线或屏蔽双绞线的快速以太网技术，最大网段长度为 100m。

（2）100Base-FX：是一种使用光缆的快速以太网技术，可使用单模和多模光纤。多模光纤连接的最大距离为550米，单模光纤连接的最大距离为3000米。

(3) 100Base-T4：是一种可使用3、4、5类无屏蔽双绞线或屏蔽双绞线的快速以太网技术，最大网段长度为100m。

1.5.3　千兆以太网 (Gigabit Ethernet)

千兆以太网技术作为最新的高速以太网技术，采用了全双工的点到点的通信模式，不再共享带宽，CSMA/CD机制已不再重要，给用户带来了提高核心网络的有效解决方案，这种解决方案的最大优点是继承了传统以太网技术价格便宜的优点。千兆技术仍然是以太网技术，采用了与10M以太网相同的帧格式、帧结构、网络协议、全/半双工工作方式、流控模式以及布线系统。由于该技术不改变传统以太网的桌面应用、操作系统，因此可与10M或100M的以太网很好地配合工作。升级到千兆以太网不必改变网络应用程序、网管部件和网络操作系统，能够最大限度地投资保护。

Gigabit Ethernet支持的网络类型有：

(1) 1000Base-CX Copper STP：传输介质为铜缆，最大距离25m。

(2) 1000Base-T Copper Cat 5 UTP：传输介质为5类非屏蔽双绞线，最大距离100m。

(3) 1000Base-SX Multi-mode Fiber：传输介质为长波激光信源，最大距离500m。

(4) 1000Base-LX Single-mode Fiber：传输介质为短波激光信源，最大距离3000m。

1.5.4　万兆以太网 (Ten Gigabit Ethernet)

万兆以太网技术与千兆以太网类似，仍然保留了以太网帧结构，也不存在信道争用问题。通过不同的编码方式或波分复用提供10Gbps传输速度。万兆以太网于2002年7月在IEEE通过。万兆以太网技术提供更加丰富的带宽和处理能力，能够有效地节约用户在链路上的投资，并保持以太网一贯的兼容性、简单易用和升级容易的特点。

万兆以太网标准包括10GBase-X、10GBase-R和10GBase-W。

万兆以太网在设计之初就考虑到城域骨干网需求。首先带宽10G足够满足现阶段以及未来一段时间内城域骨干网带宽需求（现阶段大多数城域骨干网的骨干带宽不超过2.5G）。其次万兆以太网最长传输距离可达40公里，且可以配合10G传输通道使用，足够满足大多数城市城域网覆盖。

1.6　项目实训1：认识计算机网络实训室和网络设备

一、实训目的

1. 了解计算机网络实训室的拓扑结构。
2. 认识网络实训室中主要的网络互联设备。
3. 认识网络设备连接使用的传输介质。
4. 初步了解网络设备的配置操作。

二、实训条件

符合专业标准的计算机网络实训室

三、实训内容

1. 了解计算机网络实训室

(1) 请指导老师讲解计算机网络实训室设备之间的拓扑关系。

(2) 画出实训室的拓扑结构图。

2. 认识网络互联设备

(1) 了解计算机网络实训室中所用设备的分类、生产厂家和型号。

(2) 记录每种型号设备的数量。

(3) 了解每种设备前后面板接口的种类和数量。

3. 认识传输介质

(1) 了解实训室中主要的传输介质有哪几种。

(2) 了解传输介质是如何与设备连接的。

4. 网络设备的操作

(1) 请指导老师讲解和演示主要网络设备是如何开启和通过什么方式进行配置的。

(2) 根据指导老师的讲解和演示，自己动手操作一下。

1.7 项目实训2：双绞线的制作

一、实训目的

1. 掌握非屏蔽双绞线的RJ-45接头的制作方法。

2. 掌握非屏蔽双绞线直通电缆、交叉电缆的制作方法。

3. 掌握剥线钳、压线钳和网线测试仪的使用方法。

二、实训设备

1. 非屏蔽5类双绞线若干米。

2. RJ－45水晶头若干。

3. 用于驳接水晶头的专用剥线/压线钳。

4. 用于测试线缆是否通畅的网线测试仪。

三、实训内容

1. 双绞线的制作标准

5类UTP是由8线4对呈螺旋排列、两根导线相互绞在一起，并由坚韧外皮包裹组成。其中8根导线以不同颜色区分，白橙与橙为一对，用作发送线对（TD＋、TD－）；白绿与绿为一对，用作接收线对（RD＋、RD－）；白蓝与蓝为一对，白棕与棕为一对，这两对没用，作为预留对。因此国际上有两种制线标准：T568A和T568B。其排线顺序详见表1—2。

表1—2　T568A与T568B标准线序

标准	1	2	3	4	5	6	7	8
T568A	白绿	绿	白橙	蓝	白蓝	橙	白棕	棕
T568B	白橙	橙	白绿	蓝	白蓝	绿	白棕	棕

2. 直通线和交叉线的制作规范以及各自作用

直通双绞线：两端都采用T568B或是T568A的标准排线。

交叉双绞线：一端采用T568A标准，另外一端采用T568B标准。

如图1—10、1—11所示。

直通双绞线作用：一般用于计算机和集线器（或交换机）的连接；当集线器级联时，用于集线器的级联端口和普通端口相连的情况。

交叉双绞线作用：一般用于计算机和计算机的连接；当集线器级联时，用于集线器的普通端口和普通端口相连的情况。

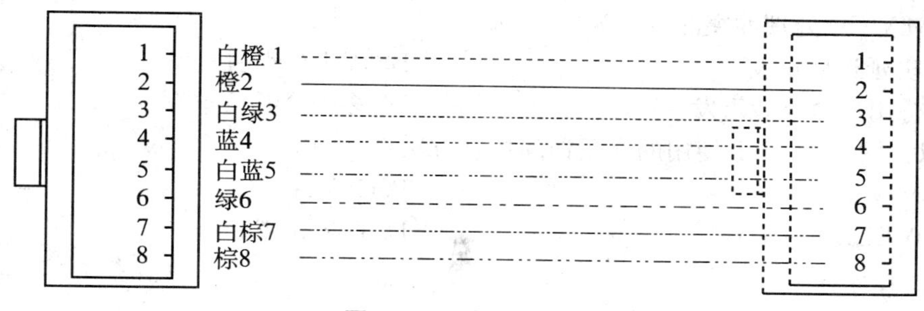

图 1—10　直通双绞线

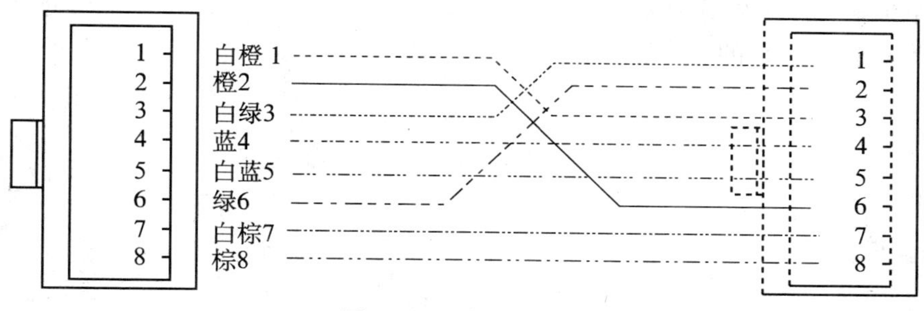

图 1—11　交叉双绞线

3. 网线测试

通过网线测试仪测试制作的网线是否联通。

习　题　1

一、单项选择题

1. 局域网常用的拓扑结构一般为(　　)。

A. 环型　　B. 总线型　　C. 星型　　D. 网状型

2. 一个城市内的一个计算机网络系统，属于(　　)。

A. PAN　　B. LAN　　C. WAN　　D. MAN

3. 根据计算机网络拓扑结构的分类，Internet 采用的是(　　)拓扑结构。

A. 环型　　B. 总线型　　C. 星型　　D. 网状型

4. 校园网属于(　　)。

A. LAN　　B. WAN　　C. MAN　　D. Internet

5. 不受电磁干扰和噪声影响的介质是(　　)。

A. 同轴电缆　　B. 光纤　　C. 双绞线　　D. 激光

6. 一般讲，对于高速局域网通信容量大时，为了获得更高的性能，应当选用(　　)。

A. 同轴电缆　　B. 双绞线　　C. 光纤　　D. 激光

7. 下面介质中属于无线介质的是(　　)。

A. 双绞线　　B. 光纤　　C. 红外线　　D. 同轴电缆

8. 以太网采用的介质访问控制方法一般是(　　)。

A. CSMA/CD　　B. CSMA/CA　　C. WCDMA　　D. CDMA2000

9. CSMA/CD 处理冲突的方法为(　　)。

A. 随机延迟后重发　　B. 固定延迟后重发

C. 等待用户命令后重发　　D. 多帧合并后重发

10. 以太网 10Base-T 使用的介质访问控制方法是(　　)。

A. CSMA　　B. CSMA/CD

C. NOVELL Netware　　D. Token Ring

二、简答题

1. 计算机网络的拓扑结构主要有哪几种？试做比较。

2. 网络传输介质主要分为哪几种？试做比较。

3. 简述 CSMA/CD 的工作过程。

项目 2　IP 地址规划

学习目标

掌握 IP 地址的分类方法；
了解依据 IP 实现的子网划分方法；
了解 IPv6。

项目分析

本项目主要涉及 IP 地址的基础性知识，对本项目的学习可以从总体和理论上了解网络终端是如何依靠 IP 地址实现区分的，对本项目的掌握有利于对后续项目的理解和学习。

2.1　IP 地址的分类

IP 地址犹如网络设备的门牌号，是网络设备之间实现通信的重要依靠。具体了解 IP 地址，也应该了解与 IP 地址相关的另外的两种地址，即 MAC 地址和域名。

2.1.1　MAC 地址、IP 地址与域名

在计算机网络的使用中，我们常常接触到三种地址，即 MAC 地址、IP 地址和域名。了解三者的各自作用，以及它们之间的关系，有利于了解网络数据传输的运作过程。

1. MAC 地址

MAC 地址也叫物理地址、硬件地址或链路地址，它主要存在于网卡中，由网卡制造商生产时写入，并且不可更改。每一个网卡的 MAC 地址都是全球唯一的，类似于人的身份证号一样，表示着一个网卡的身份。

MAC 地址为 48 位二进制数（6 个字节），为了书写和记忆的方便，书写中通常用十六进制表示，每两位十六进制数之间用冒号或者横线隔开，格式如下：

00：26：9E：D5：FF：DF，或者 00-26-9E-D5-FF-DF

MAC 地址的前 24 位代表网卡生产厂商的编号，后 24 位代表网卡生产厂商给予其生产的网卡的编号。

2. IP 地址

所谓 IP 地址就是给每一个连接在网络上的计算机和路由器等网络设备分配的一个全世

界范围内唯一的地址。当前的 IP 地址主要是指 IPv4 地址，即基于 IP 协议第四版本的地址，它由 32 位的二进制数组成。TCP/IP 利用 IP 地址来标识发送网络数据的源地址和目的地址。IP 地址采用分层结构，它是由网络地址位与主机地址位两部分组成的，如图 2—1 所示。IP 地址的结构使我们可以在互联网上很方便地进行寻址：先按照 IP 地址中的网络地址把网络找到，再按主机地址位把主机找到。

网络地址位	主机地址位

图 2—1　IP 地址的结构

对于 IPv4 来说，为了书写的简便，32 位二进制数以 8 位为一组，分成 4 组，每组用十进制数表示，各组之间用“.”隔开，如 192.168.0.190，这种 IP 地址的表示方法称为“点分十进制”表示方法，给我们的计算机配置地址就是用这种格式，如图 2—2 所示。需要注意的是由于每个十进制数是由 8 位二进制数生成，所以每个十进制数的范围是在 0～255 之间。如 192.272.0.23 不是一个合法的 IP 地址。

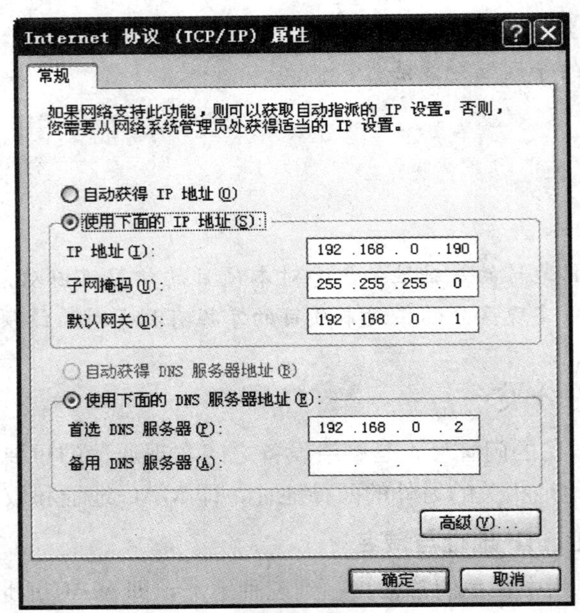

图 2—2　配置 IP 地址

3. 域名

域名即我们登录网站时输入到浏览器地址栏中的网址名。域名和 IP 地址之间一般是一对一的关系，但并不是所有 IP 地址都需要配置域名，只有网站服务器的 IP 地址才需要配置域名。域名由于是由英文字母书写的，符合普通人的思维，便于记忆，所以，虽然网站的服务器有 IP 地址，输入 IP 地址也可以登录网站（前提是网站没有禁止使用 IP 登录），但是人们更喜欢用网站的域名登录，也就是说域名一般是网络主机在 Internet 上的便于人们记忆的名称。例如，山东信息职业技术学院的 IP 地址是 123.133.28.242，而域名为 www.sdcit.cn。现在 Internet 也支持非英文域名，比如山东信息职业技术学院的中文域名是“山东信息职业技术学院．中国”。

域名采用层次结构的命名方式对网络主机进行命名，就像全世界的电话系统一样，比如电话号码 086－0536－2931828 转 003，086 表示中国，0536 表示潍坊，2931828 表示潍坊的一个单位的电话，003 表示该单位中的一个办公室的电话分机号，该号码共分成了四级。相对应地，在 Internet 中对于域名 www. sdcit. cn，cn 表示中国，sdcit 表示山东信息职业技术学院，www 表示网站主页，如果要进入该学校的网管中心可以使用 wangluo. sdcit. cn 登入，该域名共有三级。依据欧美国家的习惯，域名级别是由右向左排列的，各级之间用“.”隔开，最后面的是一级域名，又称顶级域名。顶级域名由世界 Internet 域名管理机构 ICANN（Internet Corporation for Assigned Names and Numbers，互联网名称与数字地址分配机构）设定。顶级域名分为通用顶级域名和国家及地区顶级域名两大类，表 2—1 列出了部分常用的顶级域名。国家和地区顶级域名有相应国家和地区管理，并设定其二级域名，比如 www. tsinghua. edu. cn，cn 是中国的顶级域名，edu 是其表示教育机构的二级域名。

表 2—1　　部分常用顶级域名

通用顶级域名	代表的区域	国家和地区顶级域名	代表的区域
com	表示公司企业	cn	中国
edu	表示教育机构	hk	中国香港
org	表示非赢利性组织	tw	中国台湾
gov	表示政府机构	jp	日本
mil	表示军事机构	sg	新加坡
net	表示网络服务机构	uk	英国

4. MAC 地址与 IP 地址的关联

形象的比喻，如果 MAC 地址是人的身份证号，则 IP 地址就是人的名字，身份证号不能改变，而人的名字是可以改变的，所以 MAC 地址又称为物理地址，IP 地址又称为逻辑地址。一台入网的计算机不仅要有 MAC 地址，也要有 IP 地址。在 OSI 模型中，MAC 地址属于数据链路层，而 IP 地址属于网络层，我们从网络上寻找设备靠的是 IP 地址，然而最终数据的传输依靠的是底层的 MAC 地址。那么 MAC 地址和 IP 地址在网络数据传输中的作用是怎样的呢？假设主机 A 给主机 B 发送数据，主机 A 只知道主机 B 的 IP 地址，但数据的传输依靠的是 MAC 地址，所以 A 会通过某种机制向 B 索要它的 MAC 地址，A 获取 B 的 MAC 地址的过程在 IPv4 网络中依靠的是 ARP（Address Resolution Protocol，地址解析协议）实现的。当 A 获得 B 的 MAC 地址后，A 会在发送给 B 的数据上打上 B 的 MAC 地址，然后发送到网络当中去，由网络依据 MAC 地址把数据送到 B 端，这就完成了数据的发送。再形象的比喻是，我给你寄一封信，我知道你的名字，但我不知道你的地址，我需要通过某种途径索取你的地址，然后在信封上写上你的地址才能交给邮局；邮局邮递信件依靠的是写在信封上的地址。

通常来讲，一个主机只有一个网卡，也就是只有一个 MAC 地址，但有时候可能一个主机配置了多个网卡，则该主机就有多个 MAC 地址。在主机中 MAC 地址与 IP 地址一般是一对一的关系，但是我们也可以为一个 MAC 地址配置多个 IP 地址，配置的方式为在图 2—2 所示的 IP 地址配置对话框中单击“高级”，出现“高级 TCP/IP 设置”对话框，选择“IP 设置”选项卡，在“IP 地址”一栏中选择“添加”，在出现的对话框中设置新的 IP 地址和掩码，如图 2—3 所示。

5. IP 地址与域名的关联及 DNS

如果说 IP 地址是人的姓名的话，域名就是便于更多人记忆的人的绰号。虽然 IP 地址是

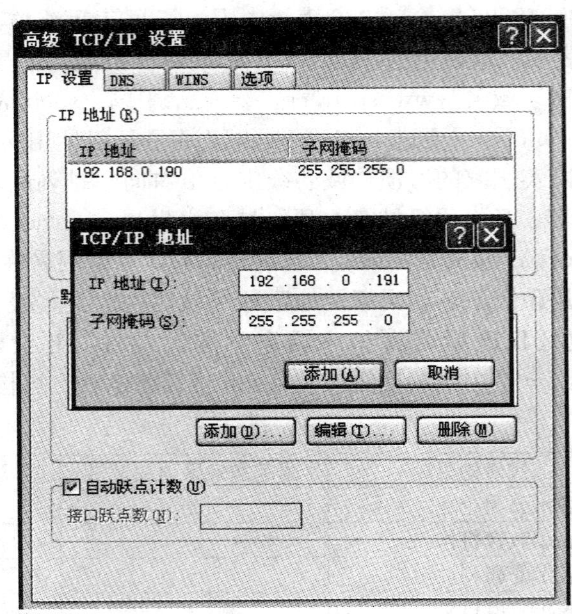

图 2—3　多 IP 地址的配置

网络设备在 Internet 中的正式名称，但人们更愿意用便于记忆的域名。所以当人们用一个域名去登录网站服务器的时候，必须有一个网络系统知道这个域名所代表的 IP 地址是什么，然后使用该 IP 地址代替域名登录相应网站的服务器。这种能够将域名解析为相应 IP 地址的系统称为域名系统（DNS，Domain Name System），运行域名系统的服务器称为 DNS 服务器。Internet 中有众多的 DNS 服务器为网站提供域名解析服务，如果没有 DNS 服务器为网站提供域名解析服务，则网站是不能用域名登录的。DNS 域名解析包括正向解析（从域名到 IP 地址）和反向解析（从 IP 地址到域名），一般我们使用的是正向解析。

DNS 对域名的解析也是分级的。国际顶级 DNS 服务器负责对顶级域名的解析，每一个顶级域名都有相应的 DNS 服务器负责解析其下的二级域名（可以称为该顶级域名服务器的子域名服务器），依此类推。对 Internet 来说，要靠一个或几个域名解析服务器完成对所有网站的域名解析是不可能的，所以需要众多的 DNS 服务器采用分布和分级的协同工作模式。每一个 DNS 服务器不但能够进行一些域名到 IP 地址的转换，且还必须具有连向其他域名服务器的消息。当自己不能进行域名到 IP 地址的转换时，必须知道到什么地方去找别的域名服务器。这样才能使这些域名服务器形成一个庞大的域名服务系统。

例如，访问 mingchen. cs. columbia. edu，对该域名的解析中，顶级域名服务器只负责解析顶级域名 edu，edu 域名服务器负责解析到 columbia 大学的域名服务器；columbia 域名服务器负责解析到 cs，cs 域名服务器则负责解析到的 mingchen。解析过程如下：

（1）用户主机向本地域名服务器要求解析 mingchen. cs. columbia. edu。

（2）本地域名服务器无法解析，将该域名转交给根域名服务器 edu，根域名服务器解析其子域 columbia. edu 的 IP 地址为 128. 196. 128. 233，返回给本地域名服务器。

（3）本地域名服务器将 cs. columbia. edu 送到 IP 地址为 128. 196. 128. 233 的域名服务器 columbia，它解析其子域 cs. columbia. edu 的 IP 地址为 192. 12. 69. 5，返回给本地域名服务器。

(4) 本地域名服务器将 mingchen. cs. columbia. edu 送到 IP 地址为 192. 12. 69. 5 的域名服务器 cs，它解析其子域 mingchen. cs. columbia. edu 的 IP 地址为 192. 12. 69. 60，返回给本地域名服务器。

(5) 本地域名服务器将域名 mingchen. cs. columbia. edu 所对应的 IP 地址 192. 12. 69. 60 返回给用户主机。用户主机就获得了目标主机的 IP 地址。本地域名服务器会将获得的解析信息记录下了，当下次再有主机向其请求解析该域名的时候就不需要再寻求其他域名服务器的帮助了。

一般的主机不需要配置域名，只有作为网络服务器的主机才有配置域名的必要。域名与 IP 地址之间一般是一对一的关系，但是在有些情况下却并非如此，如下所示：

(1) 一个 IP 对多个域名。比如前面提到的山东信息职业技术学院，其网站 IP 地址为 123. 133. 28. 242，而其域名有两个，分别是"www. sdcit. cn"和"山东信息职业技术学院 . 中国"。

(2) 一个域名对多个 IP 地址。对于一些大型的门户网站，为了提高用户访问网站的速度，会在各地建立其服务器，虽然每个服务器的 IP 地址不同，但是它们却指向了同一个网站域名。比如网易公司在全国各省的省会都建立了服务器，虽然它只有一个域名"www. 163. com"，但在山东登录时该域名指向的 IP 地址为 123. 132. 254. 15，在浙江登录时指向的地址为 122. 227. 209. 17，在广东登录时指向的地址为 183. 60. 136. 64。

(3) 多个域名对多个 IP 地址。有的大型网站既有多个服务器，又有多个域名。比如中央电视台的域名有"www. cctv. com"、"www. cctv. com. cn"、"www. cctv. cn"和"www. cntv. com"，在山东登录时服务器地址为 123. 129. 252. 2，在浙江登录时服务器地址为 122. 224. 185. 6。

2.1.2 IP 地址的分类

IP 地址采用分层结构。IP 地址由网络地址位与主机地址位两部分组成，其中，网络地址位（net-id）用来标识一个逻辑网络，主机地址位（host-id）用来标识网络中的一台主机。网络地址位相同的主机可以直接互相访问，网络地址位不同的主机需通过路由器才可以互相访问。TCP/IP 协议规定，根据网络规模的大小将 IP 地址分为五类（A、B、C、D、E）。

(1) A 类地址：第 1 个字节用做网络地址位，且最高位固定为"0"，这样就只有 7 位可以变化，理论上能够表示的网络有 2^7，即 128 个，第一个字节转换为十进制，值的范围是 0～127。后 3 个字节用做主机地址位，有 24 位，则每个网络能够容纳的主机数为 $2^{24}-2$ 台。减去 2 是减去了该网段中不能分配给具体主机的网络地址和广播地址，下同。A 类 IP 地址常用于大型的网络。

(2) B 类地址：前 2 个字节用做网络地址位，且最高两位二进制数固定为"10"，第一个字节转换为十进制，值的范围是 128～191，最大网络数量为 2^{14}，即 16 384 个。后 2 个字节用做主机地址位，每个网络可以容纳的主机数为 $2^{16}-2$，即 65 534 台主机。B 类 IP 地址通常用于中等规模的网络。

(3) C 类地址：前 3 个字节用做网络地址位，且最高三位二进制数固定为"110"，第一个字节转换为十进制的值范围是 192～223，最大网络数为 2^{21}，约 200 多万。最后 1 个字节用做主机地址位，每个网络可以容纳的主机数为 2^8-2，即 254 台主机。C 类 IP 地址通常用于小型的网络。

(4) D 类地址：是组播地址，最高四位固定为"1110"，第一个字节转换为十进制，值的范围是 224～239。该类地址主要是留给因特网体系结构委员会（IAB，Internet Architecture Board）使用的。

（5）E 类地址：是保留地址，最高四位固定为“1111”，第一个字节转换为十进制，值的范围是 240～255，保留在今后使用。

五类 IP 地址总结如图 2—4 所示。我们所关注的主要是 A、B 和 C 类地址，每一类地址可以划分的网络数和每个网络可以含有的主机数量总结如表 2—2 所示。

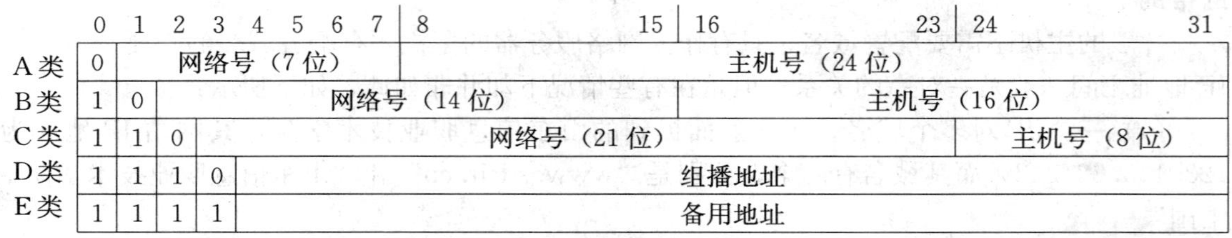

<table>
<tr><td></td><td>0</td><td>1</td><td>2</td><td>3</td><td>4 5 6 7</td><td>8 15</td><td>16 23</td><td>24 31</td></tr>
<tr><td>A类</td><td>0</td><td colspan="4">网络号（7 位）</td><td colspan="3">主机号（24 位）</td></tr>
<tr><td>B类</td><td>1</td><td>0</td><td colspan="4">网络号（14 位）</td><td colspan="2">主机号（16 位）</td></tr>
<tr><td>C类</td><td>1</td><td>1</td><td>0</td><td colspan="4">网络号（21 位）</td><td>主机号（8 位）</td></tr>
<tr><td>D类</td><td>1</td><td>1</td><td>1</td><td>0</td><td colspan="4">组播地址</td></tr>
<tr><td>E类</td><td>1</td><td>1</td><td>1</td><td>1</td><td colspan="4">备用地址</td></tr>
</table>

图 2—4 IP 地址的分类

表 2—2　　IP 地址分类下的网络地址数量和主机地址数量

类别	第一字节范围	网络地址位范围	网络数量	主机地址位范围	单网主机数量
A	1—126	前 1 个字节	126	后 3 个字节	$2^{24}-2$
B	128—191	前 2 个字节	16 384	后 2 个字节	$2^{16}-2$
C	192—223	前 3 个字节	2 097 152	后 1 个字节	$2^{8}-2$

注：A 类中第一字节值为 0 和 127 的 IP 地址是特殊地址，可以不计入 A 类地址。

2.1.3 特殊的 IP 地址

在 IP 地址中，有些地址是有特殊用途的，介绍如下：

1. IP 地址 0.0.0.0

该地址可以称为缺省路由。严格来说，0.0.0.0 已经不是一个真正意义上的 IP 地址了。对路由器来说，它表示的是这样一个集合：所有不清楚的主机和目的地址的网络（这里的“不清楚”是指在本地的路由表里没有特定条目指明如何到达）。路由器如果设置了缺省路由，则对于那些不清楚目的地的数据包都转发到目的地址为 0.0.0.0 的缺省路由中，由缺省路由所设置的下一跳路由器处理。

2. IP 地址 255.255.255.255

该地址为本地广播地址或者限制广播地址。对本机来说，这个地址是指本网段的（同一广播域）的所有主机。如果翻译成人类的语言，应该是“这个房间的所有人都注意了：这个地址不能被路由器转发”。数据包的发送者如果以此地址为目的地址，则发送者所在的网段的所有设备会接收到这个广播包。

3. IP 地址 127. *. *. *

此处“*”表示 0～255 中的任意数，下同。该地址段称为本机地址或者回环地址，主要用于网络编程等方面的测试，经常使用的地址是 127.0.0.1。用汉语表示，就是“我自己”。在 Windows 系统中，这个地址有一个别名“Localhost”。数据包的发送者如果以此地址为目的地址，则表示是发送给发送者自己，数据包是不会离开发送者的网络接口的。除非出错，否则在传输介质上永远不应该出现目的地址为“127.0.0.1”的数据包。

4. 网络地址位＋全 0 的主机地址位

表示一个网段的网络地址，常出现在路由表中，表示目的主机地址所在的网络。该地址不能分配给一个具体的主机。

5. 网络地址位＋全 1 的主机地址位

表示一个网段的广播地址，发送端如果以一个广播地址为目的地址发送数据包，则该网段的所有主机都会接收到。该地址不能分配给一个具体的主机。要把它与 255. 255. 255. 255 区分开来，如果发送端以 255. 255. 255. 255 为目的地址发送广播包，是与发送端在同一网段的主机会接收到；但是，如果是以“网络地址位＋全 1 的主机地址”为目的地址发送广播包，则是“网络地址位”所代表的网段的所有主机会接收到。

6. IP 地址 224. 0. 0. 0～239. 255. 255. 255

即 D 类地址，组播地址，需要注意它与广播地址的区别。其中 224. 0. 0. 1 特指所有的主机，224. 0. 0. 2 特指所有的路由器，224. 0. 0. 5 指所有的 OSPF 路由器地址，224. 0. 0. 13 指 PIMV2 路由器的地址。另外 224. 0. 0. 0～224. 0. 0. 255 只能用于局域网中，路由器是不会转发的，239. 0. 0. 0～239. 255. 255. 255 是私有地址（与 192. 168. *. * 功能一样），224. 0. 1. 0～238. 255. 255. 255 可以用于 Internet 上。

7. IP 地址 169. 254. *. *

如果你的主机使用了 DHCP 功能自动获得一个 IP 地址，那么当你的 DHCP 服务器发生故障或响应时间太长而超出系统规定的一个时间，Windows 系统会为你分配一个这样的地址。如果你发现你的主机 IP 地址是个诸如此类的地址，很不幸，十有八九是你的网络不能正常运行了。

8. IP 地址 10. *. *. *、172. 16. *. *～172. 31. *. *、192. 168. *. *

上面三个网段是私有地址，可以用于自己组网使用，这些地址主要用于企业内部网络中，但不能在 Internet 网上使用，Internet 网没有这些地址的路由，而使用这三个网段的计算机要上网必须要通过地址翻译（NAT），将私有地址翻译成公有合法的 IP 地址。一些路由器或是其他的网络设备，往往使用 192. 168. 1. 1 作为缺省地址。由于私有个人网络不会与外部互连，所以可以使用随意的 IP 地址。这三个网段的 IP 地址中的地址，只要不是同一个网络的，可以重复使用。私有地址的使用主要可以起到缓解 IPv4 地址资源面临的枯竭和隔离内外网，保护内网安全等方面的作用。

2. 1. 4　ping 命令与 ipconfig 命令

1. ping 命令

ping 命令是测试网络连接状况以及信息包发送和接收状况的工具，是网络测试最常用的命令。通过它可以知道自己的主机是否与别人的主机连通。ping 命令的格式为“ping＋IP 地址”。开启命令的方式是在操作系统“开始”菜单中选择“运行”命令，在弹出的对话框中的文本框输入“cmd”，回车，弹出命令行界面。在命令引导符后面输入相应命令。例如，ping 192. 168. 0. 2，系统默认情况下会向目的端发送四个数据包，如果本机与该地址是连通的，则结果如图 2—5 所示；如果是不连通，则如图 2—6 所示。

2. ipconfig 命令

如果想了解本机的网卡的配置信息，可以使用 ipconfig 命令，开启命令的方式仍然是在操作系统“开始”菜单中选择“运行”命令，在弹出的对话框中的文本框输入“cmd”，回车，弹出命令行界面。在命令引导符后面输入 ipconfig 命令，结果如图 2—7 所示，信息中会显示本机中所有网卡的 MAC 地址、IP 地址等配置情况（包括虚拟网卡）。如果要显示更多信息，可以使用 ipconfig/all，执行后结果如图 2—8 所示。查询主机的 MAC 地址，及自动获取 IP 地址的情况下查询本机的 IP 地址时，经常使用该命令。

```
C:\WINDOWS\system32\cmd.exe
C:\Documents and Settings\zhaoxh>ping 192.168.0.2

Pinging 192.168.0.2 with 32 bytes of data:

Reply from 192.168.0.2: bytes=32 time<1ms TTL=128
Reply from 192.168.0.2: bytes=32 time<1ms TTL=128
Reply from 192.168.0.2: bytes=32 time<1ms TTL=128
Reply from 192.168.0.2: bytes=32 time<1ms TTL=128

Ping statistics for 192.168.0.2:
    Packets: Sent = 4, Received = 4, Lost = 0 (0% loss),
Approximate round trip times in milli-seconds:
    Minimum = 0ms, Maximum = 0ms, Average = 0ms

C:\Documents and Settings\zhaoxh>_
```

图 2—5 ping 命令连通的情况

```
C:\WINDOWS\system32\cmd.exe
C:\Documents and Settings\zhaoxh>ping 192.168.0.2

Pinging 192.168.0.2 with 32 bytes of data:

Destination host unreachable.
Destination host unreachable.
Destination host unreachable.
Destination host unreachable.

Ping statistics for 192.168.0.2:
    Packets: Sent = 4, Received = 0, Lost = 4 (100% loss),

C:\Documents and Settings\zhaoxh>
```

图 2—6 ping 命令不通的情况

```
C:\WINDOWS\system32\cmd.exe
C:\Documents and Settings\zhaoxh>ipconfig

Windows IP Configuration


Ethernet adapter 本地连接:

        Connection-specific DNS Suffix  . :
        IP Address. . . . . . . . . . . . : 192.168.0.190
        Subnet Mask . . . . . . . . . . . : 255.255.255.0
        Default Gateway . . . . . . . . . : 192.168.0.1

C:\Documents and Settings\zhaoxh>
```

图 2—7 ipconfig 执行结果

```
C:\WINDOWS\system32\cmd.exe
C:\Documents and Settings\zhaoxh>ipconfig/all

Windows IP Configuration

        Host Name . . . . . . . . . . . . : zxh-1
        Primary Dns Suffix  . . . . . . . :
        Node Type . . . . . . . . . . . . : Unknown
        IP Routing Enabled. . . . . . . . : No
        WINS Proxy Enabled. . . . . . . . : No

Ethernet adapter 本地连接:

        Connection-specific DNS Suffix  . :
        Description . . . . . . . . . . . : 3Com 3C920B-EMB Integrated Fast Ethe
rnet Controller
        Physical Address. . . . . . . . . : 00-26-54-0E-2B-FE
        Dhcp Enabled. . . . . . . . . . . : No
        IP Address. . . . . . . . . . . . : 192.168.0.190
        Subnet Mask . . . . . . . . . . . : 255.255.255.0
        Default Gateway . . . . . . . . . : 192.168.0.1
        DNS Servers . . . . . . . . . . . : 192.168.0.2

C:\Documents and Settings\zhaoxh>_
```

图 2—8 ipconfig/all 执行结果

2.2　子网划分

对 IP 地址以 A、B、C 类做出的划分，可以称为二级 IP 地址划分体制，将 IP 地址划分为网络地址位和主机地址位两部分，如图 2—1 所示，划分原理简单，易于辨别使用，但是该二级划分体制存在着极大的弊端。

2.2.1　子网划分的必要性

二级 IP 划分体制主要存在以下弊端：

（1）IP 地址利用率低下。一个 C 类地址的理论主机地址数为 2^8-2，即 254 个；一个 B 类地址的理论主机地址数为 $2^{16}-2$，即 65 534 个；一个 A 类地址的理论主机地址数为 $2^{24}-2$，即 16 777 214 个。即使电信部门分配给你一个 C 类网络地址，也很少有人能够把这些主机地址用完，更何况 A 和 B 类地址，所以这种划分方法造成极大的 IP 地址浪费。

（2）网络设置不够灵活。二级网络划分体制划分的网络的大小和规模是不可变的，电信部门给予一个网络地址，自身不能再做改变，不能再在网络下根据需要划分二级网络，在网络管理上灵活度很差。

（3）造成路由表的体积太大，网络运行效率大受影响。二级划分体制的网络由于网络只有一级，所以对路由器而言，网络数量越多，路由表的规模就越大，则路由器的路由负担就越重。

如何解决二级 IP 划分体制的弊端呢？

造成 IP 二级划分体制弊端的根本原因是网络规模的不可变性。改变这一弊端的方式就是网络下面再自主划分子网，IP 地址组成由“网络地址位＋主机地址位”变为“网络地址位＋子网地址位＋主机地址位”的三级体制，如图 2—9 所示，甚至是子网下面可以再划分子网的多级体制，子网的规模可以自由控制，这样就提高了网络建制的灵活性。这种划分体制能够充分利用有限的 IP 资源。

<table>
<tr><td rowspan="2">（二级体制下的）网络地址位</td><td colspan="2">主机地址位</td></tr>
<tr><td>子网地址位</td><td>子网主机地址位</td></tr>
<tr><td colspan="2">（子网划分后的）网络地址位</td><td>主机地址位</td></tr>
</table>

图 2—9　子网划分下的 IP 地址结构

IP 地址划分的多级体制也可以解决路由器路由表臃肿的问题。子网是主网络的组成部分，其只对本地路由器可见，对外部路由器不可见。外部路由器根据主网络地址将数据送达本地路由器，由本地路由器将数据送达相应的子网中的主机。如果几个小的网络具有相同的地址前缀，则可以将它们汇集在一个大的网络，在路由表中只写一条路由信息，从而减少路由的条数，这称之为路由汇聚。由此可以有效减小各路由器路由表的负载。

2.2.2　掩码

数据包的转发，对大多数的路由器来说只负责将数据包转发至目的主机所在的网络或子网中，因此需要从目的主机的 IP 地址中提取网络号或子网号。在二级体制下，无论是人还是路由器，在判断一个主机所在的网络的网络地址是比较好判断的，因为只要看主机 IP 地址的前几位二进制数，就能区分开 A、B、C 类地址，以及它们的网络地址位是多少位（参见图 2—4）。但是划分子网后的三级体制却存在一定的困难，即路由器在路由时无法获知一个子网的子网地址有多少位，是哪些位。子网掩码可以解决这一问题。

子网掩码（Subnet Mask）将某个 IP 地址划分成网络地址位（包括子网地址位）和主机地址位两部分。子网掩码不能单独存在，它必须结合 IP 地址一起使用。子网掩码的设定必须遵循一定的规则。与 IP 地址相同，子网掩码由 1 和 0 组成，且 1 和 0 分别连续。子网掩码的长度也是 32 位，左边是网络地址位（包括子网地址位），用二进制数字“1”表示，“1”的数目等于网络地址位的长度；右边是主机地址位，用二进制数字“0”表示，“0”的数目等于主机地址位的长度。当判断一个主机地址所在的网络时，只要将该主机的 IP 地址与子网掩码二进制进行与运算即可。所以在配置一个主机的 IP 地址时，还要配置该主机的掩码。路由器在存储一个路由信息时，是根据目的主机地址与其掩码的二进制位相“与”运算得到目的网络地址的。

虽然对于二级划分体制下，A、B、C 类主机地址不需要掩码也能判断其网络地址位，但是为了与掩码体制统一起来，也给它们配置缺省子网掩码。

A 类网络缺省子网掩码：255.0.0.0。

B 类网络缺省子网掩码：255.255.0.0。

C 类网络缺省子网掩码：255.255.255.0。

对常用到的子网掩码，如表 2—3 所示。

表 2—3　　常用子网掩码

子网掩码	子网占用位数			网络地址总位数	主机地址位数	子网中主机数
	A 类	B 类	C 类			
255.128.0.0	1	/	/	9	23	8 388 606
255.192.0.0	2	/	/	10	22	4 194 302
255.224.0.0	3	/	/	11	21	2 097 150
255.240.0.0	4	/	/	12	20	1 048 574
255.248.0.0	5	/	/	13	19	524 286
255.252.0.0	6	/	/	14	18	262 142
255.254.0.0	7	/	/	14	17	131 070
255.255.0.0	8	/	/	16	16	65 534
255.255.128.0	9	1	/	17	15	32 766
255.255.192.0	10	2	/	18	14	16 382
255.255.224.0	11	3	/	19	13	8 190
255.255.240.0	12	4	/	20	12	4 094
255.255.248.0	13	5	/	21	11	2 046
255.255.252.0	14	6	/	22	10	1 022
255.255.254.0	15	7	/	23	9	510
255.255.255.0	16	8	/	24	8	254
255.255.255.128	18	9	1	25	7	126
255.255.255.192	19	10	2	26	6	62
255.255.255.224	20	11	3	27	5	30
255.255.255.240	21	12	4	28	4	14
255.255.255.248	22	13	5	29	3	6
255.255.255.252	23	14	6	30	2	2

注：A、B、C 类地址中子网地址位为 1 位的情况仅出现在网络互联设备支持无类别域间路由选择协议（CIDR）时。

考虑一下，255.255.255.254 能不能做掩码?

对掩码的表示还有另外一种方法，即在主机地址的后面直接标出网络地址位的位数，如 120.213.10.8/24，表示该地址的掩码是 255.255.255.0。

当我们配置一台计算机的 IP 地址时，也要配置其掩码，以此来告诉计算机其所属的网络，参见图 2—2。

2.2.3 子网划分的原则与方法

1. 子网划分的原则

给一个网络地址，在该网络地址下再划分子网，划分原则如下：

（1）IP 地址中的主机地址位不能全为 1。主机地址位为全 1 的地址为该网段的广播地址，不能分配给具体的主机。

（2）IP 地址中的主机地址位不能全为 0。主机地址位为全 0 的地址为该网段的网络地址，不能分配给具体的主机。

当前的互联设备基本都支持无类别域间路由选择协议（CIDR）。如果网络互联设备不支持 CIDR，则子网地址位为全 0 或者全 1 的子网是不能出现的，在上两条原则的基础上还应该加以下两条，即：

- IP 地址中的子网地址位不能全为 1。
- IP 地址中的子网地址位不能全为 0。

2. 子网划分的方法

给出一个网络地址，对其进行子网划分，主要有以下几个步骤：

（1）确定需要划分多少个子网。

（2）确定每个子网的最大主机数量。

（3）确定子网掩码。

（4）确定有效的网络地址。

（5）确定每个子网上有效主机的 IP 地址范围。

（6）确认是否满足了网络数量和最大主机数量要求。

下面通过一个例子来说明子网掩码的划分过程。由于现在的互联设备基本都支持CIDR，在该例中，只考虑允许子网地址位为全 0 和全 1 的情况。

给出 C 类地址 192.168.10.0，要求至少划分成 12 个子网，且子网地址位最少，根据划分结果写出：

（1）子网掩码。

（2）前三个子网的网络地址和最后一个子网的网络地址，以及在这 4 个网络上的有效主机地址范围。

（3）确定使用的划分方法最多可以划分多少个子网，以及每个子网拥有的主机地址数量。

问题解析如下：

（1）至少划分为 12 个子网，也就是需要计算出要从 IP 二级体制下的主机地址位拿出多少位放下 12 个子网地址。需要注意的是 0 也算一个子网，即对 12 个子网的编号可以是 0 到 11，最大子网的编号是 11，所以拿出的主机地址位只需要把 11 放得下就行。1100 转换为二进制数后是 1011，共计 4 位，所以需要拿出 4 个位做子网地址位，拿出的子网地址位必须紧靠原有的网络地址位。对 C 类地址 192.168.10.0 来说，原有网络地址位为 IP 地址最左边的 24 位，加上现在子网划分需要的 4 位，则新的网络地址位共 28 位，主机地址位则有 4 位。由此可计算出该种子网划分方式的子网掩码为 255.255.255.240，该值也可参照表 2—3 得出。

划分子网后的主机地址位数为 4 位，4 位二进制数最多可以表示 2^4，共 16 个数，即可以表示 16 个 IP 地址，但是其中要包含主机地址位为全 0 的表示网络地址的 IP，主机地址位为全 1 的表示该网络广播地址的 IP，这两个地址不能分配给具体的主机，所以在这种子网划分方式下，每个子网能分配给具体主机的 IP 只有 14 个。如果对每个子网的主机数量有要求，则看看该划分方法是否满足要求，如果不满足，则需要在子网数量或者每个子网的主机数量上做出调整。本例中未对子网所含主机数量做出要求。

(2) 有了掩码之后，各个子网的网络地址就比较好确定。对于给定的网络 192.168.10.0 划分子网之后的网络地址，前 24 位是原有二级体制划分下的网络地址位，不可改变。变动的是紧随其后的作为子网地址位的四个二进制位，这四个位能表示多少个数，就表示可以划分成多少个子网，所以表示的数由小到大，依次为 0000、0001、0010、……、1111，共 16 个，即 2^4。一个网络的网络地址中主机地址位为全 0，所以最后该子网划分方式下所有网络地址的最后八位二进制位依次为 00000000、00010000、00100000、……、11110000，转化成十进制也就是 0、16、32、……、240。由此该种子网划分方法下前三个子网地址为 192.168.10.0，192.168.10.16，192.168.10.32，最后一个子网的网络地址为 192.168.10.240。

对于给定的网络 192.168.10.0 在掩码为 255.255.255.240 的子网划分方式下，每个子网只有 4 个主机地址位。每个子网的主机地址位全 0 的为网络地址，全 1 的为网络的广播地址，不能分配给具体的主机。所以对这四个位能够表示的主机地址数为 24－2＝14 个，分别是 0001、0010、0011、……、1110。由此可以得出前三个网络地址、最后一个网络地址，以及它们的主机地址范围，如图 2—10 所示。

第一个子网地址：192.168.10.0；主机地址范围：192.168.10.1～192.168.10.14。

第二个子网地址：192.168.10.16；主机地址范围：192.168.10.17～192.168.10.30。

第三个子网地址：192.168.10.32；主机地址范围：192.168.10.33～192.168.10.46。

最后一个子网地址：192.168.10.240；主机地址范围：192.168.10.241～192.168.10.254。

(3) 由 (2) 中分析即可得，在这种网络划分方式下，可划分出 2^4＝16 个子网，每个子网可分配 2^4－2＝14 个主机地址。

由上例题，总结几个公式如下：

- 给出要求划分的子网的数量 n，求子网划分所占的位数 N。

N 等于 n－1 转换为二进制数后二进制数的位数。

- 已知子网掩码，求可以生成多少个子网络。

使用公式：2^N，这里 N 为子网地址位数。

- 求每个网络上有多少个有效主机 IP 地址。

使用公式：2^H-2，这里 H 为主机地址位数。

- 计算每个子网的主机地址范围。

主机地址范围的起始地址＝子网网络地址＋1

主机地址范围的终结地址＝下一个子网网络地址－2

＝本子网网络地址＋本子网主机地址数量

请思考：

如果网络互联设备不支持子网地址位为全 0 全 1 的子网，对于本例题又应如何去划分子网？

如果要求将 A 类网络地址 10.0.0.0 划分为 1101 个子网，如何去划分？

	192	168	10	0		
	11000000	10101000	00001010	0000	0000	
	←二级体制划分下网络地址位→			←子网位→	←主机位→	
	←三级体制划分下网络地址位→					
第一个子网	11000000	10101000	00001010	0000	0000	网络地址
					0001	第一个主机地址
					⋮	⋮
					1110	最后一个主机地址
					1111	广播地址
	网络地址 192.168.10.0 主机地址范围 192.168.10.1—192.168.10.14					
第二个子网	11000000	10101000	00001010	0001	0000	网络地址
					0001	第一个主机地址
					⋮	⋮
					1110	最后一个主机地址
					1111	广播地址
	网络地址 192.168.10.16 主机地址范围 192.168.10.17—192.168.10.30					
第三个子网	11000000	10101000	00001010	0010	0000	网络地址
					0001	第一个主机地址
					⋮	⋮
					1110	最后一个主机地址
					1111	广播地址
	网络地址 192.168.10.32 主机地址范围 192.168.10.33—192.168.10.46					
⋮	⋮				⋮	⋮
最后一个子网	11000000	10101000	00001010	1111	0000	网络地址
					0001	第一个主机地址
					⋮	⋮
					1110	最后一个主机地址
					1111	广播地址
	网络地址 192.168.10.240 主机地址范围 192.168.10.241—192.168.10.254					

图 2—10　子网划分的方法

2.3　认识 IPv6

2011 年 2 月 3 日，国际互联网名称和编号分配公司发布的新闻公报说，在该日于美国迈阿密举行的一个会议上，最后所剩的 5 组 IPv4 地址被分配给了全球 5 大区域互联网注册管理机构，第一代互联网地址的“池子”已经全空了。IPv4 提供了近 43 亿 IP 地址，为互联网近几十年的发展做出了辉煌的成就，提供了重要基础，然而由于网络规模的不断膨胀，超出了原先的预期，互联网未来发展将系于在全球范围内普及下一代互联网通信协议，即 IPv6。而 IPv6 将提供的地址比 IPv4 提供的地址多 40 亿倍。

IPv6 是“Internet Protocol Version 6”的缩写，是当前 IP 协议 IPv4 的替代版。IPv4 是 20 世纪 70 年代末期产生的，经过近三四十年的互联网络膨胀式发展，一些不可解决的问题也暴露出来，比如 IPv4 地址资源的枯竭问题，ARP 攻击问题，还有就是网络技术的新发展对 IP 协议提出了新的要求。由此互联网任务组（Internet Engineering Task Force，IETF）成立的 IPNG（IP Next Generation）工作组在 1994 年提出了下一代网络协议 IPv6 的推荐版本，并于 1999 年开始分配 IPv6 地址。相对于 IPv4 的 32 位二进制地址空间，IPv6 由 128 位的二进制地址空间组成，从理论上讲会有 $2^{128}=3.4\times10^{38}$，打一个比方来说，如果把所有的 IPv6 地址都均匀地覆盖到地球表面，那么一个手指印大小的一平方厘米的面积上可以分配 7×10^{19} 个地址，也就是说在我们可以想象的未来很长时间里 IPv6 资源都是不可能用完的。IPv6 地址的丰富资源也为我们智能生活空间技术的发展提供了支撑，我们可以尽可能多地为生活空间中的设备配置 IP 地址，如摄像头、空调、电视机、电磁炉等等，以实现对这些设备的智能控制与管理。

2.3.1 IPv6 地址的表示

IPv6 地址有 128 位二进制位，所以再用 IPv4 的点分十进制方法表示就显的地址太长而不合适了。IPv6 地址用十六进制表示，分为 8 段，中间用“:”隔开，例如：

2001：0da8：0207：0000：0000：0000：0000：8207

字段如果是以 0 开头则 0 可以省略，全 0 的段可用“::”表示，但是在一个 IPv6 地址中只能出现一次“::”(为什么?)。因此，同一个地址可以使用不同的表示法，例如：

2001：0da8：0207：0000：0000：0000：0000：8207

2001：da8：207：0：0：0：0：8207

2001：da8：207::8207

2.3.2 从 IPv4 到 IPv6 的过渡

由于目前的网络主要以 IPv4 用户和设备为主，从 IPv4 到 v6 的过渡不可能一次性实现，必须是一个循序渐进的过程，能否顺利地实现从 IPv4 到 IPv6 的过渡也是 IPv6 能否取得成功的一个重要因素。实际上，IPv6 在设计的过程中就已经考虑到 IPv4 到 IPv6 的过渡问题，并提供了一些特性使过渡过程简化。例如，IPv6 地址可以使用 IPv4 兼容地址，自动由 IPv4 地址产生，即在 32 位的 IPv4 地址前面补 0 至 128 位，形成 IPv6 地址。

在当前的 Internet 中，仍然以 IPv4 网络为主，而 IPv6 网络就像是一个个独立的小岛，分散在 IPv4 网络的大海中。如何使 IPv6 网络与 IPv4 网络融合在一起，如何使两个被 IPv4 网络隔离的 IPv6 网络实现互联，就成为当前从 IPv4 网络到 IPv6 网络过渡过程中需要解决的关键问题。解决这些过渡问题主要的技术有以下三种：

（1）双协议栈技术。双协议栈技术是指在设备上同时使用 IPv4 和 IPv6 两种协议。该类设备既拥有 IPv4 地址，又拥有 IPv6 地址；既可以收发 IPv4 数据包，又可以收发 IPv6 数据包；既支持 IPv4 网络，又支持 IPv6 网络。

（2）隧道技术。这种技术犹如信封里面套信封，即把 IPv6 数据报封装在 IPv4 数据包中，这样就可以实现 IPv6 网络之间穿越 IPv4 网络进行通信。

（3）协议转换技术。这种技术是在网络中配置具备 IPv4 和 IPv6 协议转换功能的转换设备，修改协议报文头，使 IPv4 网络与 IPv6 网络能够互通。

2.4 项目实训 1：IP 地址的配置

一、实训目的

掌握 IP 地址的配置方法。

掌握 ping 命令和 ipconfig 命令的使用方法。

二、实训设备

一台交换机；

两台计算机（本实训是在 Windows XP 系统下）；

两条直通式双绞线。

三、拓扑结构图

本实训的拓扑结构图参见图 2—11。

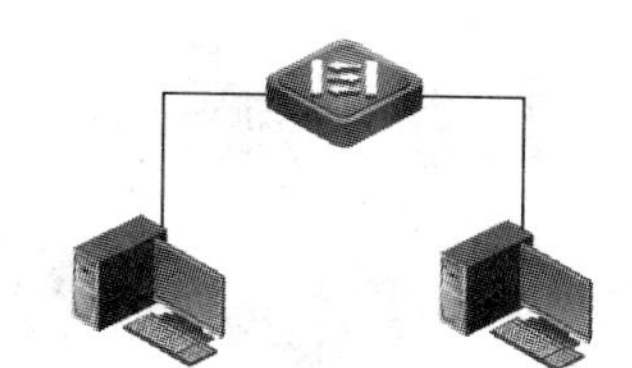

PC1:10.8.82.1/24　PC2:10.8.82.2/24

图 2—11　项目实训 1 拓扑图

四、实训内容

1. IP 地址的配置

（1）将两台计算机通过双绞线连接到交换机。

（2）配置 PC1 的 IP 地址，在计算机 PC1 的“网络邻居”上单击右键选择“属性”，单击本地连接，出现“本地连接属性”对话框，在“常规选项卡”下，单击“Internet 协议（TCP/IP）”，出现“Internet 协议（TCP/IP）属性”对话框，参见图 2—2。配置 PC1 的 IP 地址为 10.8.82.1，掩码为 255.255.255.0，网关和 DNS 项可不做配置。

思考：掩码的作用。

（3）配置 PC2 的 IP 地址为 10.8.82.2，掩码为 255.255.255.0。

2. ping 命令的使用

（1）在 PC1 的“开始”菜单中选择“运行”菜单，在出现的输入框中输入“cmd”，回车后出现命令行窗口。

（2）在命令行窗口的引导符后面输入命令“ping 127.0.0.1”，回车，记录运行的结果。

（3）在命令行窗口的引导符后面输入命令“ping 10.8.82.2”，回车，记录运行的结果。

（4）将 PC2 与交换机之间的双绞线断开，再执行 ping 命令，记录运行结果。

3. ipconfig 命令的使用

（1）在 PC1 的“开始”菜单中选择“运行”菜单，在出现的输入框中输入“cmd”，回车后出现命令行窗口。

（2）在命令行窗口的引导符后面输入命令“ipconfig”，回车，记录运行的结果。

（3）在命令行窗口的引导符后面输入命令“ipconfig/all”，回车，记录运行的结果。

（4）对 PC2 执行同样以上命令，记录并比较 PC1 和 PC2 的运行结果。

2.5　项目实训 2：子网的划分

一、实训目的

理解 IP 地址和子网掩码的含义。

掌握计算机 IP 地址的分配原则。

掌握 IP 子网划分的概念和划分方法。

二、实训设备

一台交换机；

六台 PC 机；

六根直通式双绞线。

三、拓扑结构图

本实训的拓扑结构图参见图 2—12。

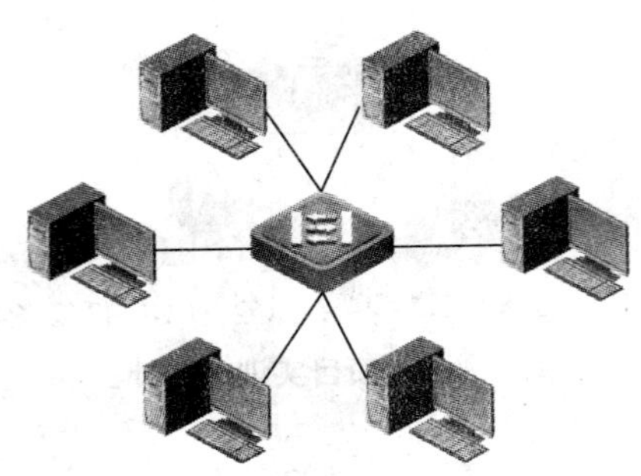

图 2—12 项目实训 2 拓扑图

四、实训内容

给定 C 类地址 192.168.10.0，复习 2.2.3 节讲述的子网划分的原则和方法，然后按要求进行子网划分。

1. 将 192.168.10.0 划分为三个子网

(1) 至少要从网络地址 192.168.10.0 的主机地址位中拿出多少位做子网地址位？计算出子网掩码。

(2) 该掩码能将网络 192.168.10.0 划分成多少个子网？写出前三个子网的网络地址，及其主机地址范围。

(3) 将 6 台 PC 机分为三组，每两台 PC 机为一个子网。根据 (2) 求出的掩码和三个子网的主机地址范围对 6 台 PC 机的 IP 地址和掩码进行配置。每一台 PC 机的 IP 地址一定要在其所属的子网的主机地址范围内选取，且不要出现在多台 PC 机上设置同一个 IP 地址的情况。网关和 DNS 的配置可以不设。

(4) 测试联通性。根据子网的属性，如果用 ping 命令测试连通性，应该是在同一个子网内的 PC 机之间可以相互 ping 通，在不同子网间的 PC 机之间 ping 不通。测试是否如此？否则检查前面的子网划分和配置是否正确。

2. 将 192.168.10.0 划分为十个子网

将 192.168.10.0 划分为十个子网，仍然依照上面的步骤再做一遍。

习 题 2

一、单项选择题

1. 因特网中按照网络的规模大小进行分类，最常用的是 A、B、C 三类网络地址，其中 B 类网络中包含的主机数大约为(　　)台。

A. $2^{8}-2$　　B. $2^{16}-2$　　C. $2^{24}-2$　　D. $2^{32}-2$

2. 要判断两台主机是否在同一个子网中，只要用子网掩码和主机的 IP 地址（　　）运算。

A. 相“与”　　B. 相“或”　　C. 相“异或”　　D. 相“同或”

3. 下面的 IP 地址中，哪一个是错误的？（　　）

A. 10.1.99.254　　B. 10.1.256.254

C. 10.1.254.254　　D. 10.1.254.99

4. 如果借用 C 类 IP 地址中的 4 位主机地址位划分子网，那么子网掩码应该为（　　）。

A. 255.255.255.0　　B. 255.255.255.128

C. 255.255.255.192　　D. 255.255.255.240

5. 主机地址位全为 0 的 IP 地址是（　　）。

A. 网络地址　　B. 广播地址　　C. 环回地址　　D. 保留地址

6. C 类默认的子网掩码是（　　）。

A. 255.0.0.0　　B. 255.255.0.0

C. 255.255.255.0　　D. 255.255.255.255

7. 一主机 IP 地址为 203.198.4.3，要是在主机所在的网络进行广播的话，广播地址应该为（　　）。

A. 203.198.4.1　　B. 203.198.4.5

C. 203.198.4.255　　D. 203.198.4.0

8. 一台主机 IP 地址为 205.192.23.75，子网掩码为 255.255.255.192，这个主机所在的子网的网络地址为（　　）。

A. 205.192.23.0　　B. 205.192.23.32

C. 205.192.23.64　　D. 205.192.23.128

9. 给出网络地址 192.168.10.0，子网掩码为 255.255.255.240，该子网掩码可以划分出多少个子网？（　　）

A. 12　　B. 8　　C. 4　　D. 16

10. IPv6 协议规定的 IP 地址是由（　　）位二进制组成的。

A. 16　　B. 32　　C. 48　　D. 128

11. 网段地址 154.27.0.0 的网络，若不做子网划分，能支持（　　）台主机。

A. 254　　B. 1024　　C. 65536　　D. 65534

12. 某公司申请到一个 C 类 IP 地址，但要连接 9 个子公司，最大的一个子公司有 12 台计算机，每个子公司在一个网段中，则子网掩码应设为（　　）。

A. 255.254.255.240　　B. 255.255.255.192

C. 255.255.255.128　　D. 255.255.255.240

13. 下列哪项是合法的 IP 主机地址？（　　）

A. 127.2.3.5　　B. 1.255.15.255/22

C. 255.23.200.9　　D. 192.240.150.255/23

14. C 类地址最大可能子网地址位数是（　　）。

A. 6　　B. 8　　C. 12　　D. 14

15. 与 10.110.12.29/27 属于同一网段的主机 IP 地址是（　　）。

A. 10.110.12.0/27　　B. 10.110.12.32/27

C. 10.110.12.31/27　　D. 10.110.12.30/27

16. 在一个子网掩码为 255.255.248.0 的网络中，(　　)是合法的网络地址。

A. 150.150.42.0　　B. 150.150.15.0

C. 150.150.7.0　　D. 150.150.96.0

17. 如果 C 类子网的掩码为 255.255.255.224，则包含的子网地址位数、子网数目、每个子网中主机数目正确的是(　　)。

A. 2、2、62　　B. 3、8、30

C. 3、14、30　　D. 5、8、6

18. IP 地址为 172.168.120.1/20，则子网 ID、子网掩码、子网个数分别为(　　)。

A. 172.168.112.0、255.255.240.0、16

B. 172.168.108.0、255.255.240.0、16

C. 172.168.96.0、255.240.0.0、256

D. 172.168.96.0、255.240.0.0、16

19. IP 地址为 126.68.24.0，子网掩码为 255.192.0.0，该网段的广播地址为(　　)。

A. 126.68.24.255　　B. 126.64.255.255

C. 126.127.255.255　　D. 126.255.255.255

20. 给定 IP 地址 167.77.88.99 和掩码 255.255.255.240，它的子网号和广播地址分别是？(　　)。

A. 167.77.88.96、167.77.88.111

B. 167.77.88.64、167.77.88.111

C. 167.77.88.92、167.77.88.192

D. 167.77.88.96、167.77.88.255

21. 当网络地址 34.0.0.0 使用 8 个二进制位作为子网地址时，它的子网掩码为(　　)。

A. 255.0.0.0　　B. 255.255.0.0

C. 255.255.255.0　　D. 255.255.255.255

22. IP 地址是一个 32 位的二进制数，它通常采用点分(　　)数表示。

A. 二进制　　B. 八进制　　C. 十进制　　D. 十六进制

23. 255.255.255.255 地址称为(　　)。

A. 本地广播地址　　B. 直接广播地址　　C. 回送地址　　D. 预留地址

24. IP 地址 129.66.51.37 的哪一部分表示网络地址部分？(　　)

A. 129.66　　B. 129　　C. 129.66.51　　D. 37

25. MAC 地址与 IP 地址有何区别？(　　)

A. IP 地址需要一个分层结构的寻址方案，与 MAC 的平面寻址方案恰恰相反

B. IP 地址使用二进制形式的地址，而 MAC 地址是十六进制的

C. IP 地址对设备来说是一个唯一的不可变地址

D. 上述答案都不对

26. 以下地址中，不是子网掩码的是(　　)。

A. 255.255.255.0　　B. 255.255.0.0

C. 255.241.0.0　　D. 255.255.254.0

27. 网络地址位在一个 IP 地址中起什么作用？(　　)

A. 它规定了主机所属的网络

B. 它规定了网络上计算机的身份

C. 它规定了网络上的哪个节点正在被寻址

D. 它规定了设备可以与哪些网络进行通信

28. 子网掩码为 255.255.0.0，下列哪个 IP 地址不在同一网段中？（　　）

A. 172.25.15.201　　B. 172.25.16.15

C. 172.16.25.16　　D. 172.25.201.15

29. 没有任何子网划分的 IP 地址 125.3.54.56 的网络地址是(　　)。

A. 125.0.0.0　　B. 125.3.0.0

C. 125.3.54.0　　D. 125.3.54.32

30. 一个 C 类地址：192.168.5.0，进行子网规划，要求每个子网有 10 台主机，使用哪个子网掩码划分最合理？（　　）

A. 255.255.255.192　　B. 255.255.255.224

C. 255.255.255.240　　D. 255.255.255.252

二、多项选择题

1. 双绞线由两条相互绝缘的导线绞和而成，下列关于双绞线的叙述中，正确的是(　　)。

A. 它既可以传输模拟信号，也可以传输数字信号

B. 安装方便，价格较低

C. 不易受外部干扰，误码率较低

D. 通常只用作建筑物内局域网的通信介质

2. 一主机 IP 地址为 203.198.4.3/24，要在主机所在的网络进行广播，下列(　　)地址可以实现广播。

A. 203.198.4.1　　B. 255.255.255.255

C. 203.198.4.255　　D. 203.198.4.0

3. 下列地址属于 C 类 IP 地址的是(　　)。

A. 192.168.4.6　　B. 190.125.3.7

C. 221.192.5.7　　D. 202.178.7.9

4. 关于主机地址 192.168.19.125/29，以下说法正确的是(　　)。

A. 子网地址为：192.168.19.120　　B. 子网地址为：192.168.19.121

C. 广播地址为：192.168.19.127　　D. 广播地址为：192.168.19.128

三、填空题

1. IP 地址的表示方法称为(　　)。

2. 互联网中的每台主机至少有一个 IP 地址，而且这个 IP 地址在全网中必须是(　　)。

3. 如果节点 IP 地址为 128.202.10.38，屏蔽码为 255.255.255.0，那么该节点所在子网的网络地址是(　　)。

4. IP 地址由(　　)个二进制位构成，其组成结构为：(　　)。其中(　　)类地址用前 8 位作为网络地址位，后 24 位作为主机地址；B 类地址用(　　)位作为网络地址位，后 16 位作为主机地址位；一个 C 类网络的最大主机数为(　　)。子网划分能够(　　)IP 地址的利用率。

四、简答题

1. 简述 MAC 地址、IP 地址和域名之间的关系。
2. 简述子网划分的好处。

五、计算题

要用 B 类地址 172.20.0.0 生成 315 个子网。

(1) 子网掩码是什么?

(2) 列出前 3 个有效子网的网络地址。

(3) 列出前 3 个子网的主机 IP 地址范围。

(4) 列出最后一个有效子网网络地址及其主机 IP 地址范围。

(5) 这个方案允许有多少个子网?

(6) 每个子网上可以有多少个主机?

试根据子网地址位不允许全为 0 全为 1 和允许全为 0 全为 1 两种情况进行计算。

项目3 组建工作组局域网

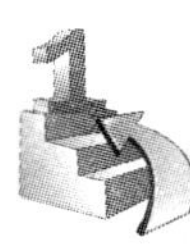

学习目标

了解对等网的原理；
掌握对等网的组建方法；
掌握对等网共享资源的设置。

项目分析

计算机局域网是当今迅速发展的，新兴信息科学技术之一，是计算机应用中一个空前活跃的重要领域，同时也是计算机、通信、电子、光电子和多媒体技术相互渗透、发展而形成的一门新兴科学分支。本项目主要介绍对等网的基本知识和对等网的组建方法。

3.1 对等网基础

对等网通常是由很少几台计算机组成的工作组。对等网可以说是当今最简单的网络，非常适合家庭、校园和小型办公室。它不仅投资少，连接也很容易。

3.1.1 对等网概述

“对等网”也称“工作组网”，在对等网络中，计算机的数量通常不会超过20台，所以对等网络相对比较简单。在对等网络中，对等网上各台计算机有相同的功能，无主从之分，网络中的任何一台计算机既可以作为网络服务器，为其他计算机提供资源；又可以作为工作站，以分享其他服务器的资源；任一台计算机均可同时兼作服务器和工作站，也可只作其中之一。同时，对等网除了共享文件之外，还可以共享打印机，对等网上的打印机可被网络上的任一节点使用，如同使用本地打印机一样方便。因为对等网不需要专门的服务器来做网络支持，也不需要其他组件来提高网络的性能，所以对等网络的结构简单，组网成本低。对等网有如下特点：

(1) 对等网规模较少，一般在20台计算机以内，适合人员少，应用网络较多的中小企业。

(2) 对等网用户都处于同一区域中。

(3) 网络安全不是最重要的问题。

它的主要优点有：网络成本低、网络配置和维护简单。

它的缺点也相当明显的，主要有：网络性能较低、数据保密性差、文件管理分散、计算机资源占用大。

3.1.2 对等网的组成

一般来说，局域网是由计算机、传输介质、网卡、LAN 互联设备、网络操作系统和局域网应用软件组成的。局域网中的计算机又可分为服务器和工作站两类。而对等网中的计算机地位是相等的，传输介质目前常用的为双绞线，LAN 互连设备有集线器、中继器和交换机等，目前主流的互连设备为交换机。

1. 网卡

网卡又称为网络接口卡或网络适配器，是局域网组网的核心设备，它提供接入 LAN 的电缆接头，每一台接入 LAN 的工作站和服务器都必须使用一个网卡连接入网络，如图 3—1 所示。

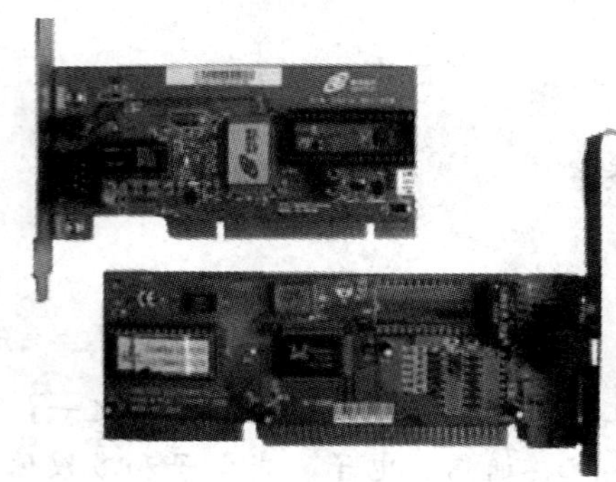

图 3—1 网卡（上图为 PCI 接口网卡，下图为 ISA 接口网卡）

网卡的功能是将工作站或服务器连接到网络上，实现相互通信和资源共享。具体来说，网卡作用于 LAN 的物理层和数据链路层的介质访问控制子层，一方面网卡要完成计算机与电缆的物理连接；另一方面它根据所采用的 MAC 协议实现数据帧的封装与拆封，并进行相应的差错校验和数据通信管理。

根据接入网络的计算机类型及网络拓扑结构等的不同，网卡的种类有以下几种划分方法。

（1）按总线接口类型划分。

总线接口指的是网卡与主板相连接时的接口，网卡的总线接口类型很大程度上取决于主板的总线接口类型。按网卡的总线接口类型一般可划分为 ISA 接口网卡、PCI 接口网卡。目前在服务器上 PCI-X 总线接口类型的网卡也已经开始应用，笔记本电脑上用的网卡接口类型为 PCMCIA。

① ISA 总线网卡。这是早期的一种接口类型的网卡，在 20 世纪 80 年代末和 90 年代初，几乎所有的内置板卡都采用这种接口类型。随着计算机性能的提高，ISA 总线接口由于 I/O 速度较慢，在 20 世纪 90 年代初 PCI 总线技术的出现，很快就被淘汰了。

② PCI 总线网卡。这种总线类型的网卡在当前的台式机上相当普遍，也是目前最主流的一种网卡接口类型。它的 I/O 速度远比 ISA 总线型的网卡快（ISA 最高仅为 33Mbps，而目前的 PCI 2.2 标准 32 位的 PCI 接口数据传输速度最高可达 133Mbps）。

③ PCMCIA 总线网卡。这种总线类型的网卡是笔记本电脑专用的，它受笔记本电脑的空间限制，体积远不可能像 PCI 接口网卡那么大。随着笔记本电脑的日益普及，这种总线类型的网卡目前在市面上较为常见。PCMCIA 总线分为两类，一类为 16 位的 PCMCIA，另一类为 32 位的 CardBus。

CardBus 是一种广泛用于笔记本电脑的新的高性能 PC 卡总线接口标准，该总线标准与原来的 PC 卡标准相比，具有以下的优势：

- 32 位数据传输和 33MHz 操作。CardBus 快速以太网 PC 卡的最大吞吐量接近 90 Mbps，而 16 位快速以太网 PC 卡仅能达到 20～30 Mbps。
- 总线自主。使 PC 卡可以独立于主 CPU，与内存间直接交换数据，这样 CPU 就可以处理其他的任务。
- 3. 3V 供电，低功耗。提高了电池的寿命，降低了笔记本电脑内部的热扩散，增强了系统的可靠性。
- 后向兼容 16 位的 PC 卡。老式以太网和 Modem 设备的 PC 卡仍然可以插在 CardBus 插槽上使用。

④ USB 接口网卡。USB 接口网卡作为一种新型的总线技术，USB（Universal Serial Bus，通用串行总线）已经被广泛应用于鼠标、键盘、打印机、扫描仪、Modem、音箱等各种设备。其传输速率远远大于传统的并行口和串行口，设备安装简单并且支持热插拔。USB 设备一旦接入，就能够立即被计算机所承认，并装入所需要的驱动程序，而且不必重新启动系统就可立即投入使用。USB 这种通用接口技术不仅在一些外置设备中得到广泛的应用，如 Modem、打印机、数码相机等，在网卡中也不例外。

（2）按网络接口划分。

网卡要与网络进行连接，就必须有一个接口使网线通过它与其他计算机网络设备连接起来。不同的网络接口适用于不同的网络类型，目前常见的接口主要有以太网的 RJ-45 接口、细同轴电缆的 BNC 接口和粗同轴电 AUI 接口、FDDI 接口、ATM 接口等。有的网卡为了适用于更广泛的应用环境，提供了两种或多种类型的接口，如网卡会同时提供RJ-45、BNC 接口或 AUI 接口。RJ-45 接口网卡是最为常见的一种网卡，也是应用最广的一种接口类型网卡，这主要得益于双绞线以太网应用的普及。

（3）按宽带划分。

随着网络技术的发展，网络带宽也在不断提高，但是不同带宽的网卡所应用的环境也有所不同，价格也不一样。常见的主要有 10Mbps 网卡、10/100Mbps 自适应网卡、1000Mbps 千兆以太网卡等。100/1000Mbps 带宽自适应网卡，是目前流行的一种网卡类型。

（4）按网卡的应用领域划分。

根据网卡所应用的计算机类型来分，我们可以将网卡分为应用于工作站的网卡和应用于服务器的网卡。前面所介绍的基本上都是工作站网卡，其实也应用于普通的服务器上。但是在大型网络中，服务器通常采用专门的网卡。它相对于工作站所用的普通网卡来说在带宽（在 100Mbps 以上，主流的服务器网卡通常都为 64 位千兆网卡）、接口数量、稳定性、纠错等方面都有比较明显的提高。还有的服务器网卡支持冗余备份、热插拔等服务器专用功能。

2. 集线器

集线器又称 HUB，曾经是一种最普遍、最常见的网络互联设备。10Base-T 传统以太网组网就采用集线器作为中心设备，实现计算机的互联。使用集线器连网简单、方便、便宜。如图 3—2 所示。

图 3—2 集线器

集线器带有 8 个 RJ-45 接口，有两种类型的接口，一种是普通 RJ-45 接口，还有一种是 UPLink 口，普通接口实现计算机的互联，UPLink 口称为级联端口，能够实现集线器与集线器的互联。有些集线器不带 UPLink 口，集线器与集线器的级联可以使用交叉线通过普通端口来实现。

集线器是一种共享式的互联设备，所有连接到集线器的计算机终端，共享集线器的背板带宽。集线器在进行数据转发的时候采用的是广播式转发方式，所以使用集线器在进行互联的时候对网络的规模和性能有一定的限制。随着网络技术的发展，以及人们对于高速网络的追求，集线器逐渐被淘汰。

3. 交换机

交换概念的提出改变了集线器的共享工作模式。目前流行的 100Base-T 以太网就是一种交换式以太网，中心互联设备就是交换机，如图 3—3 所示。

图 3—3 交换机

交换机的结构一般类似于 PC，各功能模块以插件方式插入到主板的总线扩展槽中，形成整体的交换设备。机箱式模块化交换机则由控制逻辑、交换模块、端口模块和电源模块组成，为了提高可靠性，在机箱式模块化交换机中还配置了冗余的交换模块和电源模块等。

(1) 交换机的工作原理。

交换机工作在数据链路层。交换机拥有一条很高带宽的背部总线和内部交换矩阵。交换机的所有的端口都挂接在这条背部总线上，控制电路收到数据包以后，处理端口会查找内存中的地址对照表以确定目的 MAC（网卡的硬件地址）的 NIC（网卡）挂接在哪个端口上，例如，图 3—4 所示的网络的地址表见表 3—1，通过查找 MAC 地址表，内部交换矩阵迅速将数据包传送到目的端口，如果目的 MAC 不存在，则广播到所有的端口，接收端口回应后交换机会“学习”新的地址，并把它添加到内部 MAC 地址表中。使用交换机也可以把网络“分段”，通过对照 MAC 地址表，交换机只允许必要的网络流量通过交换机。与集线器不同，交换机在同一时刻可进行多个端口对之间的数据传输。每一端口都可视为独立的网段，连接在其上的网络设备独自享有端口的全部带宽，不用与其他设备竞争使用。

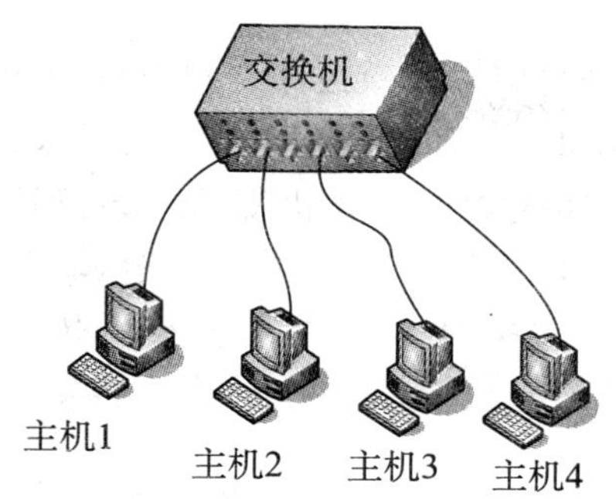

图 3—4　交换式网络

表 3—1　MAC 地址表

MAC 地址	端口号
MAC_{H1}	1
MAC_{H2}	2
MAC_{H3}	4
MAC_{H4}	6

（2）交换的方式。

交换机对进入端口的数据帧进行转发，一般有三种方式。第一种是存储-转发交换方式，对于进入的数据帧全部存入缓存中，然后进行数据帧差错校验，再根据目的 MAC 地址进行转发。这种交换方式可以有效地提高链路质量，但存储转发增加了转发延时。第二种是直通交换方式，输入端口接收到数据帧前 14 个字节后，读取目的 MAC 地址，然后立刻将数据帧转发出去。直通交换方式转发延时小，适合于链路质量高的场合。第三种是碎片丢弃交换方式，数据帧从端口进入交换机后，首先按照规则检查是否为碎片，若不是，再根据目的 MAC 地址进行转发。目前大部分交换机都采用了前两种结合起来的方式。例如，默认为直通交换方式，当检测到传输错误超过某一个上限时，改为存储转发交换方式。

（3）交换机的分类。

按照交换机的速率分类，可以分为以太网交换机（10Mbps）、快速以太网交换机（100 Mbps）、千兆以太网交换机和万兆以太网交换机。对于低档次的交换机一般只提供单一速率的接口；高档次的交换机一般提供多种速率端口，有的还提供一到两个高速光纤端口。

按照连接类型分类，可以分为单体式交换机和可堆叠交换机。单体式交换机可以通过级联方式扩大连网范围。可堆叠交换机通过堆叠端口使用堆叠专用线，把多台交换机堆叠在一起，形成一个逻辑上具有较多端口的交换机。

按照端口的可扩展性，可以分为固定端口交换机和模块化交换机。固定端口顾名思义就是它所带有的端口是固定的，如果是 8 端口的，就只能有 8 个端口，再不能添加。16 个端口也就只能有 16 个端口，不能再扩展。目前这种固定端口的交换机比较常见，一般的端口标准是 8 端口、16 端口和 24 端口。非标准的端口数主要有：4 端口、5 端口、10 端口、12 端口、20 端口、22 端口和 32 端口等。模块化交换机虽然在价格上要贵很多，但拥有更大的灵活性和可扩充性，用户可任意选择不同数量、不同速率和不同接口类型的模块，以适应千变万化的网络需求。而且，模块化交换机大都有很强的容错能力，支持交换模块的冗余备份，并且往往拥有可热插拔的双电源，以保证交换机的电力供应。

3.1.3　对等网的结构

虽然对等网结构比较简单，但根据具体的应用环境和需求，对等网也因其规模和传输介质类型的不同，其实现的方式也有多种。

1. 两台计算机的对等网

这种对等网的组建方式比较多，在传输介质方面既可以采用双绞线，也可以使用同轴电缆，还可采用串、并行电缆，所需的网络设备只需相应的网线和网卡，如果采用串、并行电缆还可省去网卡的投资，直接用串、并行电缆连接两台计算机即可，显然这是一种最廉价的对等网组建方式。这种方式中的“串/并行电缆”俗称“零调制解调器”，所以这种方式也称为“远程通信”领域。但这种采用串、并行电缆连接的网络的传输速率非常低，并且串/并行电缆制作比较麻烦，在网卡如此便宜的今天这种对等网连接方式比较少用。

2. 三台计算机的对等网

如果网络所连接的计算机不是两台，而是三台，则此时就不能采用串/并行电缆连接了，必须采用双绞线或同轴电缆作为传输介质，而且网卡是不能少的。如果是采用双绞线作为传输介质，根据网络结构的不同又可分为以下两种方式：

一种是采用双网卡网桥方式，就是在其中一台计算机上安装两块网卡，另外两台计算机各安装一块网卡，然后用双绞线连接起来，再进行有关的系统配置即可。

另一种是添加一台交换机（或是集线器）作为集结线设备，组建一个星形对等网，三台计算机都直接与交换机相连。从这种方式的特点来看，虽然可以省下一块网卡，但需要购买一台交换机，网络成本会较前一种高些，但性能要好许多。

3. 多于三台计算机的对等网

对于多于三台计算机的对等网组建方式一般采用交换机组成星形网络。

以上介绍了对等网的硬件配置。在软件系统方面，对等网更是非常灵活，几乎所有操作系统都可以配置对等网，包括网络专用的操作系统，如 Windows NT Server/2000 Server/Server 2003、Windows 9x/ME/2000 Pro/XP 等也都可以。

3.2 项目实训：组建对等网

两台计算机组成的网络是一种最小的网络，但这种连网需求还是不少的。例如，SOHO族办公一般只需要两台计算机，家庭里有两台计算机的也不在少数，大学宿舍里如果有两台计算机也都希望连网运行。连网后可以共享文件、打印机、光驱等资源，还可以共享上网，为工作、学习和生活提供了方便。

两台计算机（双机）组成的网络，有两种物理拓扑结构可供选择，一是点到点方式，二是星型结构，如图 3—5 所示。

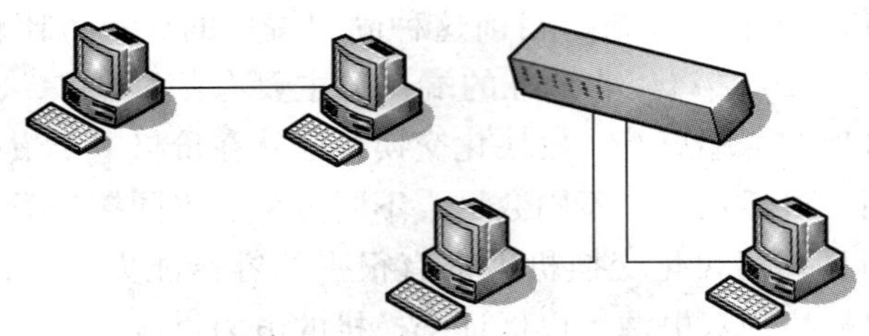

图 3—5 对等网拓扑结构图（点到点（左），星型（右））

1. 硬件安装

(1) 安装网卡。首先必须关闭计算机电源，打开机箱，把网卡插入相应的扩展槽中，合

上机箱盖。

(2) 连接设备。根据使用不同的网络拓扑结构图，采用相应的传输介质连接设备。

若采用点到点拓扑，则需用一根 UTP 交叉双绞线，一端插入 PC 上的网卡接口，另一端插入另一台 PC 上的网卡接口。

若采用星型拓扑，则需要两根 UTP 直通双绞线，每根 UTP 直通双绞线的一端插入一台 PC 上的网卡插口，另一端插入交换机的端口。

(3) 判断传输介质连接是否正常。待所有设备加电启动后，检查网卡面板的绿色指示灯以确认网线连接是否正常，或者用鼠标右键单击“网上邻居”图标，在弹出的快捷菜单中选择“属性”命令，查看“本地连接”的图标是否正常连接。如图 3—6 所示，“本地连接”图标带有红色的叉，表明网卡上未插网线或者网线未正常工作。如图 3—7 所示，“本地连接”图标呈正常颜色，表明网线连接正常。

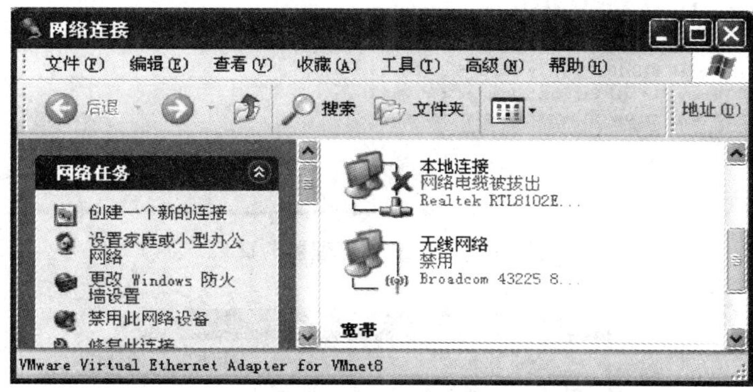

图 3—6 网线连接不正常的本地连接图标

图 3—7 网线连接正常的本地连接图标

2. 安装网卡驱动程序

现在的系统一般都支持“即插即用”，即把网卡插到主板上，系统启动时会自动检测到网卡，并进行驱动程序的安装。因此只需检测网卡的驱动程序是否正常，如果不正常，则安装相应的驱动程序即可，操作步骤如下：

(1) 打开控制面板中“系统”应用程序。

(2) 在“系统特性”窗口中，选择“硬件”→“设备管理器”选项，如图 3—8 所示。双击相应的网络适配器，出现如图 3—9 所示的“网络适配器属性”窗口。检测网卡是否正常工作。

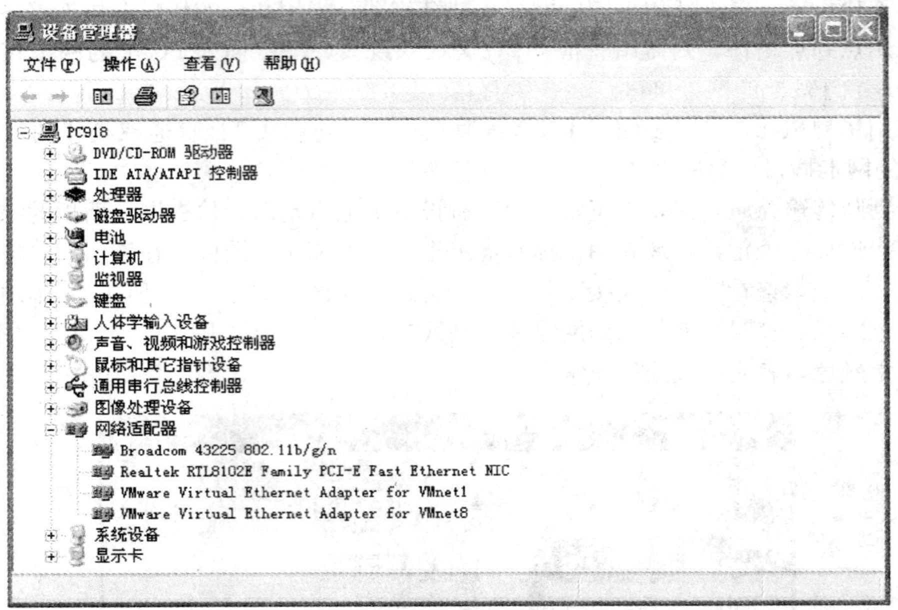

图 3—8 “设备管理器”窗口

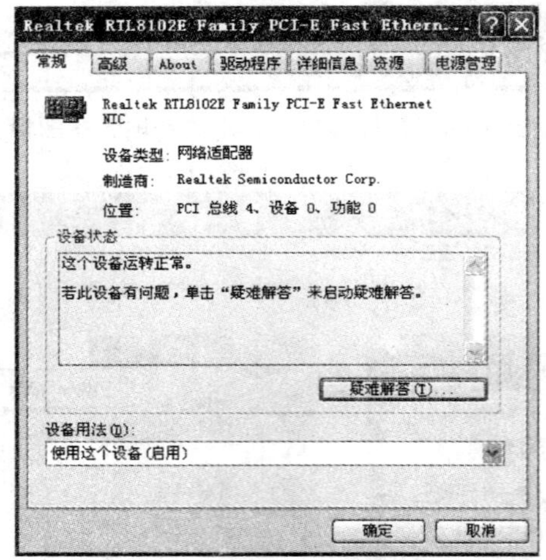

图 3—9 “网络适配器属性”窗口

(3) 如果设备状态提示工作正常，并且在“设备用法”列表中选择了“使用这个设备(启用)”选项（如图 3—9 所示），则表明网卡工作正常。

(4) 如果网卡工作不正常，则单击如图 3—9 所示的“资源”选项卡，查看中断值与I/O地址是否与其他硬件地址冲突，如果冲突，则更改网卡的中断值、I/O 地址避免冲突。单击“驱动程序”选项卡下的“更新驱动程序”，重新配置相应的网卡驱动程序。

3. 网络协议的安装与配置

完成了上述步骤并且确定网卡工作正常后，这只能说明物理上实现了互联，要使网络正常工作，还需要软件的支持。首先是安装协议，一般情况下要实现网络互联，必须安装

TCP/IP协议。

（1）安装TCP/IP协议。在“网上邻居”上单击鼠标右键，在弹出的快捷菜单中选择“属性”选项，出现“网络连接”窗口，如图3—7所示，选择“本地连接”，单击鼠标右键选择“属性”选项，打开如图3—10所示窗口，查看是否有“TCP/IP”这一项，如果有则不需要安装，若没有则单击“安装”按钮，在出现的“选择网络组建类型”窗口，如图3—11所示，选择“协议”选项，单击“添加”按钮，出现“选择网络协议”对话框，如图3—12所示，选择“Internet协议（TCP/IP)”选项，单击“确定”按钮即可。

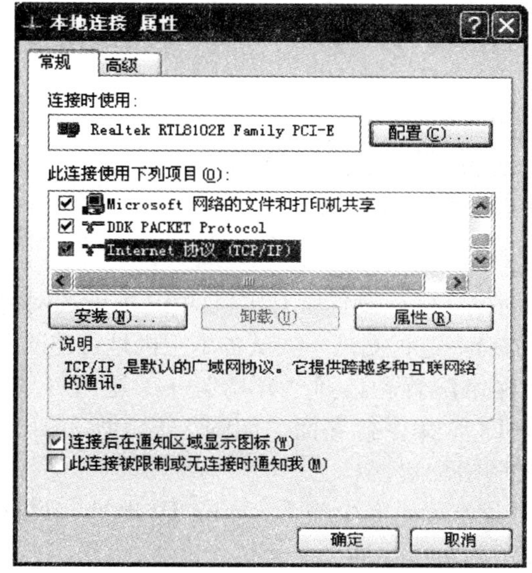

图3—10　“本地连接”属性窗口

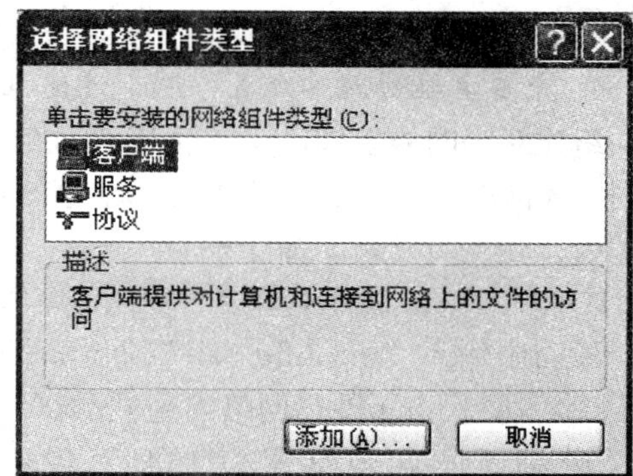

图3—11　“选择网络协议”对话框

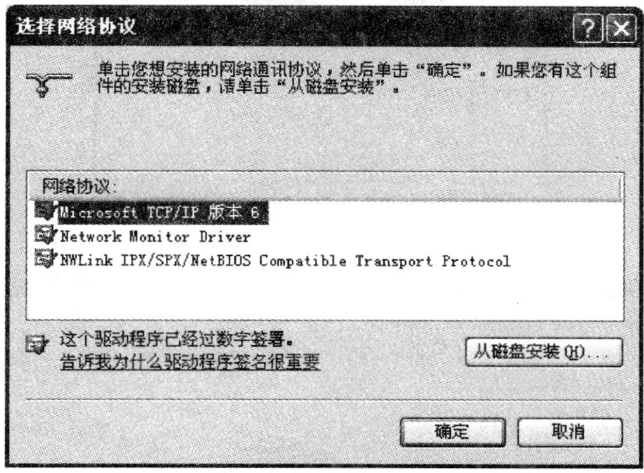

图3—12　“选择网络协议”对话框

（2）配置IP地址。安装完TCP/IP后，要为主机分配IP地址，IP地址的分配方式有两种，一种是动态分配，一种是静态分配。这里需要静态分配IP地址，设置方法如下：

在如图3—10所示的“本地连接属性”窗口中的常规选项卡中，选择“Internet协议(TCP/IP)”，双击或者再单击“属性”按钮，出现“TCP/IP属性”窗口，如图3—13所示。选择“使用下面的IP地址”选项，设置IP地址。

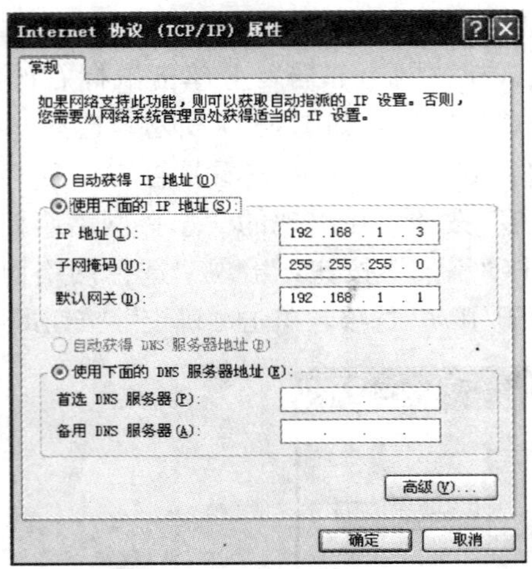

图 3—13 "TCP/IP 属性"窗口

4. 检查主机的网络配置，测试连通性

组建对等网的主机，在进行 IP 地址的设置的时候，应该设置所有主机的 IP 地址的网络号相同，才能够通信。所以设置完之后应该采用 ping 命令进行测试，测试各个主机是否连通。

(1) 使用 ipconfig 命令检查主机的 TCP/IP 网络配置。选择"开始"→"运行"，输入 cmd，如图 3—14 所示，单击"确定"，激活 MS-DOS 命令行界面。如图 3—15 所示，在命令行界面中输入"ipconfig /all"命令，即可查看网络配置。

(2) 通过 ping 进行网络连通性测试。同样在命令行界面中输入：ping IP 地址（目标主机的 IP 地址），出现如图 3—16 所示数据，则表示两主机连通。

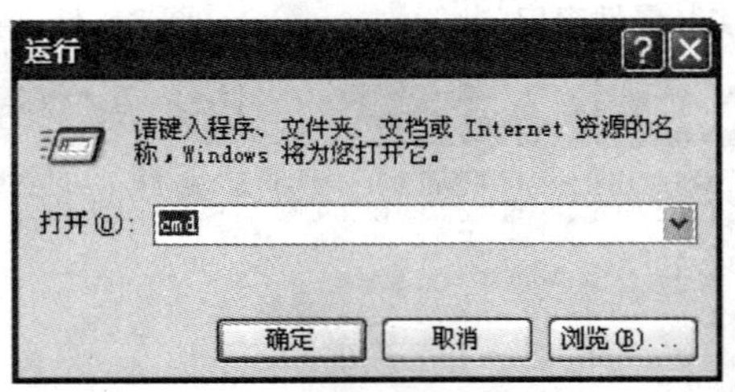

图 3—14 运行窗口

```
C:\WINDOWS\system32\cmd.exe
Microsoft Windows XP [版本 5.1.2600]
(C) 版权所有 1985-2001 Microsoft Corp.

C:\Documents and Settings\Administrator.CHINA-32A803B27>ipconfig /all

Windows IP Configuration

        Host Name . . . . . . . . . . . . : pc918
        Primary Dns Suffix  . . . . . . . :
        Node Type . . . . . . . . . . . . : Unknown
        IP Routing Enabled. . . . . . . . : No
        WINS Proxy Enabled. . . . . . . . : No

Ethernet adapter 无线网络:

        Connection-specific DNS Suffix  . :
        Description . . . . . . . . . . . : Broadcom 43225 802.11b/g/n
        Physical Address. . . . . . . . . : 90-4C-E5-A3-08-B1
        Dhcp Enabled. . . . . . . . . . . : No
        IP Address. . . . . . . . . . . . : 10.54.54.59
        Subnet Mask . . . . . . . . . . . : 255.255.0.0
        Default Gateway . . . . . . . . . : 10.54.0.1
        DNS Servers . . . . . . . . . . . : 192.168.0.2
                                            202.102.134.68
```

图 3—15 IP 配置信息

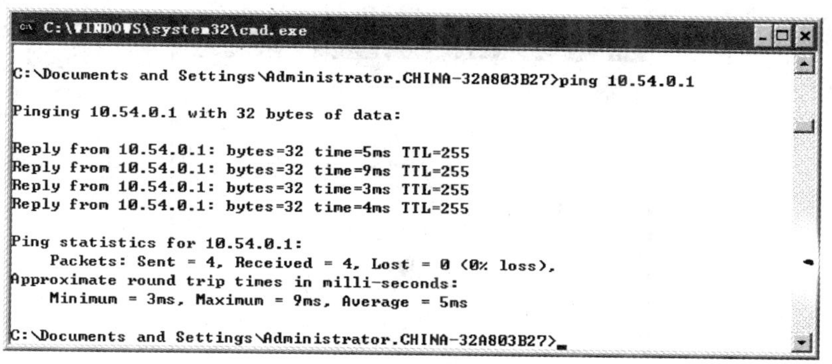

图 3—16　测试连通性数据

5. 设置计算机名和工作组

在“我的电脑”上单击鼠标右键，在弹出的快捷菜单中选择“属性”选项，出现如图 3—17 所示的“系统属性”窗口。单击“计算机名”标签，可以查看当前计算机的名称以及所属工作组。例如，当前计算机名为“PC918”，工作组为“WORKGROUP”，单击“更改”按钮，可以对计算机名以及所属工作组进行修改，如图 3—18 所示。修改完成后，单击“确定”，重新启动计算机。

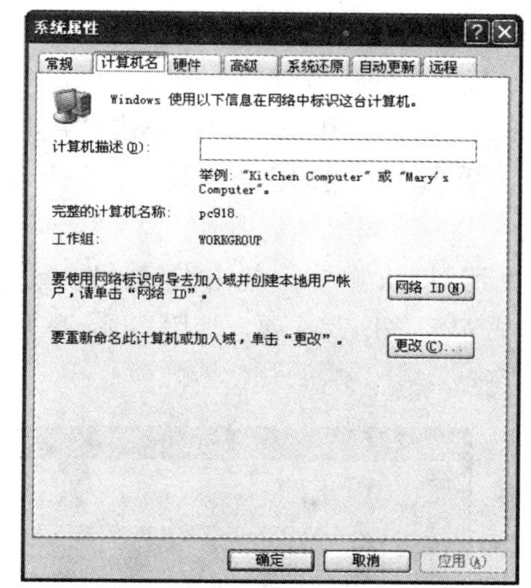

图 3—17　“系统属性”窗口

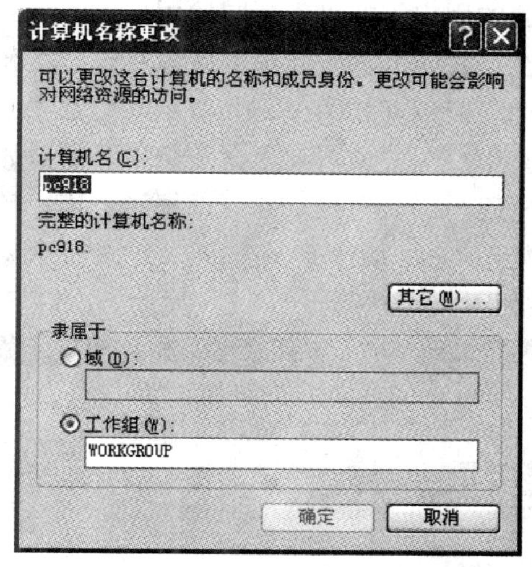

图 3—18　“计算机名称更改”窗口

6. 配置资源共享

在通常情况下，Windows XP 操作系统自动启用简单文件共享功能，此时设置共享文件夹非常简便，但是不能为不同的用户设置访问权限，这样安全性不高。如果要增强共享文件夹的安全性，就需要取消简单文件共享功能。需进行如下步骤：

打开“我的电脑”选择“工具”菜单栏中的“文件夹选项”，切换到“查看”选项卡中，如图 3—19 所示，将“使用简单文件共享（推荐）”选项前面的选项取消，单击“确定”按钮。这样就可以指定不同的用户有不同的访问权限。

例如，要将“计算机网络实训”文件夹设置为仅某一个固定的用户可以进行共享访问，在确保网络连通的情况下，进行资源共享的配置。设置方法如下：

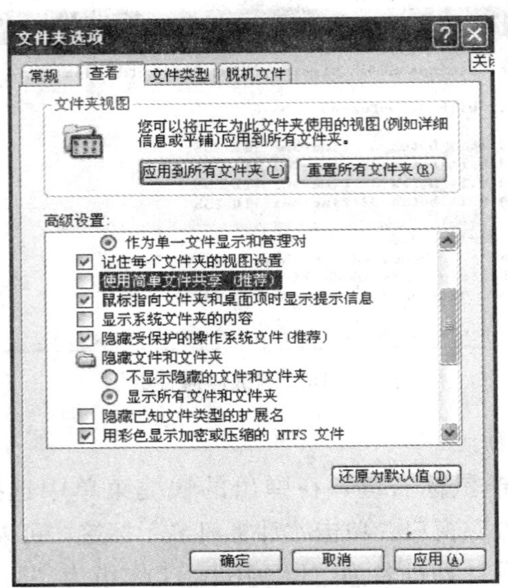

图 3—19　文件夹选项查看选项卡

（1）创建用户。进行资源共享的配置，首先创建一个供对等网中其他计算机能访问本地共享资源的用户，如果为不同的用户设置不同的共享资源，则必须要创建多个本地用户。

①在“我的电脑”上单击鼠标右键，在弹出的快捷菜单中选择“管理”选项，弹出“计算机管理”窗口，如图 3—20 所示，打开“本地用户和组”，然后用鼠标右键单击“用户”，选择“新用户”选项，弹出“新用户”窗口如图 3—21 所示。在“新用户”窗口中，输入用户名、密码、确认密码，并可以选择对用户的限制条件。

②禁用 Guest 账号，在如图 3—20 所示窗口下，找到 Guest 账户，单击右键，选择“属性”，在如图 3—22 所示“Guest 属性”窗口下，勾选“账户已停用”选项，禁用 Guest 账号。

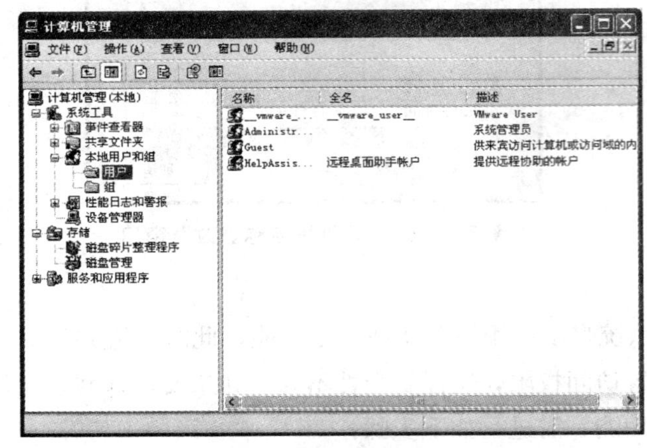

图 3—20　“计算机管理”窗口

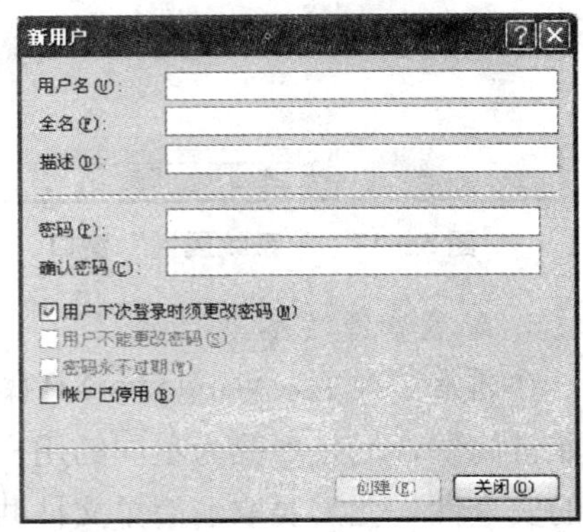

图 3—21　“新用户”窗口

（2）设置目录共享。假设有一个文件夹要共享，设置“计算机网络技术实训”这个文件夹共享，首先找到文件单击鼠标右键，选择“属性”，弹出“文件属性”对话框，选中“共享”，弹出如图 3—23 所示的窗口，选择“共享此文件”选项，修改“共享名称”，添加“注释”并设置“用户限制”。

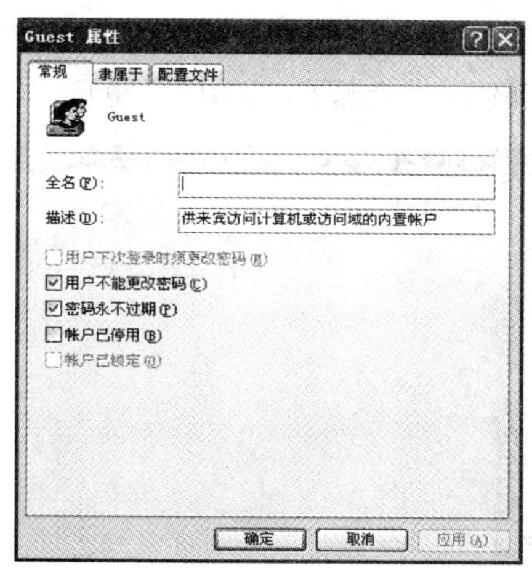

图 3—22 “Guest 属性”窗口

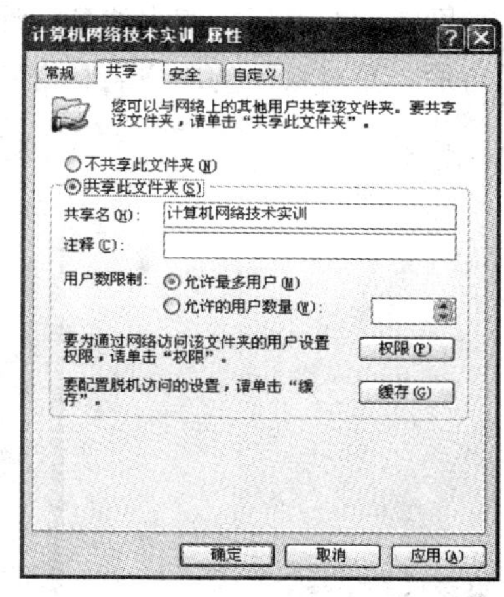

图 3—23 “文件夹共享属性”窗口

单击图 3—23 中的权限按钮，弹出如图 3—24 所示的“计算机网络实训的权限”对话框。在名称列表框中的是可以访问此共享目录的用户名或用户组名。系统默认为“Everyone”组设置了共享权限“完全控制”。权限设置为“完全控制”表示对该目录具有完全的权限，并可以把权限指派给其他用户。“更改”表示对该目录具有修改、删除和读取权限，“读取”表示对该目录具有运行和查看的权限。

如果要为指定的用户设置对此共享目录的访问权限，可以先删除“Everyone”组的权限，然后在图 3—24 窗口中，单击“添加”按钮，在弹出的“选择用户或组”窗口中，如图 3—25 所示，选择指定的用户，单击“确定”按钮，然后在图 3—24 所示的窗口中设置所指定用户的权限。单击“确定”按钮，全部设置完全后，文件夹下方会有一只小手，表示共享设置成功，如图 3—26 所示。

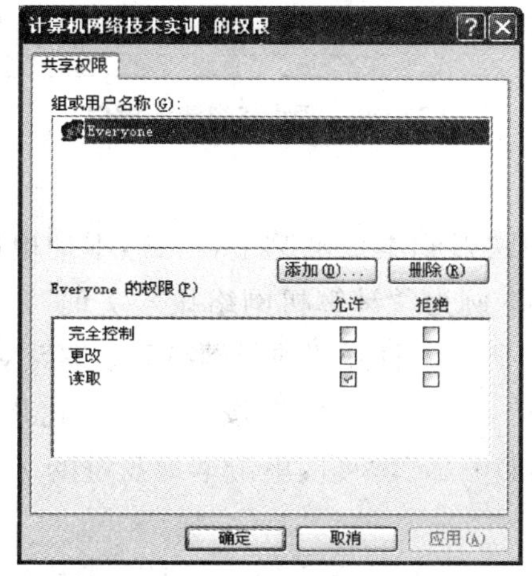

图 3—24 “文件夹的权限”窗口

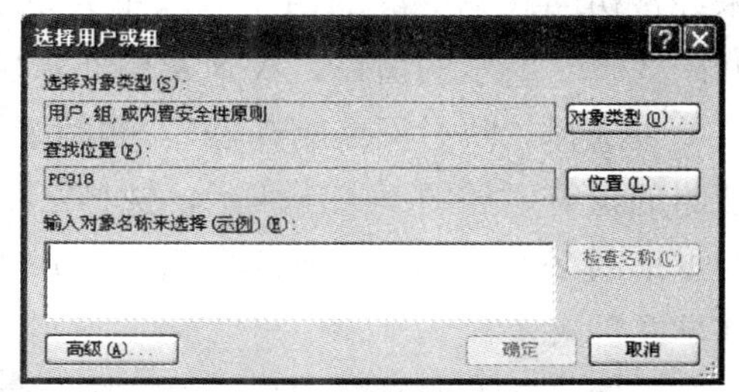

图 3—25 “选择用户或组”窗口

7. 访问共享资源

在“网上邻居”上单击鼠标右键，选择“搜索计算机”选项，出现“搜索结果-计算机”窗口。在计算机名中输入所要查找的计算机的名称或 IP 地址，单击“搜索”按钮就会找到相应的计算机，如图 3—27 所示。双击找到的计算机，弹出要求输入用户名和密码的对话框，如图 3—28 所示，输入具有权限的用户名和密码就可以访问共享资源了，如图 3—29 所示。

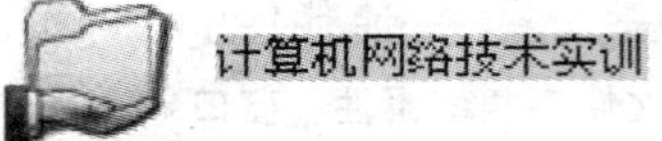

图 3—26 共享成功图标

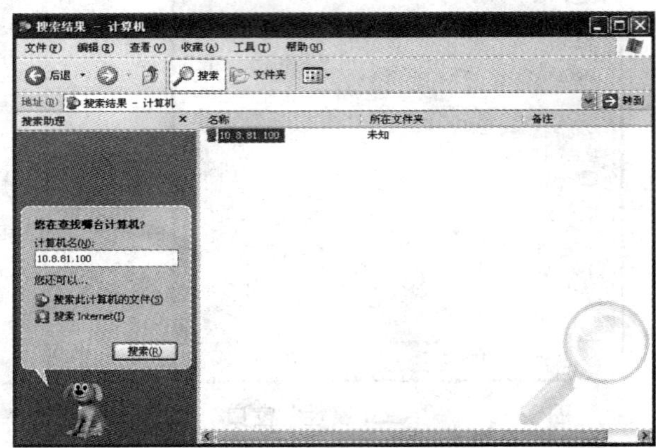

图 3—27 “搜索计算机”窗口

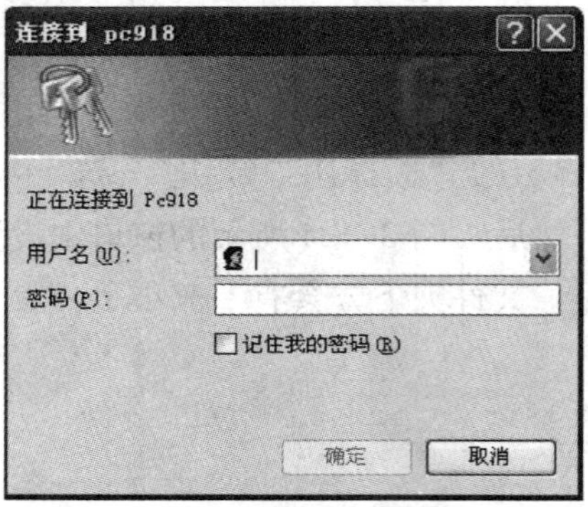

图 3—28 “连接到共享机器”的对话框

图 3—29 “共享资源”窗口

8. 映射磁盘驱动器

如果经常访问共享资源的话，可以将共享资源映射到本地电脑上，当做本地电脑的盘符。打开图 3—29 所示的窗口，找到共享资源后，本例为“计算机网络技术实训”，单击右键，在菜单中选择“映射网络驱动器”，如图 3—30 所示，打开“映射网络驱动器”对话框，选择驱动器的盘符，如图 3—31 所示，选择 Z：盘符，单击“确定”按钮，就将此共享文件夹共享为本地的 Z 盘。如图 3—32 所示，打开“我的电脑”，直接单击本地盘符的 Z 盘就可以访问共享文件夹了。

如果要设置网络上所有的用户都能访问共享资源，配置比较简单，只要在进行文件夹共享设置的时候，保留 Everyone 用户组，对其进行相应的权限设置，并且启用 Guest 账户就可以了。

上边例子讲述的为双机互联，如果要实现多机互联，采用星型结构，用多端口的交换机就可以实现多机互联。

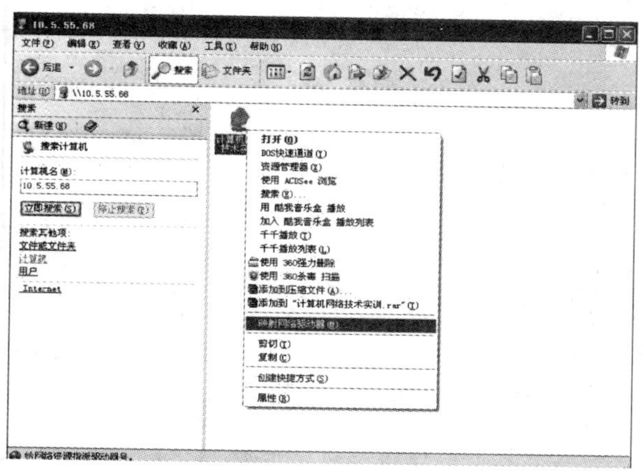

图 3—30　“共享资源”窗口

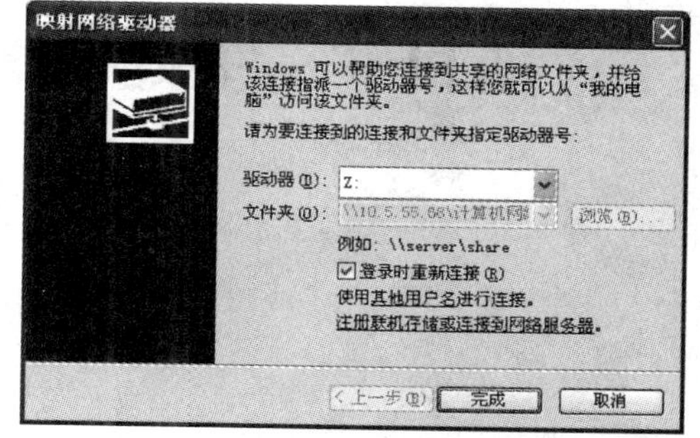

图 3—31　“映射网络驱动器”窗口

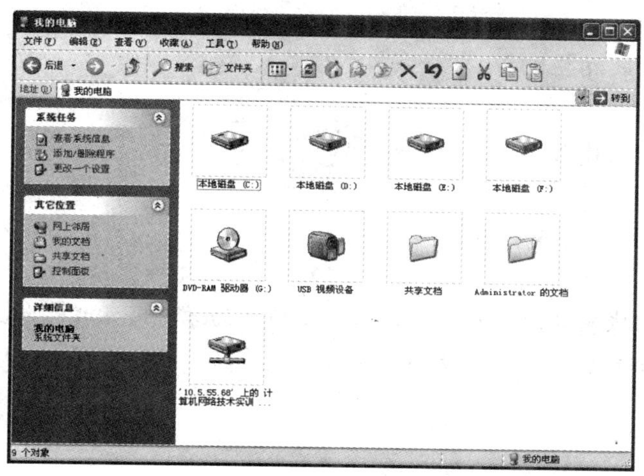

图 3—32　“我的电脑”窗口

思考：对等网组网有什么缺点？

习　题　3

简答题：

1. 对等网有哪几部分组成？
2. 网卡主要有哪些功能？
3. 局域网中的互联设备主要有哪些？
4. 如何映射网络驱动器？
5. 如何设置共享文件夹？
6. 如何访问共享资源？

项目 4　组建域模式网络

学习目标

了解活动目录以及相关概念；
掌握活动目录的安装；
掌握用户账号的创建与管理。

项目分析

本项目主要介绍域模式网络的组建，通过本项目的学习，掌握域模式结构的网络与工作组网络的区别以及如何组建域模式结构的网络。

4.1　简介

我们在使用网络时，网络中由服务器提供各种资源供网络用户使用，每个用户要想使用服务器中的资源，必须经过服务器的认证，获得服务器的许可，也就是说，用户需要在服务器中拥有一个合法的账户。在工作组网络结构中，服务器没有主次之分，每个计算机操作员就是管理员，整个网络处于分散管理状态，只能组建只有一台或少量几台服务器的网络。假设网络中提供各种网络资源的服务器的数量有 10 台，有一个用户 user1，那么每台服务器的管理员都需要为 user1 建立账户，而 user1 必须要记住在每台服务器上的账号和密码，并且分别登录不同的服务器获取不同的资源，还需要记住资源在网络中的哪一台服务器上，资源的使用效率可想而知。而网络规模的扩大，服务器数量的增多，管理和使用的难度增大。为了解决用户在访问不同的服务器需要不同的账号并且需要分别登录的问题，实现在一个网络中一个用户只需要一个账号就可以访问整个网络中的所有服务器，提出了目录服务的解决方案，从 Windows 2000 Server 开始，Microsoft 就提出了活动目录，用来实现目录服务。

1. 活动目录

Active Directory（活动目录）是一种目录服务，它存储有关网络对象的信息，如用户、组、计算机、共享资源、打印机和联系人等，并使管理员和用户方便地查找和使用网络信息。Active Directory 存储着网络上各种对象的有关信息，它将 Windows Server 2003 网络

上的各类资源逻辑地组织在一起，使得这些资源信息易于管理员和用户管理、查找及使用。

2. 域和域控制器、组织单位

域（Domain）是 Windows Server 2003 目录服务的基本管理单位。例如，山东信息职业技术学院下设计算机工程系、电子工程系、软件工程系等部门，那么学校就相当于一个域，同时计算机工程系、电子工程系、软件工程系等部门也可以分别是一个域，只是这些部门域都属于单位域的范围之内，可以作为单位域的子域。Windows Server 2003 网络中的域就具有这种层次性。又如，一个局域网中有 100 个用户，根据不同的用途，这 100 个用户又可分成 4 个组，每个组有 25 个用户。这时，可以用域的形式来管理这个网络。首先将这个局域网定义成一个大的域，再将 4 个用户小组分别定义成 4 个小的域（即子域），并且这 4 个小的域全部在一个大域的管理之下。因此可以将域定义为“安全与集中管理的最基本单位”。一个域中可包含一个或多个 Windows 2000 Server 或 Windows Server 2003 服务器，而一个 Windows Server 2003 网络中可由一个或多个域组成。域与域之间通过建立信任关系来实现资源共享。

域模式的最大好处就是它的单一网络登录能力，任何用户只要在域中有一个合法账号，就可以漫游整个网络。域目录树中的每一个节点都有自己的安全边界，这种层次结构既保证了安全性，又做到细致兼备。但是以前域的信任关系过分强调安全性而可调整性不够。新一代的目录服务增强了信任关系，扩展了域目录树的灵活性。它把一个域作为一个完整的目录，域之间能够通过一种基于安全认证的可传递的信任关系建立起树状连接，从而使单一账号在该树状结构中的任何地方都有效，这样在网络管理和扩展时就比较轻松了。

活动目录把域又可以详细划分为组织单位，组织单位是一个逻辑单位，它是域中一些用户和组、文件与打印机等资源对象的集合。组织单位中还可以再划分下级组织单位，并且下级组织单位能够继承父组织单位的访问许可权。每一个组织单位可以有自己单独的管理员并拥有该组织单位的管理权限，他们拥有不同的管理任务，从而在网络中实现了对资源和用户的分级管理。这样整个网络的层次结构更加清晰，便于网络管理员对网络对象的管理和使用。活动目录通过这种域内的组织单位树和多个域之间的可传递信任树来组织其信任对象，为动态目录的管理和扩展带来了极大的方便。在 Windows Server 2003 网络中，一个域能够轻松地管理数万个对象，而一棵域树则可以是包含上亿个对象的庞大网络。

在 Windows Server 2003 网络中，域中的所有域控制器之间都是平等的关系，不再像 Windows NT 那样区分主域控制器和备份域控制器，这主要是因为 Windows Server 2003 采用了活动目录服务，在进行目录复制时不是沿用早期目录服务数据库的主从复制方式，而是采用多主复制方式（管理员可以在域、域树、域林中的任意一台域控制器中建立对象，Windows Server 2003 在复制活动目录数据库时对不同域控制器中各个对象的修改顺序数进行大小比较，判断它们被修改的先后顺序，结果最新修改的对象属性被保留，旧的属性就被新的属性所取代，保证每一个域控制器上的目录服务数据库都是最新的）。通过这种方式，网络中任何一个域控制器上的目录库的变更都会自动复制到其他域控制器上的副本中。另外，Windows Server 2003 也不再划分全局组和本地组，组内可以包含任何用户和其他组账号，而不管它们在域目录树的位置，这样就有利于对用户、对组进行管理。

组建的网络要想使用 Active Directory，必须创建一个或多个域。而创建域，用户必须在一个或多个运行 Windows Server 2003 的计算机中安装活动目录，使这些计算机成为域控制器。域控制器为网络用户和计算机提供 Active Directory 目录服务、存储目录数据并管理用户和域之间的交互作用，包括用户登录过程、验证和目录搜索。每个域必须至少包含一个域控制器。

3. 域树和域林

Active Directory 中的每个域利用 DNS 域名加以标识，并且需要一个或多个域控制器。如果用户的网络需要一个以上的域，则用户可以创建多个域。共享相同的公用架构和全局目录的一个或多个域称为域树或域林。如果域林中的多个域有连续的 DNS 域名，则该结构称为域树；如果相关域树共享相同的 Active Directory 架构以及目录配置和复制信息，但不共享连续的 DNS 名称空间，则称之为域林。

域树和域林的组合为用户提供了灵活的域命名选项。连续的和非连续的 DNS 名称空间都可加入到用户的目录中。

域树由多个域组成，这些域共享同一表结构和配置，形成一个连续的名字空间。域树中的域通过信任关系连接起来，活动目录包含一个或多个域树。域树中的域层次越深级别越低，一个“.”代表一个层次。例如，域 software. sdcit. edu 就比域 sdcit. edu 级别低，因为它有两个层次关系，而 sdcit. edu 只有一个层次。而域 network. software. sdcit. edu 又比 software. sdcit. edu 级别低，道理是一样的。域树中的域是通过双向可传递信任关系连接在一起。由于这些信任关系是双向的，而且是可传递的，因此在域树或域林中新创建的域可以立即与域树或域林中其他的域建立信任关系。这些信任关系允许单一登录过程，在域树或域林中的所有域上对用户进行身份验证，但这不一定意味着经过身份验证的用户在域树的所有域中都拥有相同的权利和权限。因为域是安全界限，所以必须在每个域的基础上为用户指派相应的权利和权限。

域林由一个或多个没有形成连续名字的域树组成，它与域树最明显的区别就在于这些域树之间没有形成连续的名字。但域林中的所有域树仍共享同一个表结构、配置和全局目录。域林中的所有域树通过 Kerberos 信任关系建立起来，不同域树可以交叉引用其他域树中的对象。域林都有根域，域林的根域是域林中创建的第一个域，域林中所有域树的根域与域林的根域建立可传递的信任关系。

Active Directory 域名通常是该域的完整 DNS 名称。但是，为确保向下兼容，每个域还有一个 NetBIOS 名称，以便把运行 Windows Server 2000 以前版本（如 Windows 9X）操作系统的客户机加入到域。

在域树中创建域时，相邻域（父域和子域）之间自动建立信任关系。例如，sdcit. edu 和 software. sdcit. edu 之间自动建立信任关系。在域林中，在域林根域和添加到域林的每个域树的根域之间自动建立信任关系。因为这些信任关系是可传递的，所以可以在域树或域林中的任何域之间进行用户和计算机的身份验证。

4. 信任关系

所有域信任关系都只能有两个域：信任域和受信任域。域信任关系按以下特征进行描述：单向信任是域 A 信任域 B 的单一信任关系。所有的单向关系都是不可传递的，并且所有的不可传递信任都是单向的。身份验证请求只能从信任域传到受信任域。Windows Server 2003 的域可与以下域建立单向信任：不同域林中的 Windows Server 2003 域、Windows 2000 Server 域。

Windows Server 2003 域树中的所有域信任关系都是双向可传递信任。建立新的子域时，双向可传递信任关系在新的子域和父域之间自动建立。Windows Server 2003 域树中的所有域信任关系都是可传递的。可传递信任关系始终为双向：此关系中的两个域相互信任。可传递信任不受信任关系中的两个域的约束。每次当用户建立新的子域时，在父域和新子域之间就隐含地（自动）建立起双向可传递信任关系。这样，可传递信任关系在域树中按其形成的方式向上流动，并在域树中的所有域之间建立起可传递信任。

在如图 4—1 所示的域林中，域 1 和域 2 有可传递信任关系，域 2 和域 3 有可传递信任关系，则域 3 中的用户（在获得相应权限时）可访问域 1 中的资源。因为域 1 和域 A 具有可传递信任关系，并且域 1 的域树中的其他域和域 A 具有可传递信任关系，所以域 B 中的用户（当授予适当权限时）可访问域 3 中的资源。

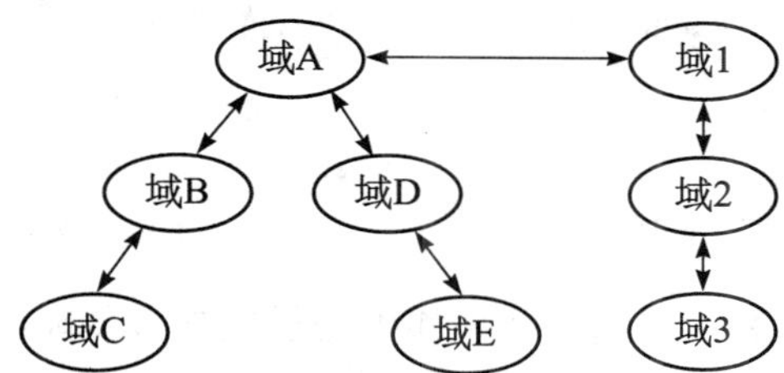

图 4—1　域林中域之间的信任关系

不可传递信任只受信任关系中的两个域的约束，并不影响域林中的任何其他域。在大多数情况下，用户必须明确建立不可传递信任。

4.2　活动目录的安装

1. *活动目录安装要求*

Windows Server 2003 系列除 Web 版外，其他的版本都可以安装。

活动目录必须安装在 NTFS 分区上，所以在安装 Windows Server 2003 的计算机上必须存在 NTFS 分区。

网络中安装的第一台域控制器，必须以本地管理员的身份来安装，如果要在现有的域中添加第二台控制器，则必须是以域管理员的身份来完成操作。

2. *活动目录的安装*

单击“开始”→“运行”→输入命令：dcpromo，出现安装向导欢迎界面，可以不用去理会，直接单击“下一步”按钮。

在图 4—2 中需要选择域控制器的类型：“新域的域控制器”和“现有域的额外域控制器”，它们的区别在于如果安装的是域中的第一台域控制器，则选择“新域的域控制器”；如果为了保证在任何时刻都有域控制器对网络用户进行验证，保证网络的正常工作，则需要在网络中安装多个域控制器，若已经存在一个域控制器，就需要选择“现有域的额外域控制器”。这里选择“新域的域控制器”，选择完毕后，单击“下一步”按钮。

接下来出现的图 4—3 中有三种域类型可供选择：“在新林中的域”、“在现有域树中的子域”、“在现有的林中的域树”。

根据自己的需要来选择创建的类型，如果是第一次安装，则选择“在新林中的域”；如果新安装的域控制器要加入到已有的域，则选择“在现有域树中的子域”；如果新安装的域控制器要加入到一个已经存在的林中，则选择“在现有的林中的域树”，选择完成后，单击“下一步”按钮。

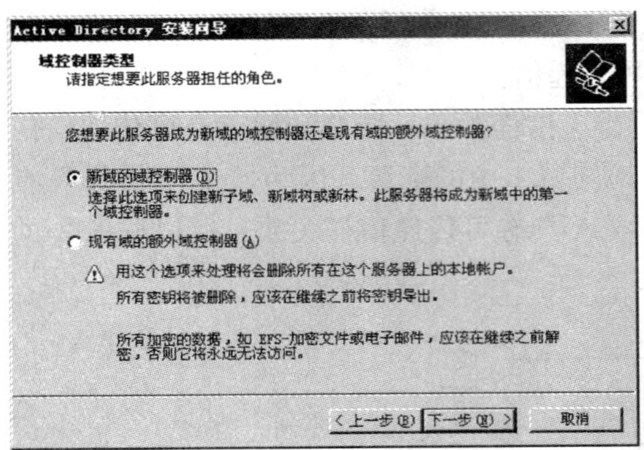

图 4—2 “域控制器类型”对话框

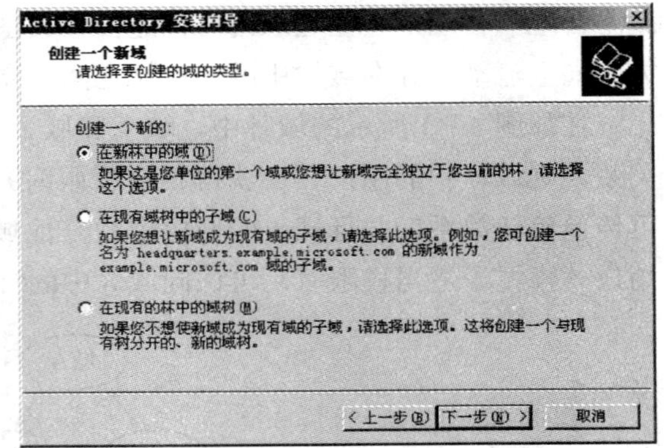

图 4—3 “新域类型”对话框

为新建的域设定一个域名：sdcit. edu，如果是子域则需要确认上级域名是否存在并正常运行（如 software. sdcit. edu），如图 4—4 所示。

为新域指定一个 NetBIOS 名，NetBIOS 名是为了网络中的 DOS、Windows 9x，Windows Me 客户机加入域而使用的，如图 4—5 所示。

指定 Active Directory 数据库和日志文件保存的位置，为了安全起见，最好将 Active 数据库和日志文件分别保存到不同的硬盘或计算机上，如图 4—6 所示。完成设定后，单击“下一步”按钮。

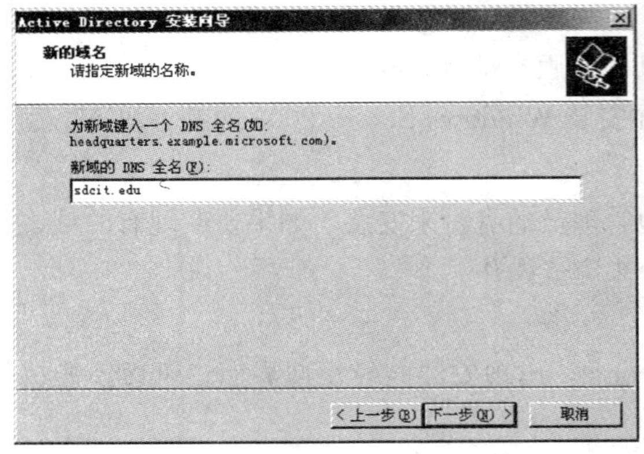

图 4—4 “新域名”对话框

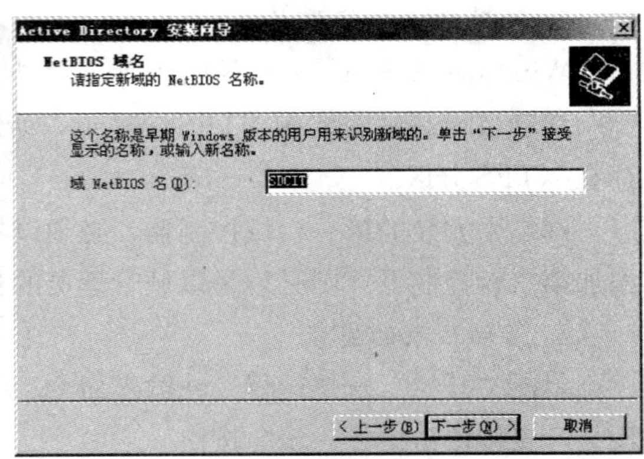

图 4—5 “NetBIOS 域名”对话框

图 4—7 中显示的是指定系统卷的共享文件夹位置，在这里使用默认值即可。

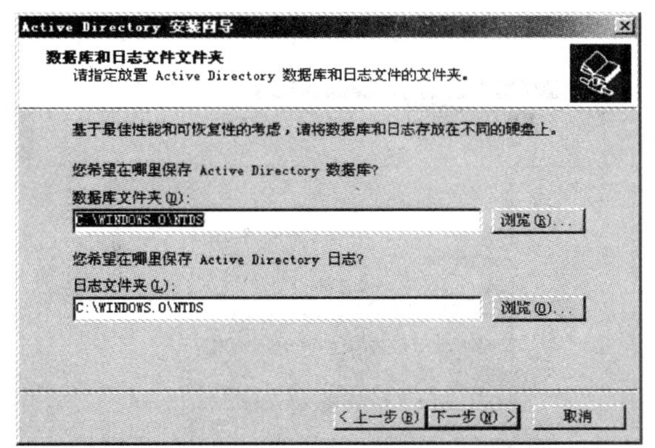

图 4—6　“活动目录数据库和日志文件保存位置”对话框

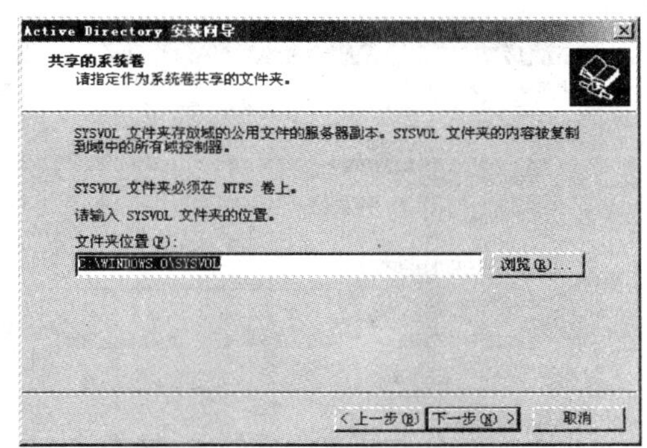

图 4—7　“共享的系统卷文件夹”对话框

图 4—8 中需要进行 DNS 服务器注册诊断。由于活动目录需要 DNS 的支持，所以使用活动目录必须要保证局域网中至少有一台正常运行的 DNS 服务器，如果在现有的网络中不存在 DNS 服务器，则在活动目录安装完毕后安装 DNS 服务器。

选择用户组和对象的默认权限，如果网络中存在安装 Windows Server 2003 以前的操作系统（如 Windows NT），就需要选择“与 Windows 2000 之前的服务器操作系统兼容的权限”；如果网络中最低的操作系统版本是 Windows Server 2003，则选择“只与 Windows 2000 或 Windows Server 2003 操作系统兼容的权限”。如图 4—9 所示，选择完成后，单击“下一步”按钮。

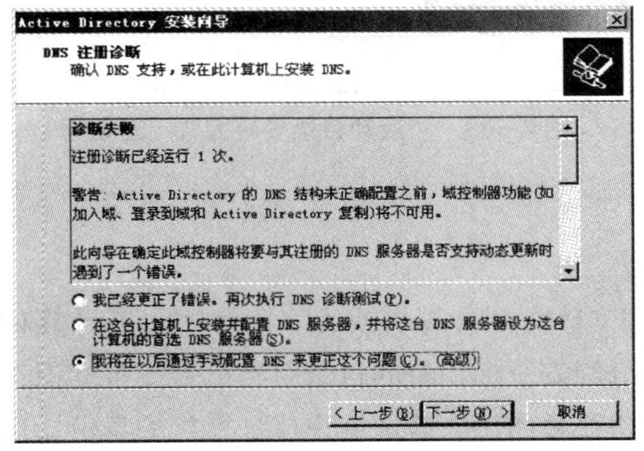

图 4—8　“DNS 注册诊断”对话框

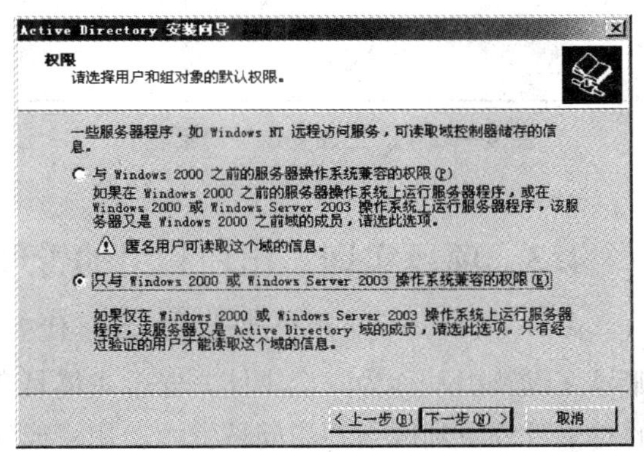

图 4—9　“用户和组对象的默认权限”对话框

图 4—10 中需要设置目录服务还原模式的管理员密码。这个密码是活动目录在恢复的时候要使用的。如果经常给活动目录做备份，不小心活动目录服务器瘫痪了，要恢复活动目录，那么就要用到这个密码，所以一定要牢记此密码。

显示摘要信息，查看是否有错误，如果有，可以单击“上一步”修改，没有问题就可以单击“下一步”开始活动目录的安装。如图 4—11 所示，如果验证正确，单击“下一步”按钮。

开始活动目录的安装过程。这个过程根据机器的配置有不同的时间，需要耐心等待，如图 4—12 所示。

出现图 4—13 后，表示活动目录已经完成。重新启动计算机之后，就可以在登录窗口中看到域的名字了，输入密码，即可登录到指定域。

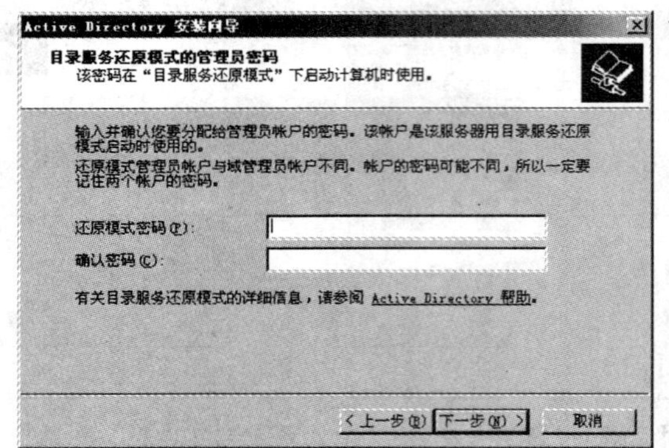

图 4—10 “目录服务还原模式的管理员密码”对话框

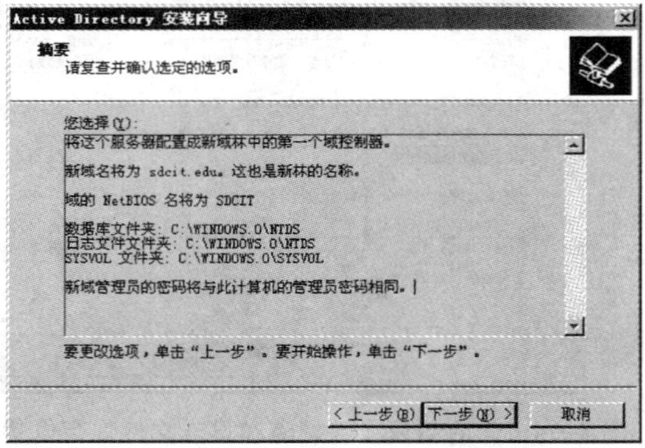

图 4—11 “安装信息摘要”对话框

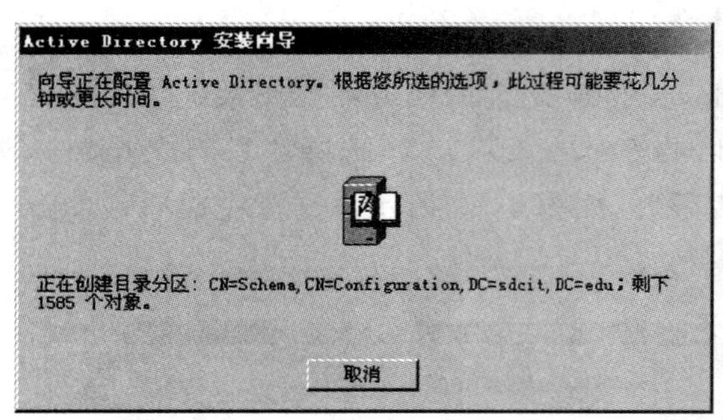

图 4—12 “正在安装”对话框

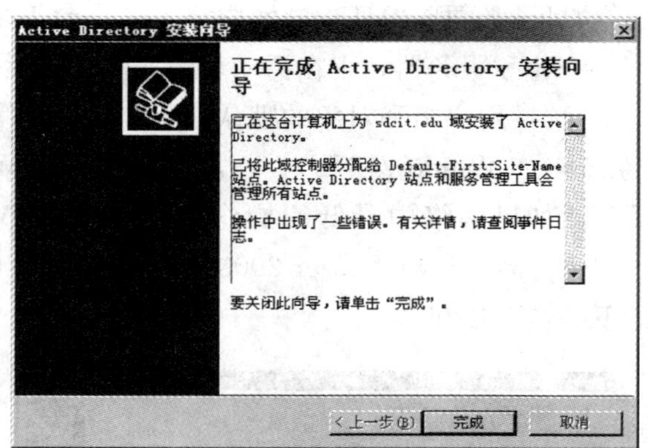

图 4—13 “活动目录安装完成”对话框

4.3 项目实训：用户和组的管理

Active Directory 用户和计算机账号代表物理实体，如计算机或人。用户账号或计算机账号（以及组）称为安全主体。安全主体是自动分配安全标识符的目录对象。带安全标识符的对象可登录到网络并访问域资源。用户或计算机账号用于：验证用户或计算机的身份、授权或拒绝访问域资源、管理其他安全主体、审计使用用户或计算机账号执行的操作。以下设置账号的工作都是在采用活动目录的环境中进行的。

1. 建立用户账号前的准备工作

在一个网络中，用户和计算机都是网络的主体，两者缺一不可。拥有计算机账号是计算机接入 Windows Server 2003 网络的基础，拥有用户账号是用户登录到网络并使用网络资源的基础，因此用户和计算机账号管理是 Windows Server 2003 网络管理中最必要且最经常的工作。

一个有经验的网络管理员一定要注重对用户账号的统一规划。在网络中，每一个用户可能具有不同的职能，为了保证网上用户的相互识别和独立性，用户都应有一个唯一的用户账号，在这个用户账号中包含用户名称、登录密码以及登录方法等各项信息。但是，这些具有不同职能的用户，其使用网络资源的权限不尽相同，所以利用“组”（即：用户组）来分类管理这些用户账号，将具有相同资源权限的用户纳入同一个组来管理。正像每个用户有唯一的“用户账号”一样，每个组也有唯一的“组账号”。只要给某一个组进行了权限设置，这个组的所有成员就具有与组相同的属性，即可通过“组账号”间接地给“用户账号”赋予权限，这比对用户账号逐一赋予权限要方便得多，同时避免了管理上的混乱，同时也大大减轻了管理员的负担。因此，当组建规模较大（用户数较多）的网络时，很有必要对需要登录服务器的用户账号进行分类管理和规划。建议先制作一个表格，将用户根据其在网络中享有权限的不同来分类归档，然后运用组的功能，分别管理这些用户账号。

在 Windows Server 2003 网络中，如果采用活动目录，那么可以直接在域的“users”组织单位中设置全域的用户账号。但为了管理和查找的方便，最好首先建立域的其他组织单位（如“计算机工程系”、“软件工程系”等），然后在对应的组织单位中再去建立用户账号和计算机账号。以便于将来对用户账号和计算机账号的各种操作。

2. 新建用户账号

当有新的用户需使用网络上的资源时，作为网络管理员必须在域控制器中为其添加一个相应的用户账号，否则该用户无法访问域中的资源。另一方面，当有新的客户计算机要加入到域中时，作为管理员的用户必须在域控制器中为其创建一个计算机账号，以便它有资格成为域成员。

当成功创建一个用户账号后，Windows Server 2003 会随机自动分配一个 SID（Security Identifier，安全识别码）给该用户账号。用户账号的 SID 同时具有唯一性和永久性。即在同一网络中，SID 不可能重复，即使用户账号已被删除，其 SID 仍然会被永久保留；如果账号删除后又建立了一个同名账户，由于 SID 的不同，新建的账户也不可能拥有与以前同名账户的权限。以下将分步介绍用户账号的建立过程。

（1）选择“开始”→“程序”→“管理工具”→“Active Directory 用户和计算机”，打开“Active Directory 用户和计算机”窗口，如图 4—14 所示。

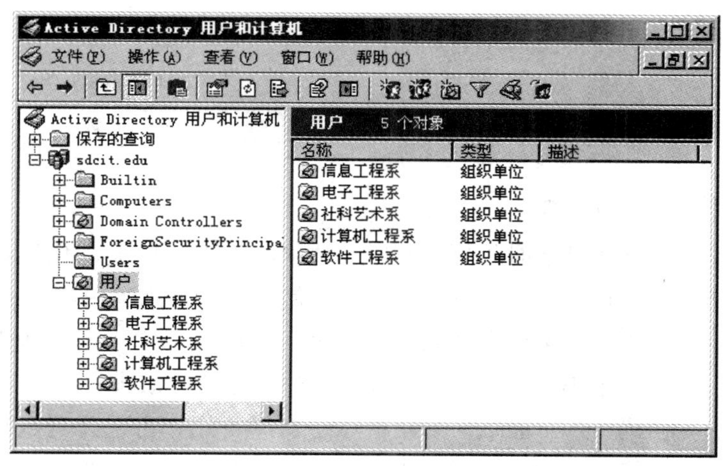

图 4—14　“Active Directory 用户和计算机”窗口

（2）打开图 4—14 中的组织单位“软件工程系”，在右部的空白处单击鼠标的右键，选

择“新建”→“用户”，将出现图 4—15 所示的对话框。在该对话框中，可以按照提示输入新建账号的有关信息，包括用户的姓、名、英文缩写、姓名、用户登录名、用户在Active Directory 中的位置、在 Windows 9x 中使用的登录名等。注意：用户名不能超过 20 个字节（10 个汉字），而且不能包含” ∧ []:; | =，+<> () 等字符。输入完毕这些信息后，单击“下一步”按钮，出现图 4—16 所示的对话框。

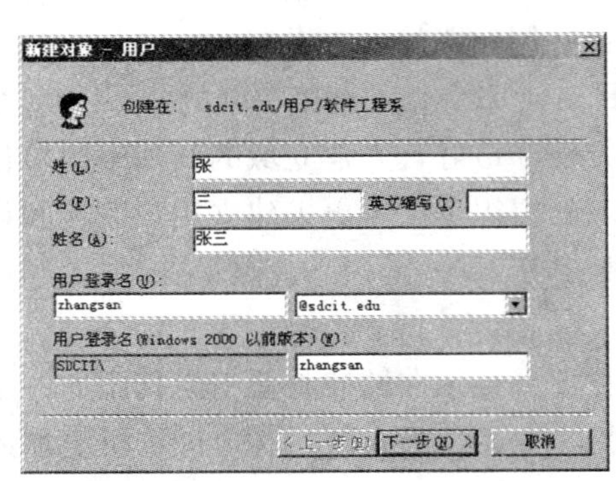

图 4—15　“新建对象 用户”对话框

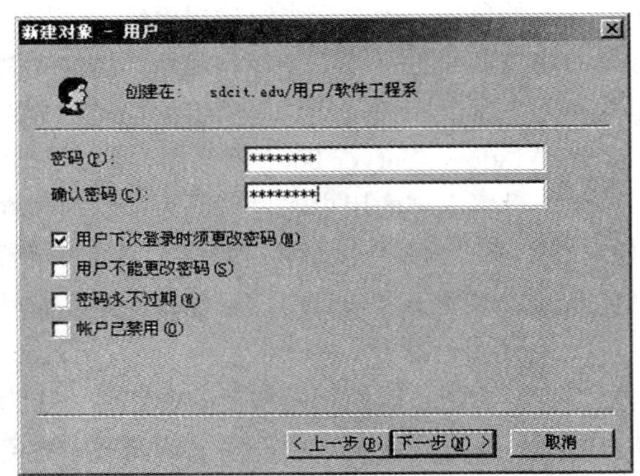

图 4—16　“设置用户密码”对话框

在图 4—16 的对话框中设置的密码不要超过 14 个字符，原则上密码可以使用任意字符，建议不要使用汉字。在使用英文字母做密码时，应注意 Windows 网络对密码的验证处理是大小写敏感的。此处必须要注意，否则从工作站登录时，会出现密码不正确的提示。

在 Windows Server 2003 中，为了保证网络的安全性，强制用户在设置密码时必须满足密码复杂度的要求：

- 不能包含用户的账户名，不能包含用户姓名中超过两个连续字符的部分；
- 至少有六个字符长；
- 包含以下四类字符中的三类字符：
- 英文大写字母（A 到 Z）；
- 英文小写字母（a 到 z）；
- 10 个基本数字（0 到 9）；
- 非字母字符（例如 !、$、#、%）。

如果选择了“用户下次登录时须更改密码”选项，系统将会强迫用户在第一次登录时更改密码，否则无法登录。针对很多安全意识不强而使用缺省密码的用户，这是保证用户账号安全的必要措施。如果是创建供多人使用的公用账号，应选择“用户不能更改密码”选项，否则任何一个用户更改了密码后，都将会使其他用户无法使用该账号登录。当“密码永不过期”一项被选定后，密码将永久有效。如用户账号暂时不用，可选择“账户已禁用”一项，以防止其他用户利用此账号登录。设置完毕后，单击“下一步”按钮。显示新建立的用户账号信息，单击“完成”按钮，即可创建了一个用户账号。

3. 管理用户账号

(1) 限制用户登录的时间。

凭借新建成的账号的缺省设置，用户可以在任何时间访问 Windows Server 2003 服务器。但在实际的应用中，有时需要对用户访问网络服务器的时间进行限制。例如，许多单位为了禁止用户在下班后访问服务器，对用户账号设置了登录时间限制。在下班后，用户（主要针对盗用别人账号的非法用户）将无法登录，这有利于网络系统的安全管理。

具体设置方法是，在图 4—14 中找出已经设置的用户账号，如图 4—17 所示。

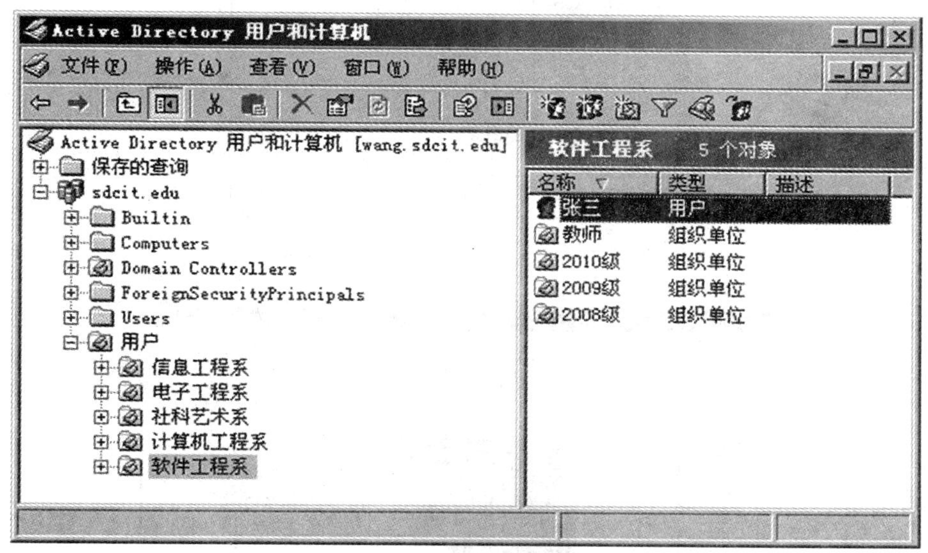

图 4—17 “软件工程系用户账号”窗口

在图 4—17 中选定一个或多个被设置的用户名，再选择“用户”菜单下的“属性”栏（当选定的是一个用户时也可双击此用户名），在“用户属性”窗口中单击“账号”选项卡，出现如图 4—18 所示的对话框。

在图 4—18 中单击“登录时间”按钮，将出现图 4—19 所示的“登录时段”对话框。对话框中蓝色的方格表示允许该用户使用的时间，该方格表示以小时为单位，一个方格代表 1 小时。蓝色表示允许登录，白色表示不允许登录。在默认状况下，所有方块均为蓝色，即全天 24 小时都可登录到 Windows Server 2003 服务器。如要设置在某一时间段内不允许用户访问服务器，只要用鼠标选中要限制的时段（按住鼠标左键，从起始时间格拖至结束时间格），再单击“拒绝登录”按钮（此时所选时段应全部变为白色），即可限制该用户账号在该时段内不能登录；若选择某时间段后，单击“允许登录”按钮，则该时间段允许用户登录。在图 4—19 中表示用户张三能够登录网络的时间是周一到周五的 8：00 到 21：00，在其他时间段被禁止登录网络。

需要特别指出的是，用户账号登录时段的改变要在该用户下次登录时才生效，并不能实时地终止已登录到 Windows Server 2003 服务器用户的网络连接。因此网络系统管理员应该在用户当日第一次登录之前，完成对其账号登录时段的修改。

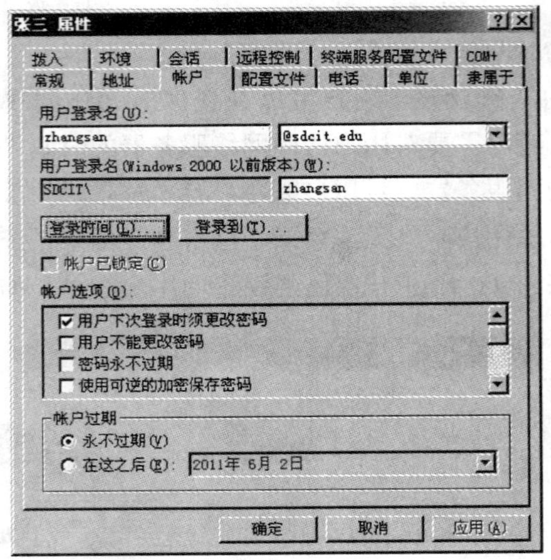

图 4—18 “用户账号属性”对话框

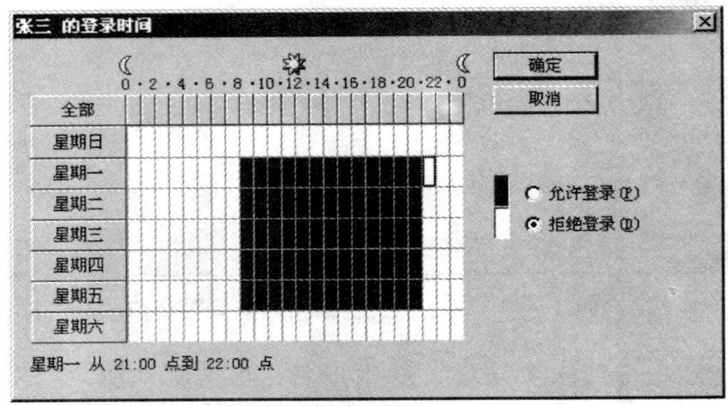

图 4—19 “用户登录时间”对话框

(2) 限制用户的登录地点。

一个新用户建成后，系统默许他可以在任何一台工作站上登录，但是为了保证网络以及资源的安全性，必要时可以设置让其从指定的工作站登录。例如，银行的柜台终端，由于一般不允许随意移动操作员位置，因此将其锁定到只能从特定终端登录就显得非常重要；而像部门主管之类的对数据库拥有较高权限、工作地点范围又相对固定的用户，可以将其登录地点分别设置到该部门主管所辖的电脑终端上，为各部门主管协同工作提供便利；而系统管理员（Administrator）由于其工作的特殊性，要求他必须能在任何时候、从任何位置对整个网络进行访问、管理，因此限制系统管理员登录地点的设置是不明智的。

用户登录地点的设置方法与设置用户登录时间的方法类似，在图 4—18“用户账号属性”对话框中的单击“登录到”按钮，此时出现图 4—20 所示的“登录工作站”对话框。这两行提示信息意义为“用户可从所有计算机”登录和“用户可从下列指定的计算机”登录。当选择了用户从指定的计算机登录时，只要将代表该计算机的计算机名称输入即可（切记计算机名称前不能出现斜杠符“\”），每输入一个计算机名称后单击“添加”按钮，全部完成后单击“确定”按钮。

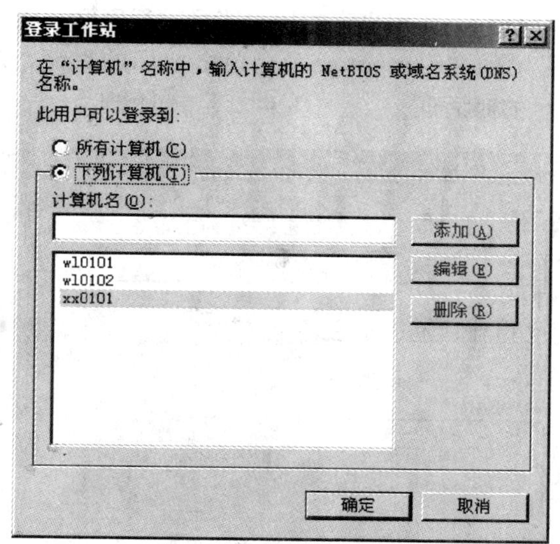

图 4—20　"登录工作站"窗口

(3) 设置用户账号信息。

在图 4—18 中可以对所选定的用户账号进行有效期限和账号类型等信息的设置。

选择对话框中"账号选项"下方的"密码永不过期"一项，表示该用户账号除非被网络管理员删除，否则将被无限期使用；选择"账号过期"下面的"在这之后"并输入限定时间后，该账号只在期限所规定的时间内有效，过了时间，该账号就自动失效。

(4) 修改用户账号。

在用户账号的使用中，可根据不同时间或不同环境的需要，对账号的属性进行必要的修改，Windows Server 2003 允许一次修改一个或多个用户账号的属性。

一次修改一个账号的属性。在图 4—17 中双击要修改账号的用户名，执行类似新建用户账号的操作，修改有关账号的属性。

(5) 用户账号的更名与删除。

用户账号的更名。就像给自己换一个名字一样，用户账号有时也需要进行更名。同一用户账号更名后其属性和权限等设置不会发生变化，因为 Windows Server 2003 安全账号数据库（SAM）中该用户的 SID 没有改变。操作时可以用"用户"菜单下的"重命名"命令对所选定的账号进行更名。

删除用户账号。当某些账号不再使用时，出于对系统安全的考虑，应及时将其从域中删除。操作中可利用"用户"菜单下的"删除"命令，对所选定的一个或多个账号进行删除。一个用户账号被删除后，如果再建立一个同名的账号，该账号不会继承前一个被删除账号的属性和权限，这是因为 Windows Server 2003 会给不同时期建立的每一个账号分配一个固定的 SID。

4. 创建计算机账号

每个加入 Windows Server 2003 域的 Windows Server 2003 和 Windows NT 计算机都具有计算机账号，否则无法进行域连接，实现域资源的访问。与用户账号类似，计算机账号也提供验证和审核计算机登录到网络以及访问域资源的方法。不过，一个计算机系统要加入到域中，只能使用一个计算机账号，而一个用户可拥有多个用户账号，且可在不同的计算机

（指已经连接到域中的计算机）上使用自己的用户账号进行网络登录。

在图 4—17 中树状目录的“Computers”上单击鼠标的右键，选择“新建”→“计算机”，将出现图 4—21 所示的对话框。

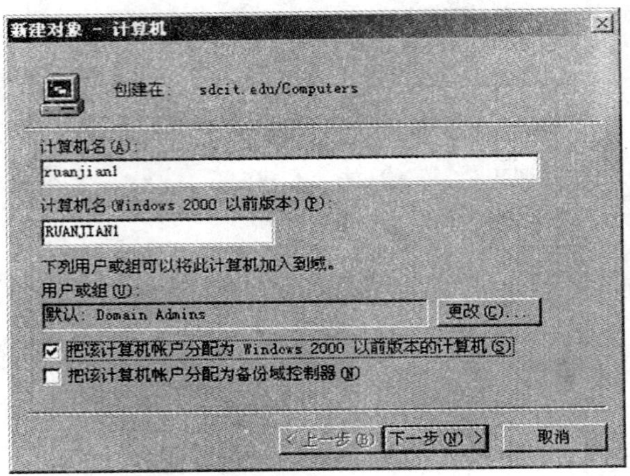

图 4—21 “新建对象 计算机”对话框

在图 4—21 中输入计算机的名称然后单击“确定”按钮即可。需要注意的是，建立的计算机账号在整个域中必须是唯一的。

关于计算机账号的删除、更名等操作，与用户账号的操作类似。

5. 组与组织单位

组是 Windows Server 2003 从 Windows NT 系统继承下来的安全管理形式，它是指活动目录或本地计算机对象，包含用户、联系人、计算机和其他组等。在 Windows Server 2003 网络中，组可以用来管理用户和计算机对网络资源的访问，如活动目录对象及其属性、网络共享、文件、目录、打印机队列。使用组，主要是为了方便管理访问目的和权限相同的一系列用户和计算机账号。

网络管理员在赋予用户或计算机账号权限时，如果它们的权限各不相同，必须分别为它们设置；但是，如果它们的权限相同，还要分别进行设置。这就多做了许多重复性工作。有了组的概念之后，就可以将这些具有相同权限的用户或计算机划归到一个组中，使这些用户成为该组的成员，然后通过赋予该组权限来使这些用户或计算机都具有相同的权限，这就大大减轻了管理员对用户账号管理的工作量。

组织单位（OU，Organizational Unit）是域中包含的一类目录对象，它包括域中一些用户、计算机和组、文件与打印机等资源。不过，组织单位不能包含其他域中的对象。由于目录服务可以把域详细地划分成多个组织单位，且组织单位中还可以再划分下级组织单位，因此组织单位的分层结构主要用来建立域的分层结构模型，使网络结构看起来更清晰。

组织单位具有继承性，子组织单位能够继承父组织单位的访问许可权。网络管理员可使用组织单位来创建管理模型。而且，网络管理员可授予用户对域中所有组织单位或单个组织单位的管理权限。

注意：组和组织单位有很大的不同。组主要用于权限设置，而组织单位则主要用于网络结构的管理；另外，组织单位只表示单个域中的对象集合（可包括组对象），而组可以包含用户、计算机、本地服务器上的共享资源。

虽然系统提供了许多内置组用于权限和安全设置，但是它们不能满足特殊安全和灵活性的需要。所以，要想管理用户账号和计算机账号，必须根据网络情况创建一些新组。新组创建之后，就可以像使用内置组一样使用它们，赋予权限和进行组成员的添加。另外，在域中合理地添加和安排组织单位，不但方便了管理员对域中账号和组的管理，而且还有利于网络的扩展。

要创建新组，在控制台目录树中，展开域节点，右键单击要进行组创建的组织单位或容器，从弹出的快捷菜单中选择“新建”→“组”，打开如图 4—22 所示的“新建对象-组”对话框，在“组名”文本框中输入要创建的组名。在“组作用域”选项区域中，通过单选按钮来选择组的作用域；在“组类型”选项区域中，通过选择单选按钮来选择新组的类型。单击“确定”按钮即完成组的创建。

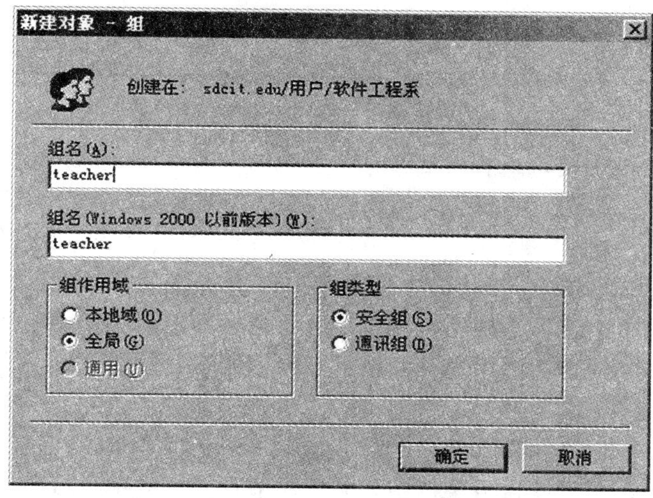

图 4—22　“新建对象 组”对话框

一个新组被创建好之后，系统并没有设置该组常规属性和权限，也没有为其指定组成员，该组几乎不发挥任何作用。如果要充分发挥组对用户和计算机账号的管理作用，用户必须设置该组的属性。要设置组属性，可参照下面的步骤。

(1) 在控制台目录树中单击要设置属性的组所在的组织单位或容器，使详细资料窗格中列出该组织单位的内容。在详细资料窗格中，右键单击要添加成员的组，从弹出的快捷菜单中选择“属性”命令，打开该组的属性对话框。

(2) 为了便于管理，在“描述”和“注释”文本框中分别输入有关该组的描述和注释。如果要修改组名称，则输入新的组名称；为了便于组管理员同组成员交换信息，在“电子邮件”文本框中输入组管理员的电子邮件地址。

(3) 单击“成员”选项卡，要添加成员，单击“添加”按钮，打开“选择用户联系人或计算机”对话框，如图 4—23 所示。单击“高级”按钮，在随后的对话框中单击“立即查找”，选择要添加的成员。要删除组成员，在“成员”列表框中选择要删除的组成员，然后单击“删除”按钮即可。

(4) 因为用户主要是通过向新组添加内置组来设置新组的权限的，所以要设置组权限，选择“隶属于”选项卡，单击“添加”按钮，打开“选择组”对话框，为自己创建的组选择内置组。要删除某个组权限，在“隶属于”列表框中选择该组，然后单击“删除”按钮即可。

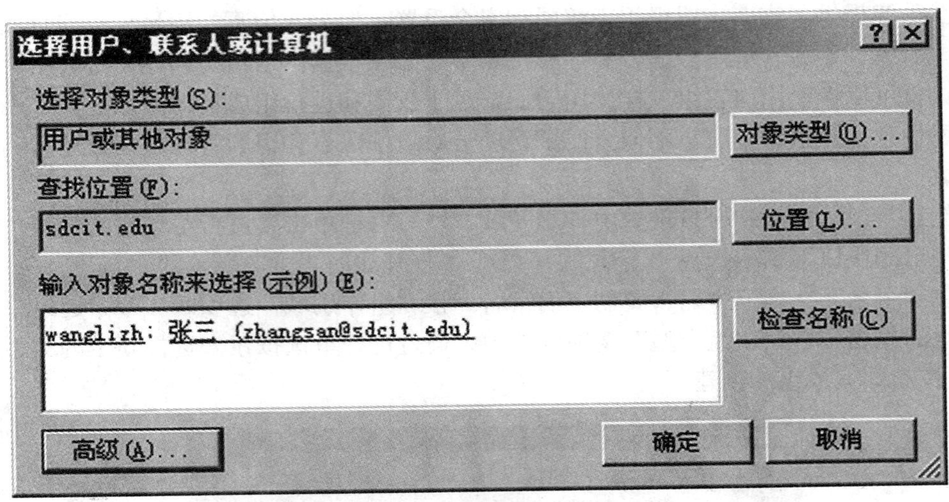

图 4—23 “选择用户、联系人或计算机”对话框

(5) 要设置组的管理员，选择“管理者”选项卡。要更改组管理员，单击“更改”按钮，打开“选择用户、联系人或组”对话框为该组选择管理员；要查看管理员的属性，单击“查看”按钮进行查看；如果要清除管理员对组的管理，单击“清除”按钮即可。

(6) 属性设置完毕，单击“确定”按钮保存设置并关闭属性对话框。

另外，当一个用户组不再有使用价值时，可将其从域中删除。要删除一个失效的组，先选定要删除的组名，然后选择“用户”菜单下方的“删除”便可完成。不过请放心，当一个组被删除以后，仅仅是把这个组从域中取消了，而组中的所有用户账号和其他的组并不受影响。

要创建组织单位，在控制台目录树中，展开域节点。右键单击域节点或者可添加组织单位的文件夹节点，从弹出的快捷菜单中选择“新建”→“组织单位”命令，打开“创建新对象-(组织单位)”对话框，在“名称”文本框中输入新创建组织单位的名称，然后单击“确定”按钮即完成组织单位的创建。

当用户的活动目录中的组和组织单位因太多而影响了对用户和计算机账号的管理时，网络管理员可对创建的组和组织单位进行清理。例如，当目录中有长期不使用的组或者是不符合网络安全的组，可将其删除。当域中的某个组织单位中所包含的用户、计算机、联系人等已经被删除或因为其他原因而不再发挥作用时，也可将其删除。不过，管理员只能删除自己创建的组和组织单位，而不能删除由系统提供的内置组和组织单位。

要删除组和组织单位，在控制台目录树中，展开域节点。单击要删除的组或组织单位所在的组织单位，使详细资料窗格中列出该组织单位的内容。然后右键单击要删除的组或组织单位，从弹出的快捷菜单中选择“删除”命令，这时系统会打开信息确认框，单击“是”按钮即可完成组或组织单位的删除。

习 题 4

简答题：

1. 为什么使用活动目录？使用活动目录有什么好处？
2. 域模式网络与工作组模式网络的区别。

3. 域模式网络的层次化结构是如何实现的？
4. 什么是域、域树、域林？
5. 什么是组织单位？
6. 简述活动目录的安装步骤。
7. 什么是 Windows 密码复杂度要求。
8. 如何限制用户登录时间？
9. 如何限制用户从指定的计算机登录？

项目 5　DHCP 服务器的安装与配置

学习目标

了解 DHCP 服务器的工作原理；
掌握 DHCP 服务器的配置过程。

项目分析

DHCP 服务器是采用了动态主机配置协议（DHCP，Dynamic Host Configuration Protocol）对网络中的 IP 地址进行自动动态分配的服务器，旨在通过服务器集中管理网络上使用的 IP 地址和其他相关配置信息，以减少管理地址配置的复杂性。

5.1　DHCP 的工作原理

在使用 TCP/IP 协议的网络上，每一台计算机都拥有唯一的计算机名和 IP 地址。IP 地址有两种配置方法：一种是手工添加，即静态 IP 地址；另一种是通过 DHCP 服务器自动分配，即动态 IP 地址。

5.1.1　DHCP 简介

在计算机网络中，管理与分配客户端 IP 地址的工作非常重要，每一台计算机都必须有一个唯一的 IP 地址，通过这个 IP 地址与其他计算机进行通信。在网络中主机数量较少时，可以为计算机手工配置 IP 地址。但在网络规模比较大的情况下，网络管理员为每台计算机设置静态 IP 地址就会力不从心。DHCP 的功能就是为网络中的计算机动态分配 IP 地址。启用 DHCP 不仅可以减轻网络管理员的工作负担，还能对 IP 地址资源的使用实施有效管理。

如果网络中安装并配置了 DHCP 服务器，则在该网络中的主机以租借的形式租用 DHCP 服务器地址池中 IP 地址。这时，网络中接受 DHCP 服务器服务的主机就是 DHCP 客户端，如图 5—1 所示。DHCP 具有以下优点：

（1）主机可以迅速获取 IP 地址，而使用者不需要知道 IP 地址是如何设置的。

（2）管理人员可以迅速有效地配置网络中所有主机的 IP 地址及其配置参数，而不用去检查每一台主机。

（3）DHCP 服务器不会同时将相同的 IP 地址租给两台主机，避免了手工操作中可能出

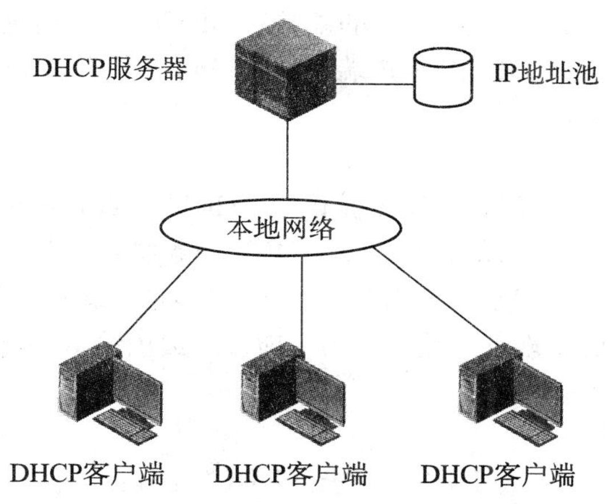

图 5—1　DHCP 服务器与 DHCP 客户端

现的重复。

(4) 大大方便了便携机用户，使便携机在更换位置的时候不需要手工更换 IP 地址，具有了即插即用的特点。

5.1.2　DHCP 交互过程

配置了 DHCP 服务器的网络中要实现自动分配 IP 地址，DHCP 服务器和客户机之间需要经过四个交互过程，如图 5—2 所示。

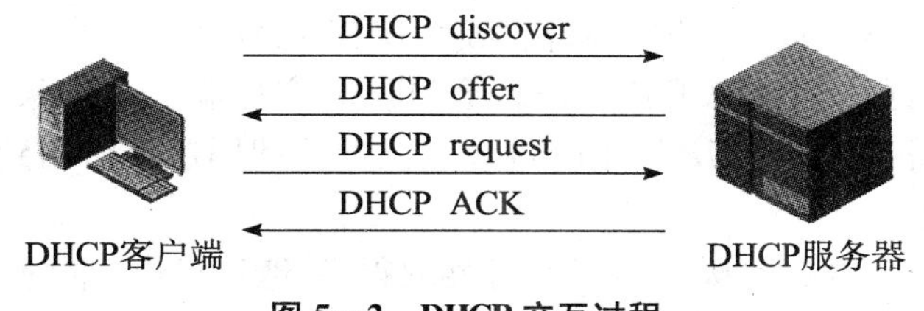

图 5—2　DHCP 交互过程

1. DHCP 发现（客户端）

DHCP 工作过程的第一步是 DHCP 发现（DHCP discover），该过程也称之为 IP 发现。以下几种情况需要进行 DHCP 发现。

- 当主机第一次以 DHCP 客户端方式使用 TCP/IP 协议栈时，即第一次向 DHCP 服务器请求 TCP/IP 配置时。
- 主机从使用固定 IP 地址转向使用 DHCP 动态分配 IP 地址时。
- DHCP 客户端所租用的 IP 地址由于某种原因（如租约到期了或连接断开了）已被 DHCP 服务器收回，并已提供给其他的 DHCP 客户端使用时。
- DHCP 客户端自行释放已经租用的 IP 地址，而要求一个新的 IP 地址时。

当 DHCP 客户机发现本机上没有绑定 IP 地址时，它会向网络发出一个 DHCP discover 消息数据包。因为 DHCP 客户端还不知道自己属于哪一个网络，所以数据包的源地址设为 0.0.0.0，而目的地址则为 255.255.255.255，然后再附上 DHCP discover 的信息向网络进行广播。当 DHCP 客户端将第一个 DHCP discover 消息广播出去之后，若在 1 秒之内没有得到响应的话，就会进行第二次 DHCP discover 广播。DHCP 客户端一共会有四次 DHCP discover 广播的机会，除了第一次会等待 1 秒之外，其余三次的等待时间分别是 9、13、16

秒。如果四次都没有得到 DHCP 服务器的响应，DHCP 客户端则会显示错误信息，宣告 DHCP discover 失败。此时，DHCP 客户端可能会得到一个形如 169.254. *. * 的 IP 地址，参见项目 2 中的特殊 IP 地址。

2. DHCP 提供（服务器端）

DHCP 工作的第二个过程是 DHCP 提供（DHCP offer），是指当网络中的任何一个 DHCP 服务器（同一个网络中可能存在多个 DHCP 服务器时）在收到 DHCP 客户端的 DHCP discover 消息后，该 DHCP 服务器若能够提供 IP 地址，就从该 DHCP 服务器的 IP 地址池中选取一个没有出租的 IP 地址，然后利用广播方式提供给 DHCP 客户端；若没有，则不做出响应。

3. DHCP 请求（客户端）

DHCP 工作的第三个过程是 DHCP 请求（DHCP request）。如果 DHCP 客户端收到网络上多台 DHCP 服务器的 DHCP offer 响应，它只会挑选其中一个，通常是最先抵达的那个 DHCP offer。在 DHCP 客户端收到 DHCP 服务器提供的 DHCP offer 响应后，就会向网络发送一个 DHCP request 广播封包，告诉所有 DHCP 服务器它将指定接受哪一台服务器提供的 IP 地址。同时，客户端还会向网络发送一个 ARP 封包，查询网络上面有没有其他机器使用该 IP 地址；如果发现该 IP 已经被占用，客户端则会发送拒绝接受其 DHCP offer，并重新发送 DHCP discover 信息。

4. DHCP 应答（服务器端）

DHCP 工作的最后一个过程便是 DHCP 应答（DHCP ACK）。一旦被选择的 DHCP 服务器接收到 DHCP 客户端的 DHCP 请求信息后，就将已保留的这个 IP 地址标识为已租用，然后也以广播方式发送一个 DHCP 应答信息给 DHCP 客户端。该 DHCP 客户端在接收 DHCP 应答信息后，就完成了获得 IP 地址的过程，便开始利用这个已租到的 IP 地址与网络中的其他计算机进行通信。

一旦 DHCP 客户端成功地从 DHCP 服务器取得 IP 地址租约，除非其满足上面提到的执行 DHCP discover 的条件，否则无须再执行 DHCP discover 和 DHCP offer 过程，而会直接进入 DHCP request 过程，使用已经租用到的 IP 地址向提供该 IP 地址的 DHCP 服务器发出 DHCP request 信息。DHCP 服务器会尽量让客户端使用原来的 IP 地址，如果没问题的话，会直接向客户端发送 DHCP ACK 消息来确认。如果该地址已经失效或已经被其他机器使用了，服务器则会响应一个 DHCP NACK 信息给客户端，要求其重新执行 DHCP discover。

5.1.3 IP 地址的租用和续租

当一台 DHCP 客户端租到一个 IP 地址后，该 IP 地址不可能长期被它占用，它会有一个使用期，即租期。当 DHCP 客户端的 IP 地址使用时间达到租期的一半时，它就向 DHCP 服务器发送一个新的 DHCP 请求（DHCP 交互过程的第三个过程），若服务器在接收到该信息后并没有理由拒绝该请求时，便回送一个 DHCP 应答信息（DHCP 交互过程的最后一个过程）。当 DHCP 客户端收到该应答信息后，就重新开始一个新的租用周期。此过程就像对一个合同的续约，只是续约时间必须要在合同期的一半时签定。

在进行 IP 地址的续租中有以下两种特例。

1. DHCP 客户端重新启动时

不管 IP 地址的租期有没有到期，当每一次启动 DHCP 客户端时，都会自动利用广播的方式，给网络中所有的 DHCP 服务器发送一个 DHCP 请求信息，以便请求该 DHCP 客户端

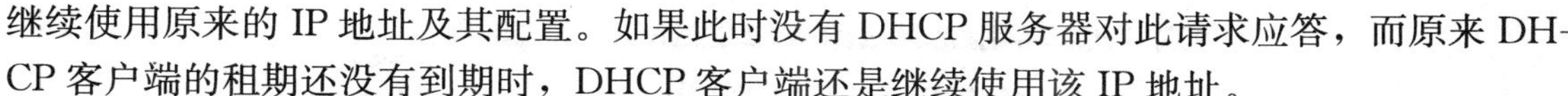

继续使用原来的 IP 地址及其配置。如果此时没有 DHCP 服务器对此请求应答，而原来 DHCP 客户端的租期还没有到期时，DHCP 客户端还是继续使用该 IP 地址。

2. IP 地址的租期超过一半时

当 IP 地址的租期到达一半的时间时，DHCP 客户端会向 DHCP 服务器发送（非广播方式）一个 DHCP 请求信息，以便续租该 IP 地址。当续租成功后，DHCP 客户端将开始一个新的租用周期。而当续租失败后，DHCP 客户端仍然可以继续使用原来的 IP 地址及其配置，但是该 DHCP 客户端将在租期到达 87.8%的时候再次利用广播方式发送一个 DHCP 请求信息，以便找到一台可以继续提供租期的 DHCP 服务器。如果续租仍然失败，则该 DHCP 客户端会立即放弃正在使用的 IP 地址，以便重新向 DHCP 服务器获得一个新的 IP 地址（需要进行完整的 4 个交互过程）。

5.2　DHCP 服务器的安装与卸载

在 Windows Server 2003 中安装和配置 DHCP 服务器功能，即添加 DHCP 服务器角色，让其所在的主机成为 DHCP 服务器。在 Windows Server 2003 上添加 DHCP 角色有两种途径：一种是通过“管理您的服务器”对话框添加；另一种是通过“添加/删除 Windows 组件”对话框添加。下面我们来介绍如何通过第一种途径在 Windows Server 2003 平台下安装和配置 DHCP 服务器。

5.2.1　DHCP 服务器的安装

(1) 在需要安装 DHCP 服务器的主机中单击“开始”→“管理工具”→“管理您的服务器”，启动“管理您的服务器”对话框，如图 5—3 所示。

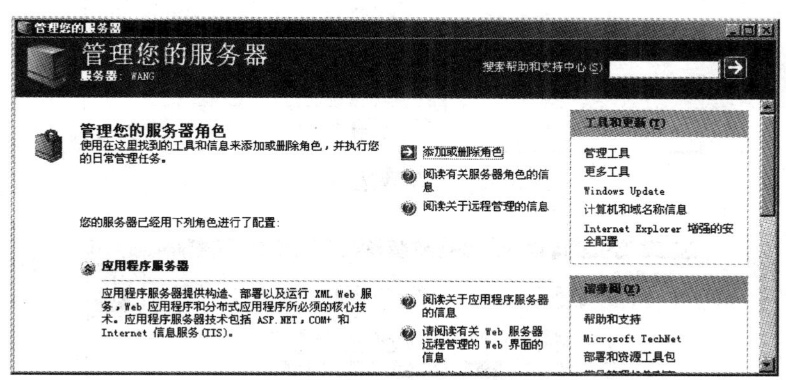

图 5—3　“管理您的服务器”对话框

(2) 在“管理您的服务器”对话框中单击“添加或删除角色”，启动服务器角色配置向导的“预备步骤”，如图 5—4 所示。

(3) 按照“预备步骤”中所列的问题，检查有关步骤是否已经完成，如未完成，则完成。单击“下一步”按钮，启动网络连接检查。

(4) 如果是首次对本机进行服务器配置，则网络连接检查完毕后，无问题就会出现“配置选项”对话框，如图 5—5 所示；否则直接出现“服务器角色”对话框，如图 5—6 所示。

(5)“配置选项”对话框中有两个单选项。如选择“第一台服务器的典型配置”单选项，则会同时配置多种功能的服务器。如选择“自定义配置”，则可以只配置一种服务器功能。这里选择“自定义配置”，单击“下一步”按钮，打开“服务器角色”对话框，如图 5—6 所示。

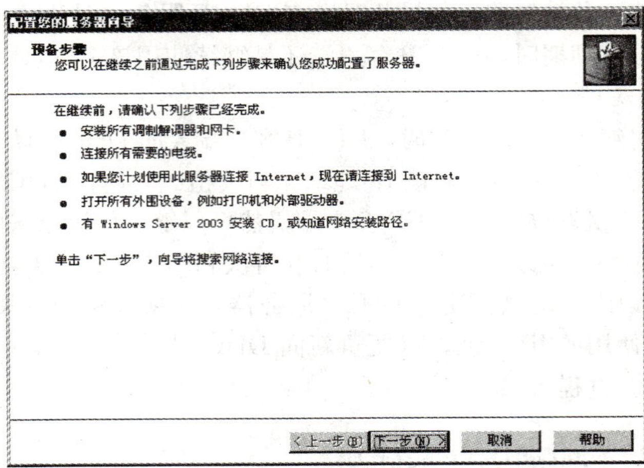

图 5—4 “配置您的服务器向导”之“预备步骤”

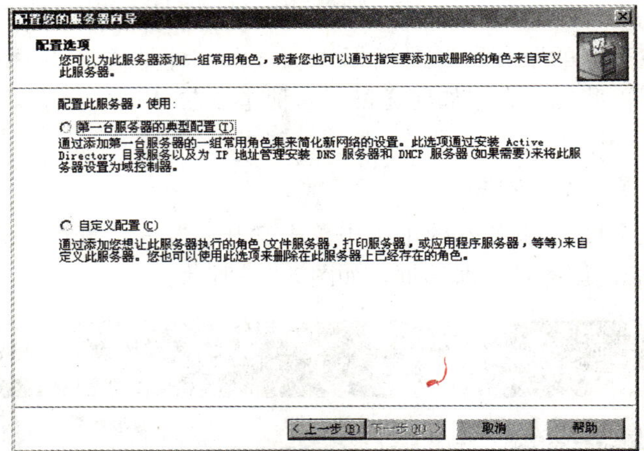

图 5—5 “配置选项”对话框

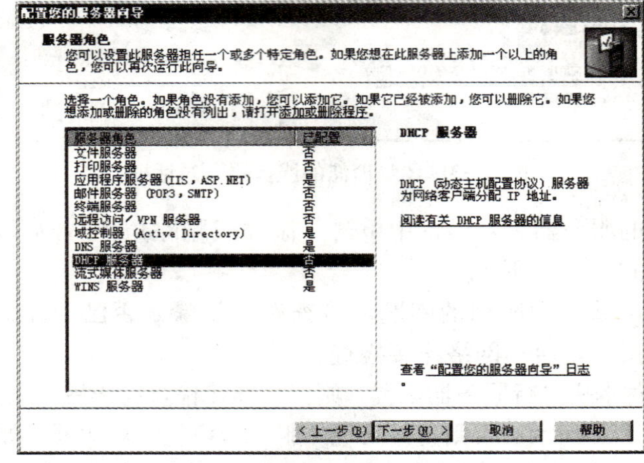

图 5—6 “服务器角色”对话框

（6）在“服务器角色”对话框中列出了可以安装和使用的服务器功能，每个服务器名称的右侧标注了是否在本机中安装了相应的服务器，“是”表示已经安装，“否”表示未安装。因为要配置 DHCP 服务器功能，DHCP 服务器标识“否”（即未安装），所以这里选中“DHCP 服务器”选项，单击“下一步”按钮，出现“选择总结”对话框。查看“选择总结”对话框中表示的信息，如需修改，则单击“上一步”按钮返回，做修改；如无误，则单击“下一步”按钮，出现 DHCP 服务器安装进度框。如进度框完成，则表示已在主机上安装了 DHCP 服务器。

5.2.2　DHCP 服务器的卸载

（1）在需要删除 DHCP 服务器的主机中单击“开始”→“管理工具”→“管理您的服务器”，启动“管理您的服务器”对话框。

（2）在“管理您的服务器”对话框中单击“添加或删除角色”，启动服务器角色配置向导的“预备步骤”。单击“下一步”按钮，启动网络连接检查。网络连接检查完毕，如无问题，则出现“服务器角色”对话框，对话框中“DHCP 服务器”一行显示已配置，如图 5—7 所示。

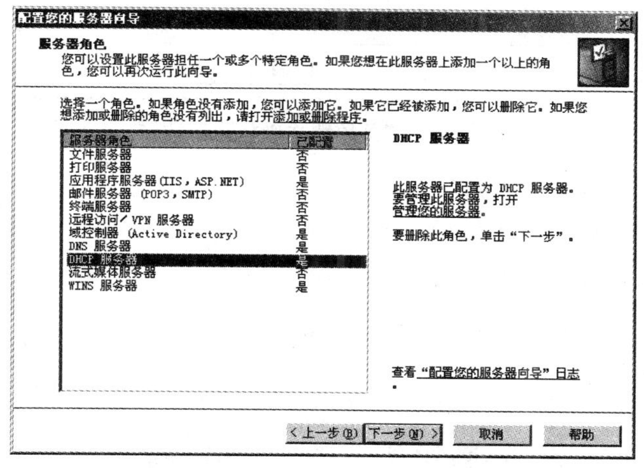

图 5—7　“服务器角色”对话框（已安装 DHCP）

（3）在“服务器角色”对话框中选中“DHCP 服务器”，单击“下一步”按钮，出现“角色删除确认”对话框，如图 5—8 所示。

（4）在“角色删除确认”对话框中选中“删除 DHCP 服务器角色”，单击“下一步”按钮，出现 DHCP 服务器安装进度框，删除完成后，出现删除 DHCP 服务器角色完结框，单击“完成”，则完成 DHCP 服务器功能的删除。

5.3　项目实训：DHCP 服务器的启用和配置

一、实训目的

熟练运用 DHCP 服务器管理控制台对 DHCP 服务器进行管理。

掌握 DHCP 客户端的配置。

二、实训设备

一台交换机。

两台计算机（其中一台用做服务器安装的是 Windows Server 2003 系统，且 DHCP 服务器已安装）。

两条直通式双绞线。

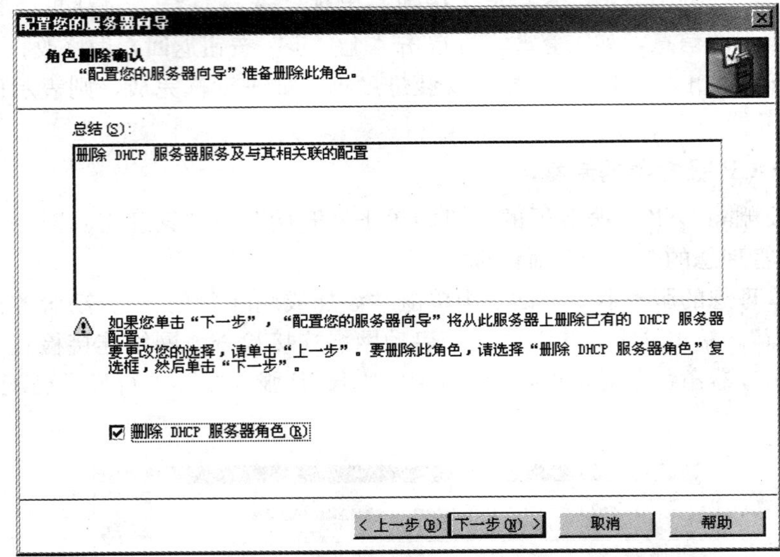

图 5—8 "角色删除确认"对话框

三、拓扑结构图

本实训的拓扑结构图，如图 5—9 所示。

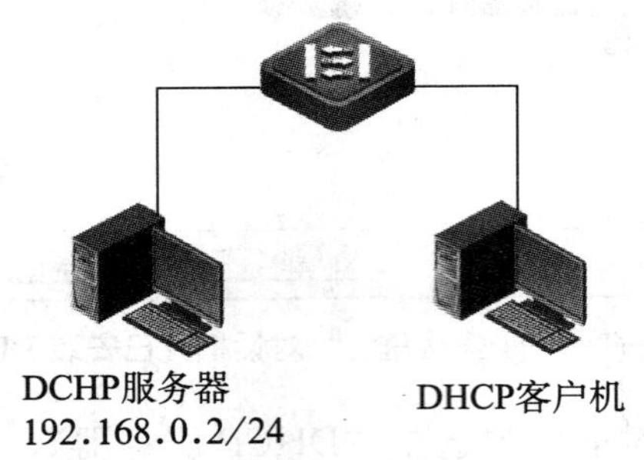

图 5—9 项目实训拓扑图

四、实训内容

前面已经介绍了通过"管理您的服务器"对话框安装和卸载 DHCP 服务器，本实训将操作 DHCP 服务器的启用和配置。

1. DHCP 服务器的配置

(1) 按照上节的步骤完成 DHCP 服务器的安装。如果 DHCP 服务器安装完成，则进入"新建作用域向导"，如图 5—10 所示，单击"下一步"按钮，进入"作用域名"对话框，如图 5—11所示。

作用域是指 DHCP 功能所能调配的一段连续的 IP 地址范围，它通常是提供 DHCP 功能的网络的一段有效主机地址范围。

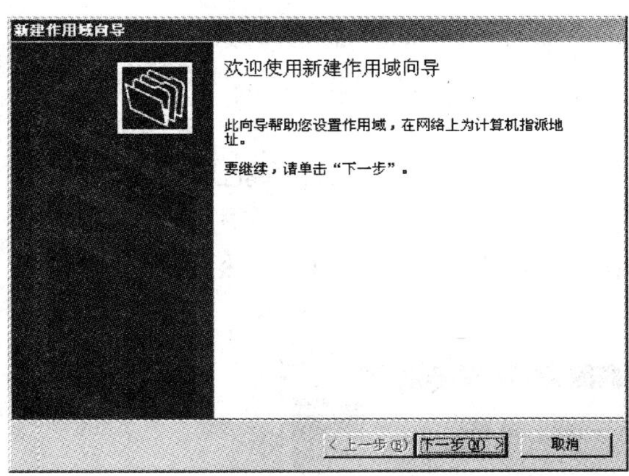

图 5—10　“新建作用域向导”

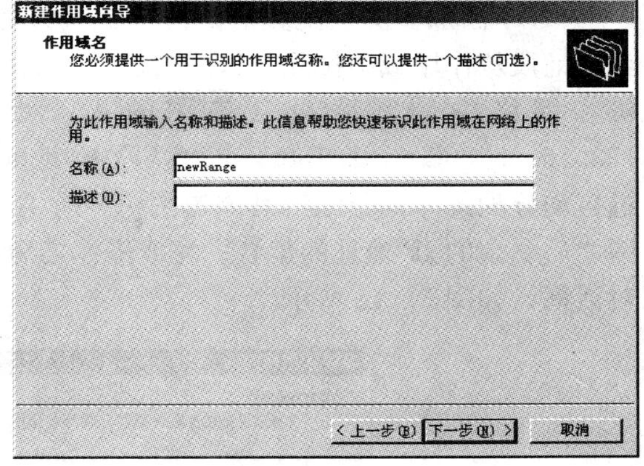

图 5—11　“作用域名”对话框

(2) 在“作用域名”对话框中为要创建的作用域输入一个名称，如“newRange”。单击“下一步”按钮，进入“IP 地址范围”配置对话框，如图 5—12 所示。

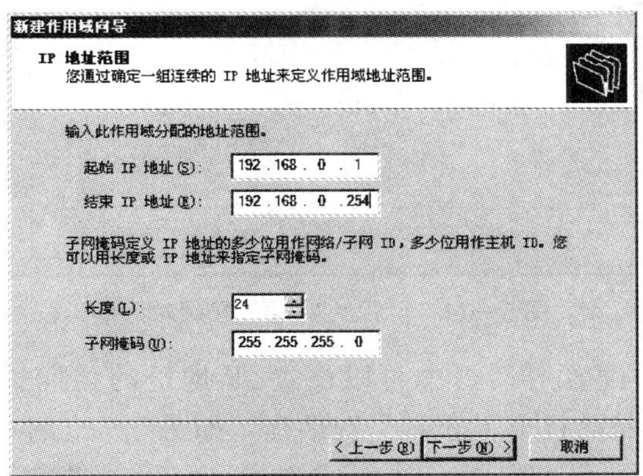

图 5—12　“IP 地址范围”配置对话框

(3) 在“IP 地址范围”配置对话框中需要配置作用域的地址范围和子网掩码。例如，作用域的起始地址配置为“192.168.0.1”，结束地址配置为“192.168.0.254”，掩码配置为 24 位，或者“255.255.255.0”。单击“下一步”按钮，进入“添加排除”配置对话框，如图 5—13 所示。

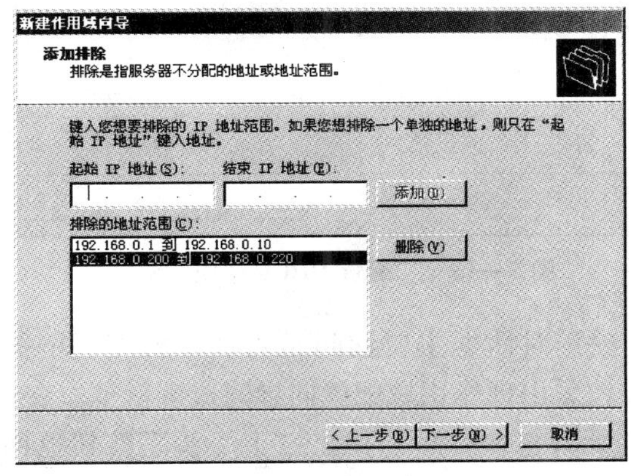

图 5—13　“添加排除”配置对话框

（4）“添加排除”配置对话框所要做的是把一些不允许 DHCP 服务器分配的 IP 地址或者地址段从作用域中排除。这些被排除的地址一般是分配给一些需要手工配置 IP 地址的主机和网络中的互联设备使用的 IP 地址。例如，把 192.168.0.1～192.168.0.10，192.168.0.200～192.168.0.220 两段 IP 地址排除，则 DHCP 服务器不会把这些 IP 地址通过自动分配的方式分配给具体的主机。所谓 DHCP 服务器的地址池，即作用域扣除排除范围之后剩余的 IP 地址的集合。完成操作之后单击“下一步”按钮，进入“租约期限”配置对话框，如图 5—14 所示。

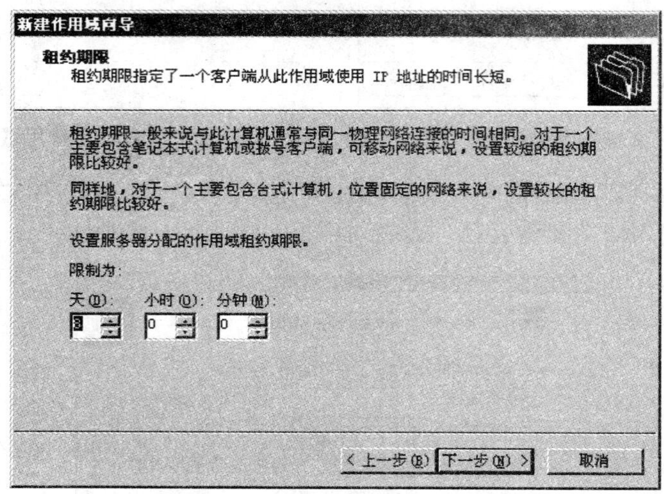

图 5—14 “租约期限”配置对话框

（5）在“租约期限”配置对话框中可以设置 IP 地址的租期长度，默认是 8 天。单击“下一步”按钮，进入“配置 DHCP 选项”对话框，如图 5—15 所示。

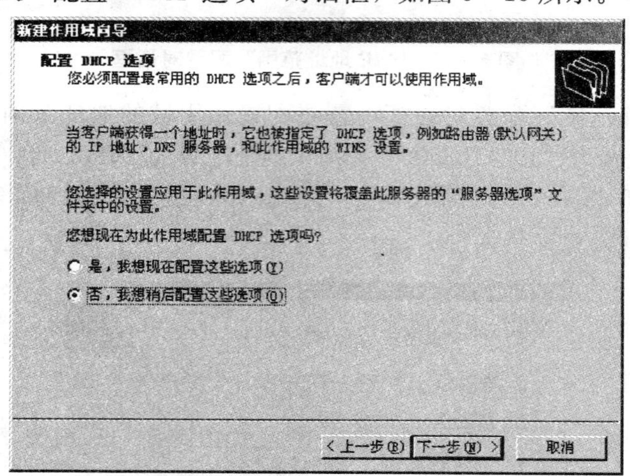

图 5—15 “配置 DHCP 选项”对话框

（6）“配置 DHCP 选项”对话框主要询问是否现在就配置网关等相关参数，这里选择“否”，单击“下一步”按钮后出现作用域配置向导完成确认框。在作用域配置向导完成确认框中，如果需要对前面的配置修改，可以单击“上一步”按钮返回修改，否则单击“下一步”按钮，出现 DHCP 服务器配置完成框，单击“完成”按钮，由此建立 DHCP 服务器功能。

2. DHCP 服务器端的启用

（1）单击“开始”→“管理工具”→“DHCP”，启动 DHCP 服务器管理控制台，如图 5—16 所示。

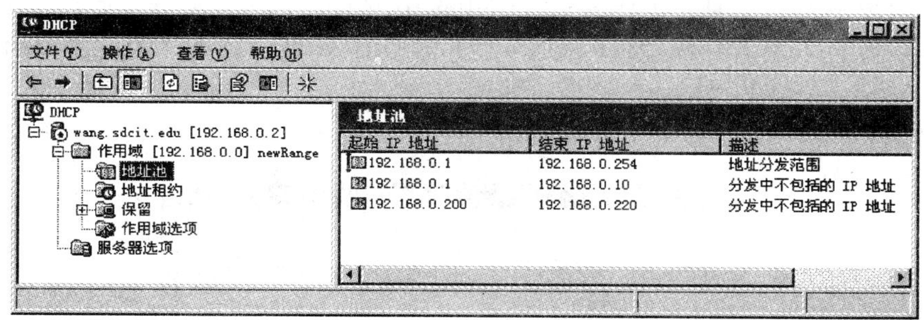

图 5—16　DHCP 服务器管理控制台

（2）在 DHCP 服务器管理控制台左侧的控制台导航栏（控制台树）中，看到在“DHCP”树根下只有一个 DHCP 服务器，名为“wang. sdcit. edu [192. 168. 0. 2]”，其中，“wang. sdcit. edu”是主机名称，“192. 168. 0. 2”是主机的 IP 地址。“wang. sdcit. edu [192. 168. 0. 2]”服务器图标中有绿色向上的箭头标识，表示服务器正处于运行当中。“wang. sdcit. edu [192. 168. 0. 2]”服务器下有一个作用域，名称为“newRange”，图标中有红色向下的箭头标识，表示此作用域还未激活。在“newRange”作用域图标上单击右键，选择“激活”，以使作用域生效。单击“newRange”作用域下的“地址池”后，可以在右侧窗口中查看该作用域中可以向 DHCP 客户端分发的 IP 地址范围和排除范围，如图 5—16 所示。

（3）在“newRange”作用域下的“作用域选项”上单击右键，选择“配置选项”，打开“作用域 选项”对话框，如图 5—17 所示。

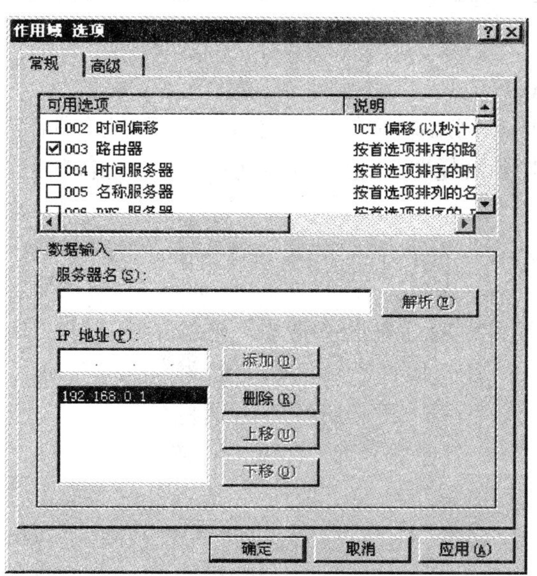

图 5—17　“作用域 选项”对话框

（4）在“作用域 选项”对话框中配置的参数会在 DHCP 服务器分发 IP 地址时，同时被配置到相应的DHCP客户端中，这其中包括对网络网关的设置和对DNS服务器的设置。

在“作用域 选项”对话框的常规选项卡下选中“003 路由器”后，在“IP地址”中输入要为DHCP客户端配置的网关IP地址。这里该网的网关是“192.168.0.1”，单击“添加”按钮，如图5—17所示。

在“作用域 选项”对话框的常规选项卡下选中“006 DNS服务器”后，在下面“IP地址”中输入要为DHCP客户端配置的DNS服务器的IP地址，这里该网所使用的DNS地址为“192.168.0.3”，单击“添加”按钮，如图5—18所示。

单击“确定”按钮，完成对“作用域 选项”对话框的配置。

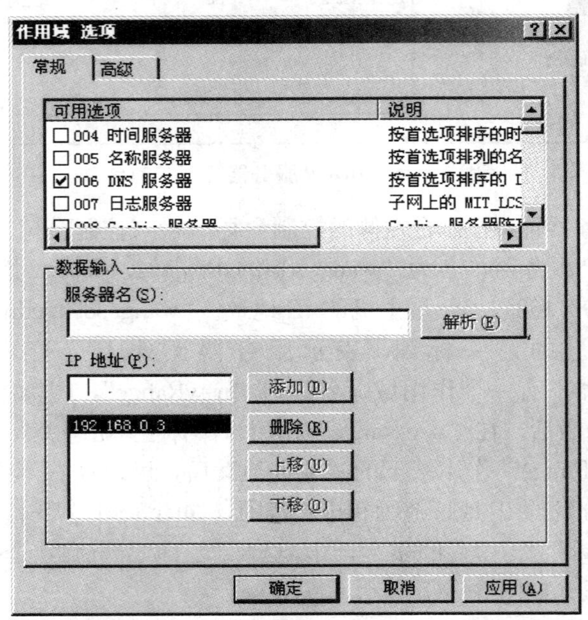

图5—18　配置DNS服务器地址

3. DHCP客户端的启用

与DHCP服务器在同一网络中的主机要成为DHCP客户端，需要设置如下：

(1) 在客户端屏幕右下角托盘中的“本地连接”上双击鼠标打开“本地连接 状态”对话框。

(2) 在“本地连接 状态”对话框“常规”选项卡下选择“属性”，打开“本地连接 属性”对话框。

(3) 在“本地连接 属性”对话框的“常规”选项卡下单击“Internet 协议（TCP/IP)”，打开“Internet 协议（TCP/IP）属性”对话框，如图5—19所示。

(4) 在“Internet 协议（TCP/IP）属性”对话框的“常规”选项卡下选择“自动获得IP地址”和“自动获得DNS服务器地址”，单击“确定”按钮。退出至“本地连接 属性”对话框，单击“确定”按钮。退出至“本地连接 状态”对话框，单击“关闭”按钮。

(5) 单击“开始”→“运行”，在“运行”对话框里输入“cmd”，单击“确定”按钮，打开命令行窗口。在命令行窗口输入命令“ipconfig /release”，回车，用以释放该客户端原来占有的IP地址。接着输入命令“ipconfig /renew”，回车，用以向DHCP服务器重新申请新的IP地址，如图5—20所示。

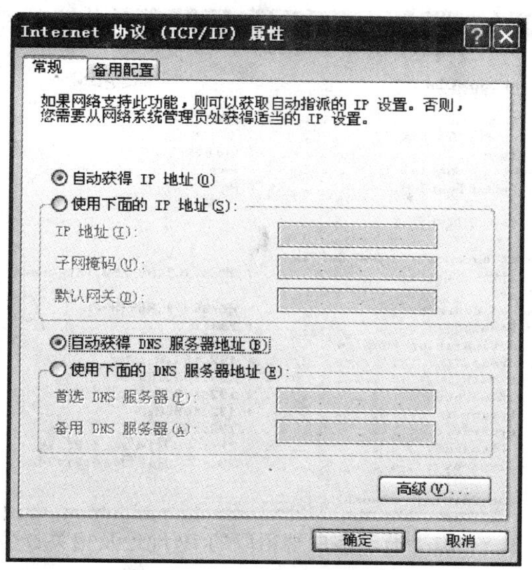

图 5—19　“Internet 协议（TCP/IP）属性”对话框

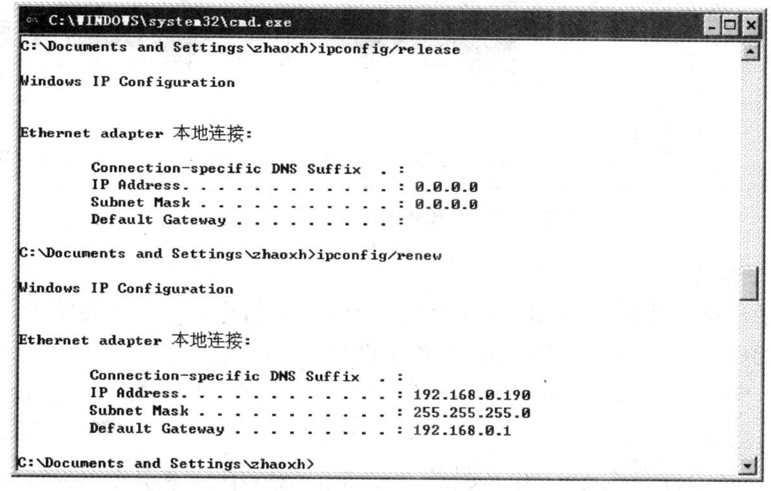

图 5—20　客户端重新租取 IP 地址

输入命令“ipconfig /all”后回车，用以显示从 DHCP 服务器端租到的 IP 地址及其他相关配置参数，如图 5—21 所示。从图 5—21 中得知，客户端从 DHCP 服务器端租到的是地址池中的第一个地址“192.168.0.11”，网关和 DNS 是我们在 DHCP 服务器端的“作用域选项”对话框中配置的“192.168.0.1”和“192.168.0.3”，DHCP 服务器的地址是“192.168.0.2”，IP 地址的租约是从 2011 年 6 月 10 日 14：21：34 到从 2011 年 6 月 18 日 14：21：34，即我们设定的 8 天。

返回 DHCP 服务器端的 DHCP 服务器管理控制台，单击 newRange 作用域下的“地址租约”，控制台的右窗口显示了有一个 IP 地址被租用，并显示了租用者的主机名称，MAC 地址，租约到期日等信息，即我们刚刚设置的客户端，如图 5—22 所示。

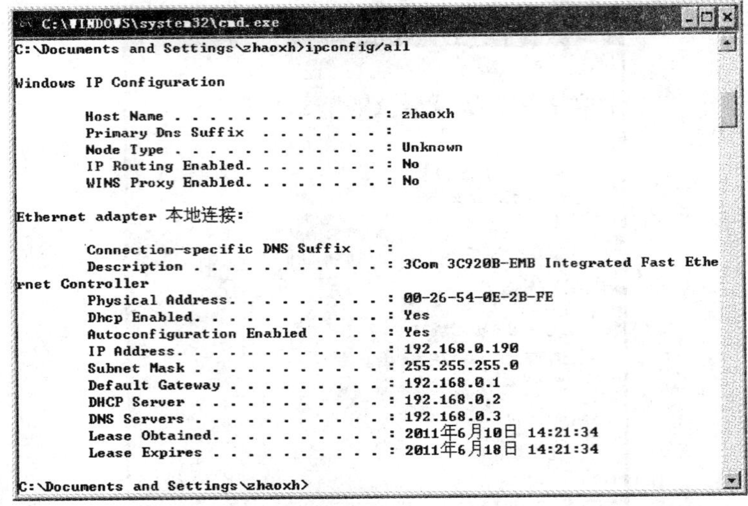

图 5—21　显示客户端租取的 IP 地址及相关参数

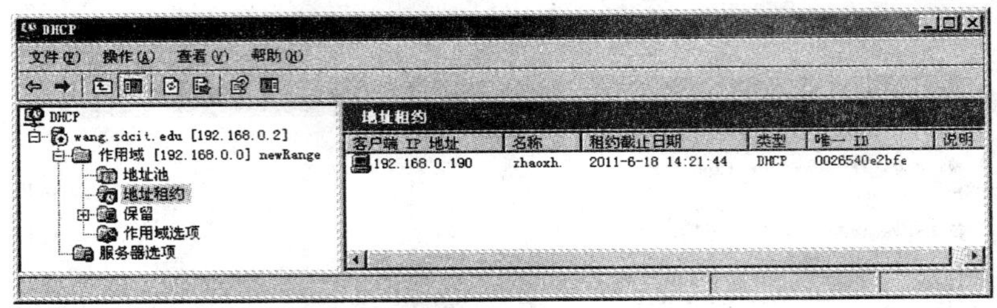

图 5—22　DHCP 控制台中的地址租约

4. IP 地址的保留

我们可以把作用域中的一些 IP 地址留给一个固定的 DHCP 客户端使用，这个地址也可以是通过“添加排除”操作排除在地址池之外的 IP 地址。保留的方式是把 IP 地址与相应客户端的 MAC 地址绑定。例如，把作用域中的“192.168.0.210”保留给已设置好的客户端，保留设置及验证过程如下：

(1) 在 DHCP 服务器端的 DHCP 服务器管理控制台中右键单击 newRange 作用域下的“保留”，出现“新建保留”对话框，如图 5—23 所示。

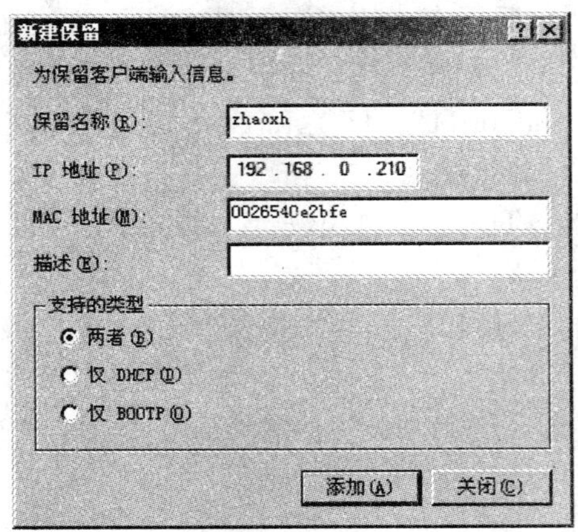

图 5—23　“新建保留”对话框

(2) 在“新建保留”对话框中输入保留名称，给予其保留地址的客户端MAC地址，以及保留给它的IP地址。这里保留名称输入客户端的名称“zhaoxh”，IP地址为“192.168.0.210”，MAC地址为“000C29E46AF4”，支持类型选择默认值即可。单击“添加”按钮，完成一个保留地址的设定。

(3) 在MAC地址为“000C29E46AF4”的DHCP客户端单击“开始”→“运行”，在“运行”对话框里输入“cmd”，单击“确定”按钮，打开命令行窗口。在命令行窗口输入命令“ipconfig /release”，回车，用以释放该客户端原来占有的IP地址。输入命令“ipconfig /renew”，回车，用以向DHCP服务器重新申请新的IP地址。最后输入命令“ipconfig /all”回车，用以显示从DHCP服务器端租到的IP地址及其他相关配置参数，如图5—24所示。从图中得知，客户端从DHCP服务器端租到的是我们刚刚设置的保留地址。

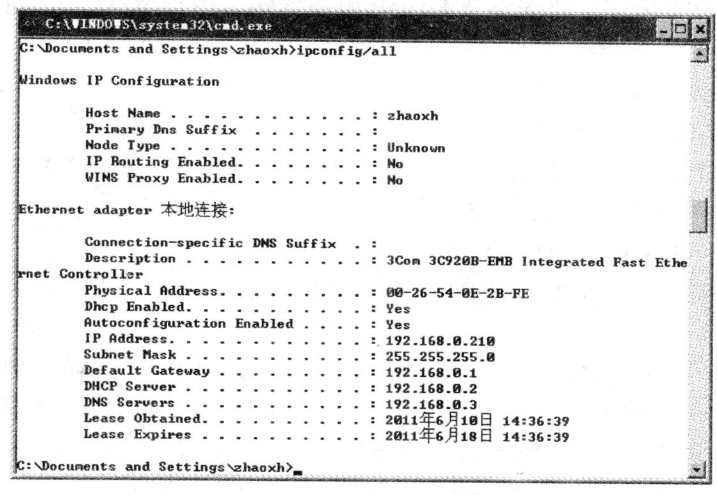

图5—24 客户端获取保留地址

习 题 5

一、单项选择题

1. 使用DHCP服务器功能的好处是(　　)。

A. 降低TCP/IP网络的配置工作量

B. 增加系统安全与依赖性

C. 对那些经常变动位置的主机，DHCP能迅速更新位置信息

D. 以上都是

2. 要实现动态IP地址分配，网络中至少要求有一台计算机的网络操作系统中安装(　　)。

A. DNS服务器　　B. DHCP服务器

C. IIS服务器　　D. WINS服务器

3. 如果要将一台计算机配置成为DHCP服务器，必须满足相应的条件。在下列条件中，哪项不是必需的？(　　)

A. 具有静态配置的IP地址　　B. 具有可分配的IP地址范围

C. 安装有两块以太网卡　　D. 配置有子网掩码

4. 如果在同一子网中存在一台以上可用的 DHCP 服务器，并且这些 DHCP 服务器的作用域中包含有相同的 IP 地址，则可能会导致什么后果？（　　）

A. DHCP 服务器可能将同一个 IP 地址分配给一个以上的 DHCP 客户机

B. 该问题不会自动纠正，除非那台 DHCP 服务器也成了客户机

C. 第一台发现重复 IP 地址的 DHCP 服务器将自动关机，直到问题得到解决

D. 重复的地址将自动从 IP 地址作用域中排除掉

5. 如果将 DHCP 服务器上一个作用域的租约期限设置为一天，则从该作用域租用 IP 地址的 DHCP 客户机一直开机的情况下，将会间隔多长时间试图向服务器更新其 IP 地址租约？（　　）

A. 6 小时　　B. 12 小时　　C. 24 小时　　D. 48 小时

6. 如果一台 DHCP 客户机未能从 DHCP 服务器端租用到 IP 地址，则可能会发生什么情况？（　　）

A. 客户机无法与其他子网的计算机通信

B. 客户机上初始化 TCP/IP，所有的数据包都将发往默认网关

C. 分配给客户机一个为 127.0.0.1 的地址，直到可以从 DHCP 服务器租用到 IP 地址为止

D. 来自和发往该客户机的数据包都保存在 DHCP 服务器上，直到客户机租用到 IP 地址之后再一起发送客户机

7. 在 Windows Server 2003 域中部署 DHCP 时，需要对 DHCP 服务器进行授权。授权的意义是（　　）。

A. 防止非法的 DHCP 服务器　　B. 加快 DHCP 服务器的响应速度

C. 对 DHCP 服务器进行冗余　　D. 增加 DHCP 可自动分配 IP 地址的数量

8. 要想使 DHCP 服务器能够自动为 DHCP 客户机分配默认网关和 DNS 服务器的 IP 地址，需要配置下列哪两个 DHCP 选项？（　　）

A. 044 和 046　　B. 003 和 015　　C. 003 和 006　　D. 003 和 047

9. 下列哪个命令用于手工向 DHCP 服务器更新租约？（　　）

A. ipconfig /release　　B. ipconfig /renew

C. ipconfig /rebind　　D. dhcpcmd /renew

10. 一台 DHCP 服务器的 IP 地址为 192.168.1.1/24，其中只创建了一个作用域，该作用域包含 172.16.10.1/24～172.16.10.120/24 的 IP 地址范围。请问，在默认情况下，与该 DHCP 服务器在同一子网中的 DHCP 客户机可能会租用到下列哪个 IP 地址？（　　）

A. 172.16.10.120　　B. 192.168.1.1

C. 172.16.10.1　　D. 客户机不能租用到 IP 地址

二、简答题

1. 简述 DHCP 的工作过程。

2. 如何配置 DHCP 服务器才能自动为客户端分配 DNS 服务器的 IP 地址？

3. DHCP 租约有什么作用？DHCP 客户机是如何更新租约的？

4. DHCP 服务器中的 IP 地址保留设置有什么作用？

项目 6　DNS 服务器的安装与配置

学习目标

了解 DNS 的简单工作原理；
掌握 DNS 服务器的安装；
掌握 DNS 服务器的配置方法。

项目分析

本项目主要涉及在 Internet 或 Intranet 中 DNS 服务器的工作原理和配置方法，通过本项目的学习，掌握 DNS 服务器的简单工作原理和安装与配置方法。

6.1　DNS 服务器的工作原理

早期 Internet 上的计算机都是通过 IP 地址来区分的，用户可以通过计算机的 IP 地址来访问网络中的计算机。但是在访问网络中的计算机时，人们发现计算机的 IP 地址很难记忆。能不能有一种更简单的方法，不需要记忆复杂的数字，用符合人们日常认知习惯的计算机名称来访问网络中的计算机呢？在 Internet 的前身 ARPAnet 中采用了 HOST 文件的方式定义了网络中的计算机名称与 IP 地址的对应关系，在网络中的每台计算机上都需要保存一个 HOST 文件，一旦拥有该文件，用户就可以使用计算机名称来访问网络中的计算机。但此时的网络用户需要到指定计算机去下载 HOST 文件以便更新本地计算机上的 HOST 文件，否则只能使用 IP 地址访问网络中的计算机。

随着网络规模的扩大，可能每天有大量的计算机会加入或退出网络，并且网络中的计算机可能会修改本身的 IP 地址，这就造成了保存 HOST 文件的计算机由于访问过于频繁而不堪重负，同时也造成了网络中的大量计算机无法访问。为了解决这个问题，ARPAnet 的管理者们开始研究新的系统，以取代现有的 HOSTS. TXT 模式，于 1984 年发布了 DNS 管理规范。

DNS 管理规范规定 DNS 名称由主机名称与域名称组成，主机名称是指所在计算机的主机名称；域名称由两个或两个以上的词构成，中间由“.”分隔开。最右边的那个词称为顶级域名。顶级域有两种划分方法：地理域和通用域。地理域是为世界上每个国家或地区设置的，常见的地理顶级域名有：中国大陆（CN）、香港地区（HK）、台湾地区（TW）、澳大利亚（AU）、德国（DE）、英国（UK）、俄罗斯（RU）、日本（JP）、法国（FR）等等。通用域按照机构类别设置，主要的通用顶级域名有：商业机构（COM）、教育机构（EDU）、政府机构（GOV）、网络机构（NET）、军事机构（MIL）、其他非赢利组织（ORG）等等。

顶级域名的下一级，就是我们所说的二级域名。域名注册一般指的就是注册一个二级域名。域名注册成功后，需要指定网络中计算机的DNS名称。

例如，www.baidu.com，其中"com"为顶级域名，"baidu"为二级域名，"www"为主机名。

域名在注册时需遵循如下规则，域名中只能包含以下字符：

- 26个英文字母，不区分英文字母的大小写；
- 0，1，2，3，4，5，6，7，8，9十个数字；
- -（英文中的连词号）。

从图6—1中可以看出，DNS实际上是一个分布式的数据库系统，它是一个有着层次结构的系统，所有的主机信息存放在众多分布式的域名服务器中，而域名服务器组成一个层次结构的系统，顶层是一个根域（ROOT）。其实，域的概念与地理上的行政区域管理的概念类似，一个国家行政机构包括中央政府（相当于根域）和各个省份的省政府（第一级域名），省政府之下又包括许多市政府（第二级域名），市政府之下包括许多县政府（第三级域名），依此类推，每一个下级域都是上级域的子域。每个域都有自己依据的域名服务器，这些服务器中保存着当前域的主机信息和下级子域的域名服务器信息。例如，根域服务器不必知道根域内所有主机的信息，它只要知道所有子域的域名服务器的地址即可。

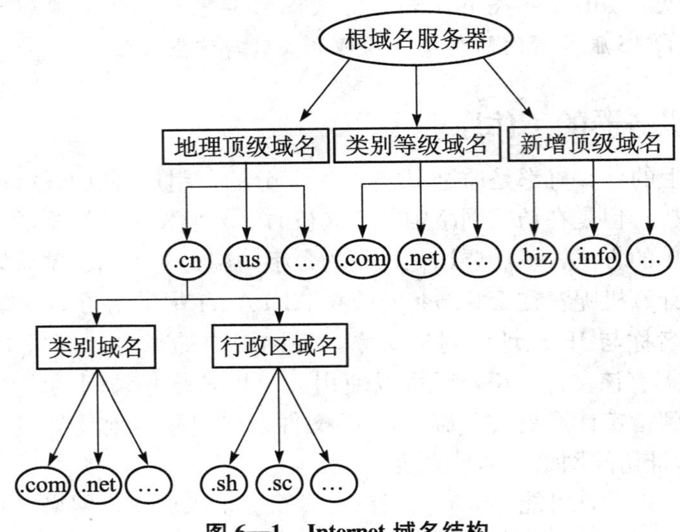

图6—1 Internet域名结构

一般来说，每个组织都有其自己的DNS服务器，用于维护域的名称映射数据库记录或资源记录。当客户端请求名称解析时，DNS服务器先在自己的记录中检查是否有对应的IP地址。如果未找到，它就会向其他DNS服务器询问该信息。具体查询过程与其分层结构一样，一旦DNS服务器在自身的数据库中没有找到IP地址，它会请求上一级DNS服务器看是否能找到这一IP地址，这个过程会继续下去，直到找到答案或超时。

由于计算机在网络中通信采用的IP地址和物理地址不易被用户记忆和理解，为了向用户提供一种直观的主机标识符，TCP/IP协议提供了域名服务，就类似于在电话号码簿或查号台通过查询名字可以得到电话号码一样，域名系统 DNS（Domain Name System）服务器在网络中将由一串字母组成的名字（即域名）转换为 IP 地址。对网络中的计算机而言，它只知道 61.135.169.105，但这串数字对使用计算机的用户来说难以记忆，而 www.baidu.com 对计算机是没有任何意义的，但这种计算机的标识方法符合人的普遍认知习惯并且容易记忆。这个矛盾的解决方法就是在网络中专门设置一类服务器，它们的作用就是负责根据域名找到相应的 IP 地址。所以在计算机的 TCP/IP 属性中的设置中，DNS Server 的设置是非常重要的。DNS Server 必须设置正确，否则的话，你输入 www.baidu.com 时，计算机不知道到哪里去查询对应的 IP 地址。对计算机而言，只知道域名是没有任何意义的。严格地说，域名服务对于计算机通信不是必需的，只是计算机应该处理 IP 地址，人们却喜欢用有意义且容易记忆和理解的名字，因此就需要 DNS 服务器转换了。DNS Server 的设置有两种方式，一是手工的输入，静态的，需要网络管理员分配；另一种是在动态获得 IP 地址的同时，也动态获得了 DNS Server 的 IP 地址。

DNS 采用的是客户端/服务器运行模式，DNS 服务器存放着一部分 DNS 名称空间的信息，并将此信息提供给客户端使用，而客户端可以向 DNS 服务器查询该信息。为了响应客户端的请求，DNS 服务器之间也会进行相互查询。当 DNS 服务器接收到客户端的 DNS 查询请求后，首先在自己的数据库中查找相关的信息，如果自己的数据库中没有用户所需要的信息，则该服务器就会再与其他 DNS 服务器通信，完成客户端的请求。

在 DNS 中有两种常用的查询方式：迭代查询和递归查询。

（1）迭代查询。客户端向某 DNS 服务器发出查询请求时，该 DNS 服务器将在其高速缓存和数据库中查找相应记录，如果有满足客户端请求的主机地址，则返回给客户端一个主机地址，如果 DNS 服务器不能够直接查询到主机地址，则给客户端提供一个指针，该指针指向域名称空间中另一层次的 DNS 服务器。接着，客户端会向该指针指向的新的 DNS 服务器发出查询请求。客户端与 DNS 服务器之间不断重复这一过程，直到服务器给出的提示中包含所需要查询的主机地址为止，通常每次指引都会更靠近根服务器（向上），查寻到根域名服务器后，则会再次根据提示向下查找。该过程会在查找成功，出现错误或超时后终止。

（2）递归查询。客户端向某个 DNS 服务器发出查询请求后，该 DNS 服务器即承担了此后的全部的查询工作。该服务器将作为客户端向其他服务器发送一些独立的迭代查询，最后向客户端返回一个主机地址。如果出现错误或超时，该过程也会终止。

6.2 DNS 服务器的安装

如果要在 Windows 网络中配置 DNS 服务，作为 DNS 服务器的计算机需要分配一个静态的 IP 地址，因为地址的动态更改会使客户端与 DNS 服务器失去联系（事实上网络中的所有服务器都应该有一个静态的 IP 地址，以便于网络用户的访问和使用）。同时在 TCP/IP 协议属性参数中配置其 DNS 服务器为它本身。

选择一台安装 Windows Server 2003 系统的计算机配置 DNS 服务，首先确认其已安装了 TCP/IP 协议，其次将自己的 IP 地址设为静态，并设置自身 TCP/IP 协议的 DNS 配置。如果系统还没有安装 DNS 服务，则需要手工安装 DNS 服务，操作步骤如下：

（1）在安装 Windows Server 2003 的计算机上单击“开始”菜单，选择并打开“控制面板”，左键双击“添加或删除程序”，在弹出的窗口中单击“添加或删除 Windows 组件”，显示如图 6—2 窗口。

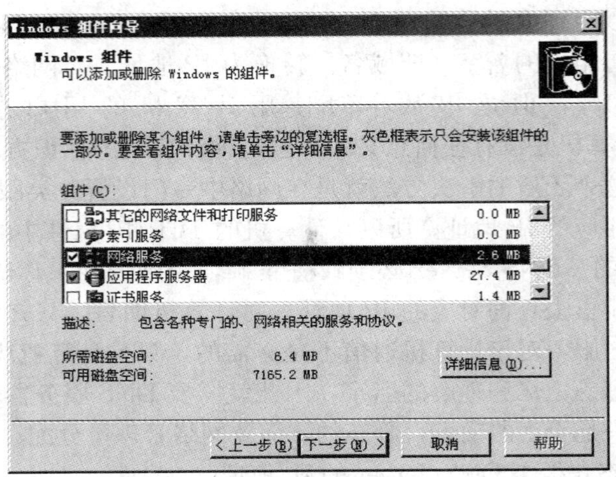

图 6—2 "Windows 组件向导"对话框

（2）选择"网络服务"，打开"详细信息"对话框，如图 6—3 所示。选中"域名系统(DNS)"。单击"确定"按钮后，系统会自动开始安装 DNS 服务。安装向导会提示用户放入 Windows Server 2003 安装光盘。放入安装光盘后，指定所需文件路径，服务安装程序将 DNS 服务所需的文件复制到计算机中后，DNS 服务安装完成。

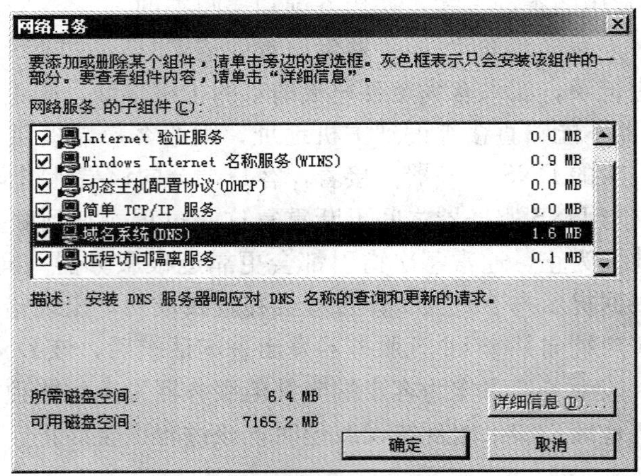

图 6—3 "网络服务"对话框

6.3 项目实训：DNS 服务器的配置

DNS 服务器创建完毕之后，我们接下来就要创建 DNS 区域了。区域是 DNS 服务器所负责解析的名称空间，DNS 服务器有正向区域和反向区域，正向区域负责把域名解析为 IP 地址，而反向区域负责把 IP 地址解析为域名。

1. 创建正向查找区域

安装好 DNS 服务后，单击"开始"→"管理工具"→"DNS"。在弹出的域名服务管理器的主窗口中，右键单击正向查找区域，然后单击"新建区域"，如图 6—4 所示。

DNS 区域有三种类型：正向区域、反向区域和存根区域。要理解区域类型，先要明白 DNS 服务器有主服务器和辅助服务器的区别。一般情况下，企业申请域名时会考虑配备两个

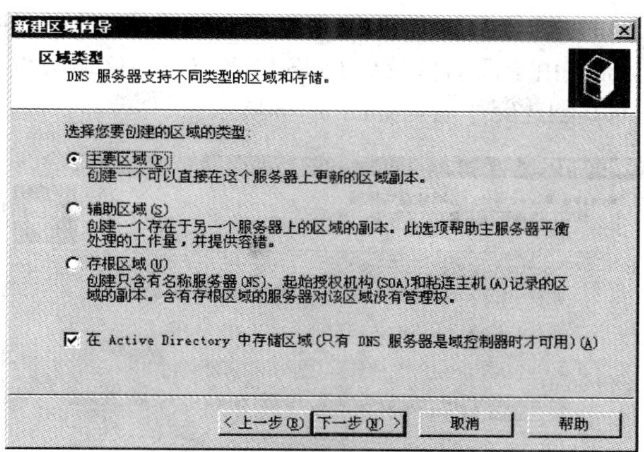

图 6—4　“区域类型”对话框

DNS 服务器，一个是主服务器，另一个是辅助服务器。一般的解析请求由主服务器负责，辅助服务器中的数据是从主服务器复制而来的，数据是只读的，只有当主服务器出现故障或由于负载太重无法响应客户机的解析请求时，辅助服务器才会挺身而出担负起域名解析的任务。现在我们回过头来解释一下什么是主要区域，主服务器使用的区域就是主要区域，同样，辅助服务器使用的区域是辅助区域。存根区域可以看做是一个特殊的，简化的辅助区域。

一般我们使用较多的是正向区域，而且从逻辑上考虑，必然先创建主要区域，因为辅助区域和存根区域都需要从主要区域复制数据。我们现在的任务是要为区域 sdcit. edu 创建一个正向的主要区域。

为新建立的域起一个名字：sdcit. edu，最好与在 Internet 上申请的域名一致，这样便于记忆，如图 6—5 所示。

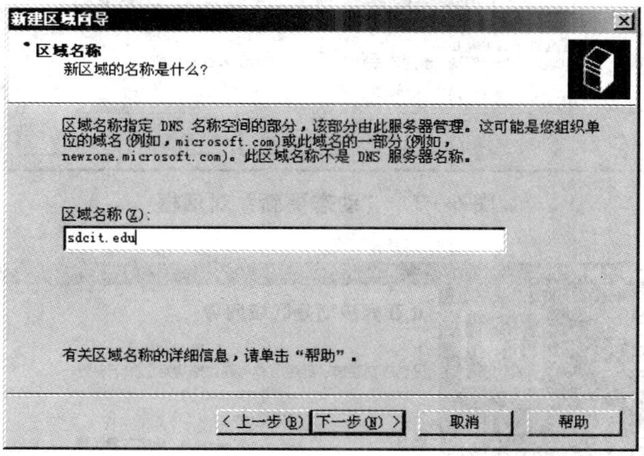

图 6—5　“区域名称”对话框

在安装了 Active Directory 的网络中，还需要指定 Active Directory 区域的复制作用域，由于在 Windows server 2003 网络中，Active Directory 与 DNS 联系紧密，在局域网中需要利用 DNS 服务器找到目标计算机，所以在此选择“至 Active Directory”域 sdcit. edu 的所有域控制器，如图 6—6 所示。选择完毕后，单击“下一步”按钮。

向导询问是否允许区域动态更新，一般来说，如果 DNS 区域在企业内网使用，我们会允许动态更新；如果用于 Internet，那么不需要动态更新，如图 6—7 所示。选择完成后，单击“下一步”按钮。如果只是安装为DNS服务器，会出现区域文件保存位置的对话框，而如果同时作为域控制器，由于活动目录与DNS紧密集成，区域数据会保存在活动目录的数据库中。区域sdcit.edu创建完毕后，如图6—8所示。

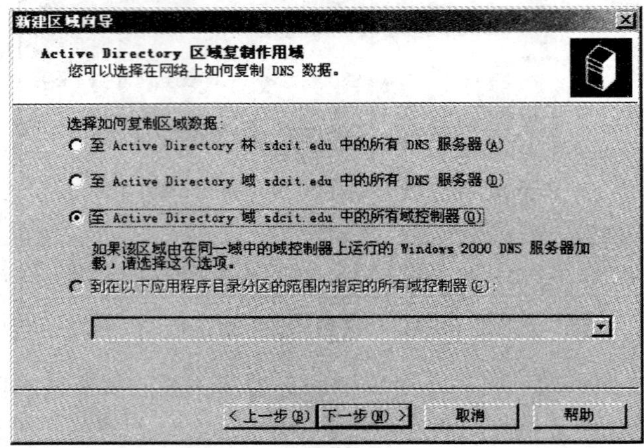

图6—6 “Active Directory区域复制作用域”对话框

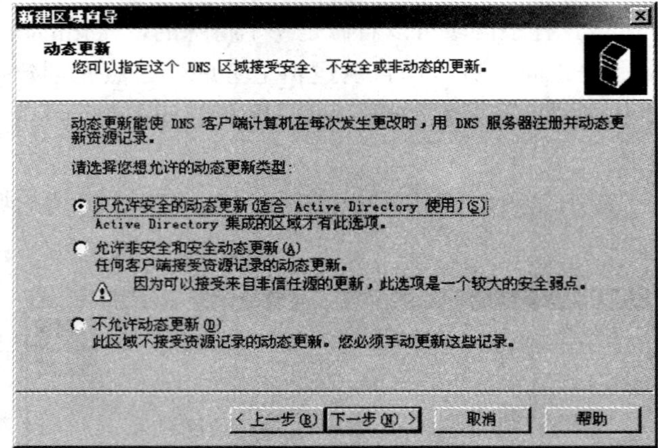

图6—7 “动态更新”对话框

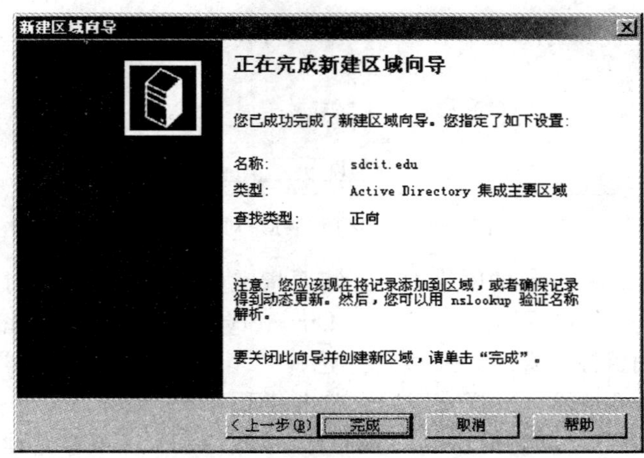

图6—8 “新建区域创建完成”对话框

区域创建完成后，就需要在区域中创建主机记录，主机记录是使用最广泛的 DNS 记录，主机记录的基本作用就是说明一个域名对应的 IP 是什么。在 sdcit. edu 区域中选择“新建主机”，如图 6—9 所示。我们在主机记录中说明了域名 www. sdcit. edu 对应的 IP 地址是 10. 5. 0. 253。在这里提到了一个完全合格域名的概念，完全合格域名指的是点结尾的域名，如 www. sdcit. edu. 就是一个完全合格域名。在一般的网络应用中，可以省略完全合格域名最右侧的点，但 DNS 服务器中的这个点不能随便省略。因为这个点代表了 DNS 的根，有了这个点，完全合格域名就可以表达为一个绝对路径。例如，www. sdcit. edu 可以表示为 DNS 根下的 com 子域下 sdcit. edu 域中一个名为 www 的主机。如果 DNS 发现一个域名不是以点结尾的完全合格域名，就会把这个域名加上当前的区域名称作为后缀，让其满足完全合格域名的形式需求。例如，DNS 会把域名 www 处理为 www. sdcit. edu. 。因此，如果要求输入完全合格域名，我们应该注意让域名以点结尾。

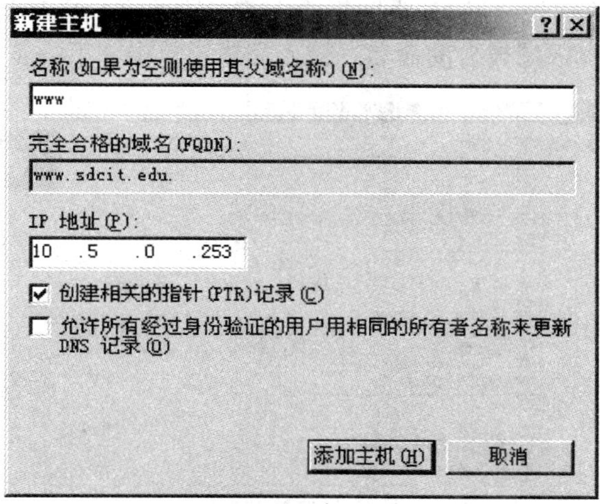

图 6—9　“新建主机”对话框

重复上一步操作，可以在 DNS 服务器中创建多个不同的区域，也可以在一个区域中创建多个主机记录。如图 6—10 所示，在 sdcit. edu 区域中有两台主机，它们的 IP 地址分别是 10. 5. 0. 253 和 10. 5. 2. 41。

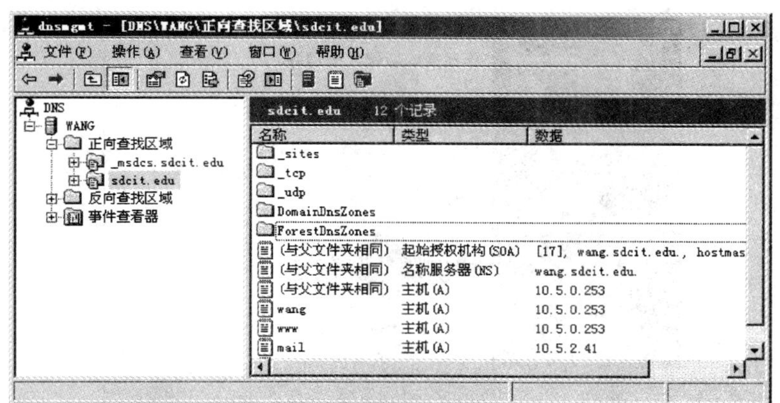

图 6—10　“DNS 管理控制台”窗口

2. 创建反向查找区域

在网络中，除了将域名解析为 IP 地址外，有时候还需要根据 IP 地址找出对应的域名，这就用到反向查找区域。

反向查找区域是 IP 反向解析，它的作用就是找到 IP 地址指向的域名，要成功得到域名就必须要有该 IP 地址的相关记录。

在 DNS 控制台中，如图 6—10 所示，展开对象树并找到要创建反向查找区域的服务器，然后展开该服务器，并右键单击“反向查找区域”。

在弹出菜单中选择“新建区域”，然后在弹出的向导对话框中单击“下一步”按钮，出现“区域类型”界面。选中“主要区域”，单击“下一步”按钮，出现“反向查找区域名称”界面，如图 6—11 所示。

在图 6—11 的对话框中，选中“网络 ID”，并在其下方输入网络号。如果是 A 类网络，则只要输入 IP 地址的第一段数字，B 类网络输入前二段数字，只有 C 类才三段数字都输入。输入网络号后，反向查找区域被自动命名。输入完毕，单击“下一步”按钮。

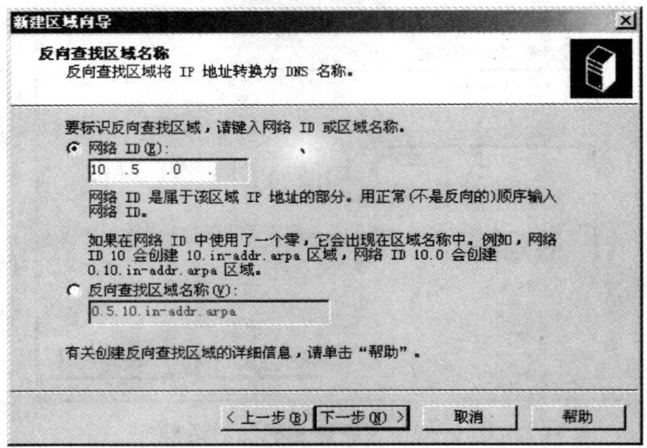

图 6—11 “反向查找区域名称”对话框

接下来的操作与正向主要查找区域的创建操作相同。直接单击“下一步”按钮，出现如图 6—12 所示的对话框后，标明反向查找区域创建完毕，单击“完成”按钮。

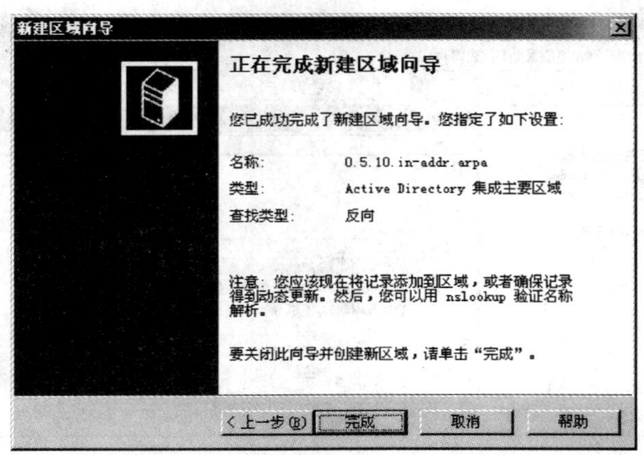

图 6—12 “新建区域创建完成”对话框

3. DNS 客户机的配置

客户端要解析 Internet 或 Intranet 的域名，必须手工指定（或在网络中的 DHCP 服务器指定）使用哪些 DNS 服务器。如果 Intranet 中有自己的 DNS 服务器，则客户端使用的首选 DNS 服务器就应该设置为企业内部 DNS 服务器的 IP 地址。辅助 DNS 服务器可以设置为外部网络上提供的 DNS 服务器的 IP 地址，如图 6—13 所示。原则上，客户端要选择与自己网络距离最近的一台 DNS 服务器来进行域名解析，这样性能会更好些。

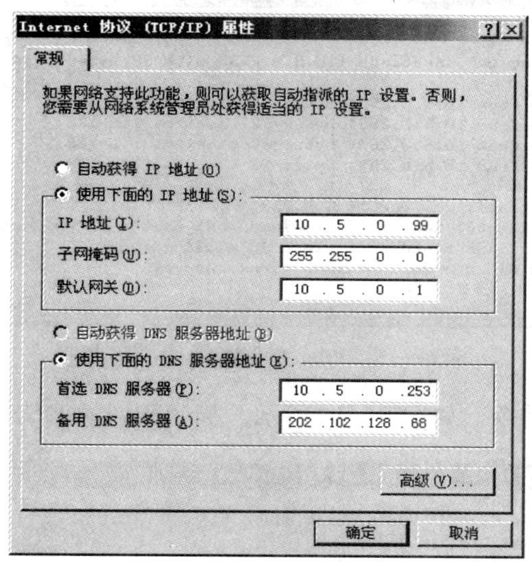

图 6—13　“Internet 协议（TCP/IP）属性”对话框

4. 测试 DNS 服务器

DNS 服务器安装完成后，是不是能够正常工作呢？这时候可以使用测试工具来做正向查询和反向查询测试，如果都正常，则表示 DNS 服务器已经正常工作了。可以使用 Windows内含的 ipconfig、ping 和 nslookup 等测试工具来完成测试。所有的命令都是在“运行”对话框中进行。

（1）使用 ipconfig /all 命令，查看客户端计算机设置的 DNS 服务器。如果已经设置了 DNS 服务器，则显示如图 6—14 所示的信息。

```
C:\WINDOWS.0\system32\cmd.exe
C:\Documents and Settings\Administrator>ipconfig/all

Windows IP Configuration

   Host Name . . . . . . . . . . . . : wang
   Primary Dns Suffix  . . . . . . . : sdcit.edu
   Node Type . . . . . . . . . . . . : Hybrid
   IP Routing Enabled. . . . . . . . : No
   WINS Proxy Enabled. . . . . . . . : No
   DNS Suffix Search List. . . . . . : sdcit.edu

Ethernet adapter 本地连接:

   Connection-specific DNS Suffix  . :
   Description . . . . . . . . . . . : Realtek RTL8139 Famil
NIC
   Physical Address. . . . . . . . . : 00-E0-4C-88-D3-02
   DHCP Enabled. . . . . . . . . . . : No
   IP Address. . . . . . . . . . . . : 10.5.0.99
   Subnet Mask . . . . . . . . . . . : 255.255.0.0
   Default Gateway . . . . . . . . . : 10.5.0.1
   DNS Servers . . . . . . . . . . . : 10.5.0.253
                                       202.102.128.68
```

图 6—14　ipconfig 命令测试 DNS 服务器

注意：其中 10.5.0.253 是局域网内的 DNS 服务器，202.102.128.68 是 Internet 上的 DNS 服务器。依据图 6—14 显示，表示客户端已经正确设置或自动获得了 DNS 服务器的 IP 地址。

（2）确定有了 DNS 服务器后，还要测试 DNS 是否可用。可以使用 ping 命令来测试。如果已经知道域名，则直接输入需要解析的域名。执行结果如图 6—15 所示，表示 DNS 服务器可达，并且工作正常。

```
C:\WINDOWS.0\system32\cmd.exe
C:\>ping www.sdcit.edu

Pinging www.sdcit.edu [10.5.0.253] with 32 bytes of data:

Reply from 10.5.0.253: bytes=32 time<1ms TTL=128
Reply from 10.5.0.253: bytes=32 time<1ms TTL=128
Reply from 10.5.0.253: bytes=32 time<1ms TTL=128
Reply from 10.5.0.253: bytes=32 time<1ms TTL=128

Ping statistics for 10.5.0.253:
    Packets: Sent = 4, Received = 4, Lost = 0 (0% loss),
Approximate round trip times in milli-seconds:
    Minimum = 0ms, Maximum = 0ms, Average = 0ms
```

图 6—15　Ping 命令测试 DNS 服务器

（3）使用 nslookup 命令，如图 6—16 所示。标明配置的 DNS 服务器正常工作。

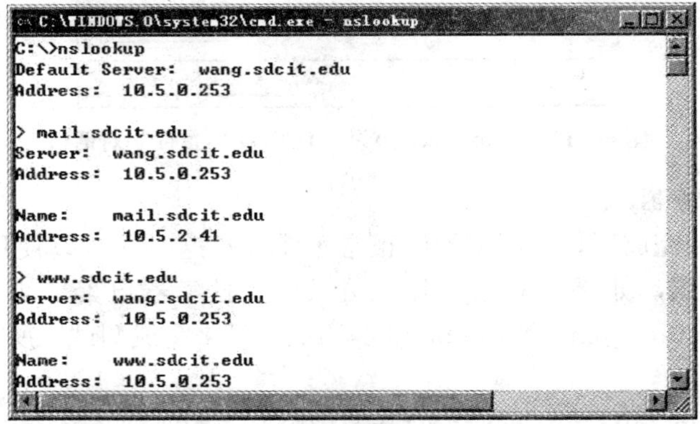

图 6—16　nslookup 命令测试 DNS 服务器

习　题　6

简答题：

1. DNS 的定义。
2. DNS 服务器的功能。
3. 什么是 DNS 的区域？
4. 简述 DNS 服务器的解析过程。
5. 简述 DNS 服务器的查询方式。
6. 简述 DNS 客户端的配置。

项目 7　IIS 服务器的安装与配置

学习目标

了解 IIS 的含义及主要功能；
了解 Web 服务器的基本知识；
掌握 Web 服务器的配置管理方法；
掌握 FTP 服务器的配置管理方法。

项目分析

Web 服务器是一般网站的服务器。一台 Web 服务器上可以建立多个网站，各网站的拥有者只需要把做好的网页和相关文件放置到 Web 服务器的网站中，其他用户就可以用浏览器访问网站中的网页。FTP 服务器又称为文件传输服务器，主要提供文件的上传、下载服务。本项目主要讲述 Web 服务器的配置与管理方法，FTP 服务器的配置与管理方法。

7.1　IIS 服务器

IIS（Internet Information Services，Internet 信息服务）是一个功能完善的服务器平台，可以提供 Web 服务、FTP 服务等常用网络服务。借助 IIS 6.0，可以轻松实现要求不是很高的 Web 服务器。它使得在 Intranet（局域网）或 Internet（互联网）上发布信息成了一件很容易的事。

7.1.1　IIS 简介

为了适应目前 Internet 的潮流，各公司纷纷推出了自己的产品，微软也不例外。IIS 是微软公司主推的服务，最新的版本是 Windows 7 里面包含的 IIS 7.0，在不同 IIS 的版本中，目前应用的比较多的是 IIS 6.0。

Microsoft Windows Server 2003 家族的所有操作系统都包含了一个新版本的 Internet Information Server——IIS 6.0。IIS 6.0 提供了可用于 Intranet、Internet 或 Extranet 上的集成 Web 服务器能力，这种服务器具有可靠性、可伸缩性、安全性以及可管理性的特点。可以使用 IIS 6.0 为动态网络应用程序创建功能强大的通信平台。任何规模的组织都可以使用 IIS 主持和管理 Internet 或 Intranet 上的网页及文件传输协议（FTP）站点，并使用网络新闻传输协议（NNTP）和简单邮件传输协议（SMTP）路由新闻或邮件。IIS 6.0 充分利用了最新的 Web 标准，如 ASP.NET、可扩展标记语言（XML）和简单对象访问协议（SOAP）来开发、实施和管理 Web 应用程序。IIS 6.0 还提供了一些新功能来帮助组织、IT 专业人士和 Web 管理员为单个 IIS 服务器或多个服务器上可能存在的上千个网站实现高性能、可靠性、可伸缩性和安全性的目标。

7.1.2　IIS 6.0 的安装

IIS 6.0 在 Windows Server 2003 的四种版本“标准版、企业版、数据中心和 Web 版”中都包含有，但它不能运行在 Windows XP/2000/NT 上。除了 Windows Server 2003 Web 版本以外，Windows Server 2003 的其余版本默认都不安装 IIS；与以前 IIS 版本相比，比较显著的是增加了 POP3 服务和 POP3 服务 Web 管理器支持。

在安装 IIS 6.0 之前，计算机应安装 TCP/IP 以及连接实用程序，如果要在 Internet 上发布 Web 服务，则 Internet 服务提供商（ISP）必须为服务器提供 IP 地址和子网掩码，以及默认网关的 IP 地址。默认网关是 ISP 计算机，计算机通过它路由所有 Internet 通信。一般情况下，还要安装以下可选组件：

域名系统（DNS）：建议在企业内部网络中的计算机上安装 DNS。在 Internet 中，网站通常使用 DNS 系统。如果用户为自己的站点注册了一个域名，就可以在浏览器中输入站点的域名来访问该网站。

NTFS 文件系统：为了安全，建议使用 NTFS 文件系统对安装 IIS 计算机的所有驱动器进行格式化。

在 Windows Server 2003 下的 IIS 安装可以有三种方式：传统的“添加或删除程序”中的“添加/删除 Windows 组件”方式、利用“管理您的服务器”向导和采用无人值守的智能安装。

采用熟悉的在控制面板里安装的方式进行，此种方式比起在“管理你的服务器”窗口里安装要灵活一些。在控制面板里，选择“添加或删除程序”的“添加/删除 Windows 组件”，如图 7—1 所示，双击“应用程序服务器”，弹出图 7—2 所示窗口，再双击“Internet 信息服务”，弹出如图 7—3“Internet 信息服务”窗口，选中“万维网服务”（此选项下还可进一步作选项筛选，请根据自己需要选用，如图 7—4 所示，单击“确定”即安装完成）。

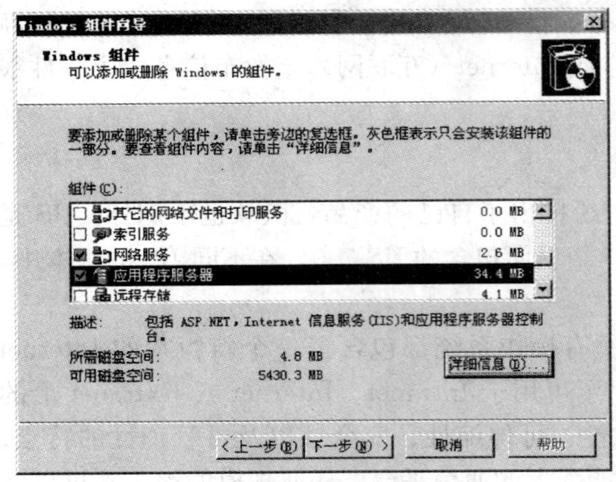

图 7—1　“添加删除组件”窗口

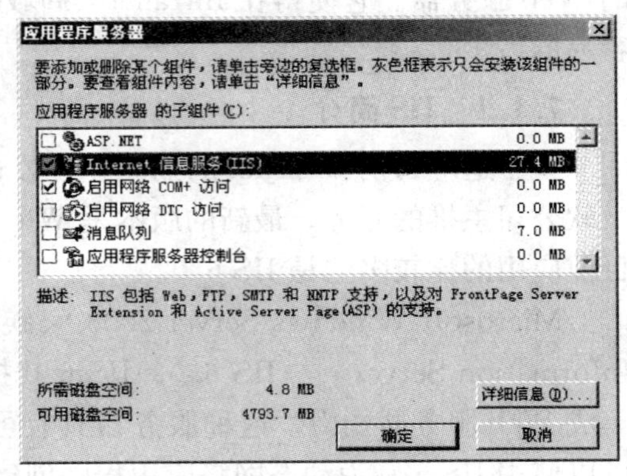

图 7—2　“应用程序服务器”窗口

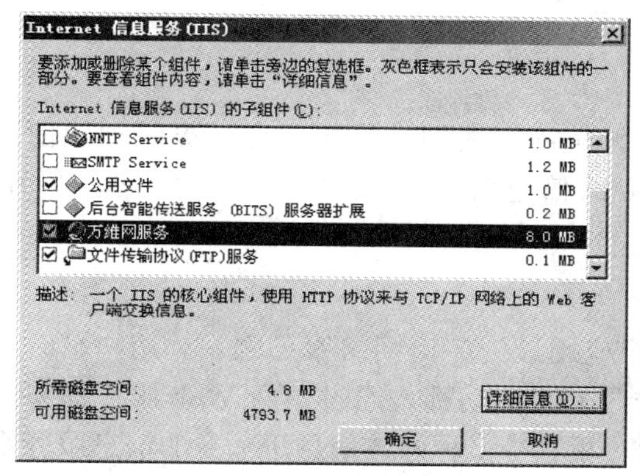

图 7—3　“Internet 信息服务”窗口

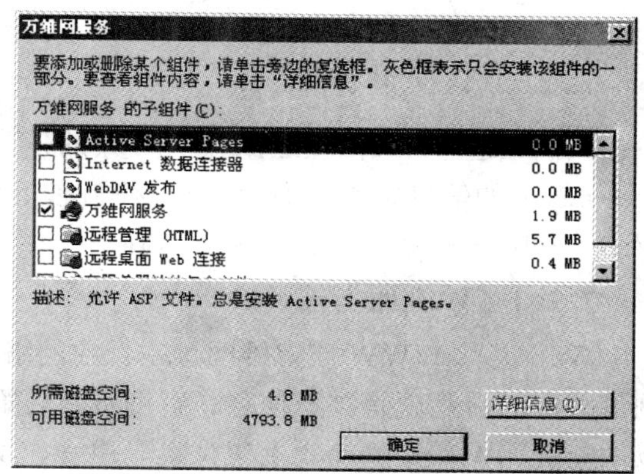

图 7—4　“万维网服务”对话框

万维网服务包括下列子组件：

Active Server Pages：选中该选项可在服务器上启用 ASP。如果不选中该选项，则所有的 . asp 请求将返回 404 错误。

Internet 数据连接器：选中该选项可在服务器上启用 Internet 数据连接器。如果不选中该选项，则所有的 idc 请求将返回 404 错误。

远程管理（HTML）：选中该选项能够从 Intranet 上的任何 Web 浏览器对 IIS Web 服务器进行远程 Web 管理。在安装 IIS 并通过 IIS 管理器查看网站之后，IIS 创建一个名为 Administration 的站点。

远程桌面 Web 连接：选中该选项可以从远程位置建立到计算机桌面的连接并且像在控制台上那样运行应用程序。

在服务器端的包含文件：选中该选项可在服务器上启用服务器端的包含文件。如果不选中该选项，则所有的 . shtm、. shtml 和 . stm 请求将返回 404 错误。

WebDAV 发布：选中该选项可允许在服务器上进行 Web 分布式创作和版本控制（WebDAV）。WebDAV 与文件传输协议类似，唯一的例外是，WebDAV 允许任何 WebDAV 客户端使用 HTTP 发布和更改 WebDAV 目录中的内容。

网站管理：选中该选项可安装万维网发布服务。如果不选中该选项，则 IIS 不在服务器上运行。

系统安装组件完成后，在系统中依次单击“开始”→“程序”→“管理工具”，可以看到程序组中会添加一项“Internet 信息服务管理器”，此时服务器的 WWW、FTP 等服务会自动启动。

安装完成后，查看 IIS 步骤如下：“开始”→“管理工具”→“Internet 信息服务（IIS）管理器”，进行查看，如图 7—5 所示。

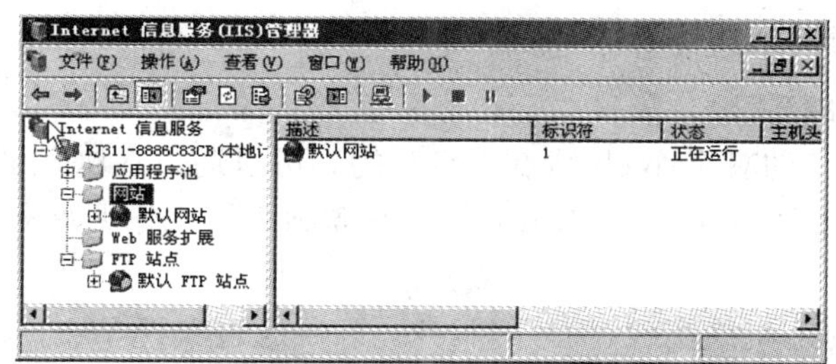

图 7—5　Internet 信息服务（IIS）管理器

7.2 Web服务器

我们知道，Internet是世界上最大的信息资源宝库，人们为了更充分、更便利地使用Internet上的信息资源，使用了一种方便、快捷的信息浏览和查询工具，这就是World Wide Web。

7.2.1 Web服务器简介

Web也称WWW或万维网，是目前网络用户应用最为广泛网络服务之一。用户平时上网最普遍的活动就是浏览信息、查询资料，而这些上网活动都是通过访问Web服务器来完成的。WWW是Internet上集文本、声音、动画、视频等多种媒体信息于一身的信息服务系统，WWW网上最基本的传输单位是Web网页。WWW的工作基于客户机/服务器计算模型，整个系统由Web服务器、浏览器（Browser）及通信协议等3部分组成。

WWW采用的通信协议是超文本传输协议（HTTP，Hypertext Transfer Protocol）。HTTP协议是基于TCP/IP协议之上的协议，是Web浏览器和Web服务器之间的应用层协议，它可以传输任意类型的数据对象，是Internet发布多媒体信息的主要协议。

通过在局域网内部搭建Web服务器，就可以向局域网内部发布Web站点，从而创建单位内部网站。用户可以通过多种方式在局域网中搭建Web服务器，其中，使用Windows Server 2003系统自带的IIS 6.0是最常用、最简便的方式。

1. WWW的工作流程

（1）启动客户程序，即浏览器。

（2）输入以URL形式表示的、待查询的Web页面地址。

（3）客户程序与该Web地址的服务器连通，并告诉Web服务器需要浏览的页面。

（4）Web服务器将该页面发送给客户程序，客户程序将显示该页面。

2. 超文本传输协议（HTTP）

超文本传输协议HTTP是一种在Web上查询信息的主要协议，用户通过该协议在网络上查询网页信息，在所查询的网页中又可以包含实现进一步查询的多个链接。查询过程中，用户只需关心要检索的信息，而无须考虑这些信息的存储地址。

（1）客户的浏览器与Web服务器建立连接。

（2）客户通过浏览器向Web服务器递交请求，在请求中指明所要求的特定文件。

（3）若请求被接纳，则Web服务器便发回一个应答。

（4）客户与服务器结束连接。

每个Web节点的主页，均有唯一的存放地址，这就是统一资源定位器URL。URL不但指定了存储页面的计算机名，而且还给出了此页面的确切路径和访问协议方式。

7.2.2 项目实训：创建Web服务器

1. Web服务器的配置

IIS安装上后，默认的有个Web站点是启动的，可以通过在浏览器中输入http://local-host. 或者http://主机IP地址（如http://10.5.55.81.），出现如图7—6所示的网页，表示网页发布正常。

假设局域网通过内部网络实现WWW服务，以便通过WWW向局域网内部和外部发布信息。内部信息只有局域网内部可以访问，并指定通过不同的地址访问；同时要求可访问的

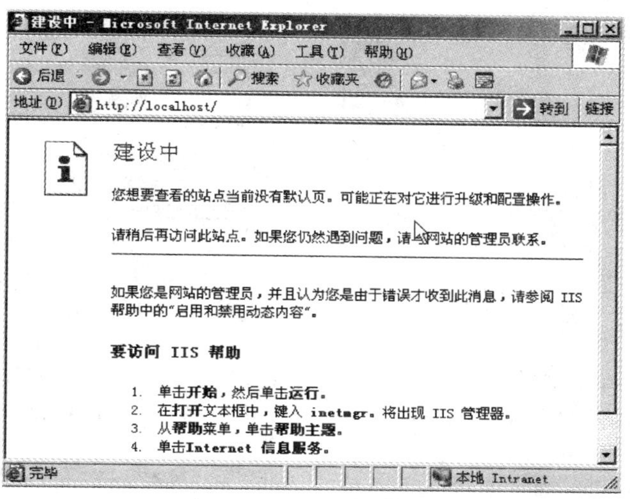

图 7—6　Web 网站初始页面

域名地址为 http://www.lan.com、http://www.lan1.com。方法如下：

（1）通过 IIS 建立一个 Web 站点，其步骤如下：

①依次单击"开始"→"程序"→"管理工具"→"Internet 服务管理器"，打开 IIS 管理器，如图 7—5 所示，如果有"已停止"字样的服务，均在其上单击右键，选择"启动"。如图 7—7 所示，显示此计算机上已经安装好的 Internet 服务，而且都已经自动启动运行。

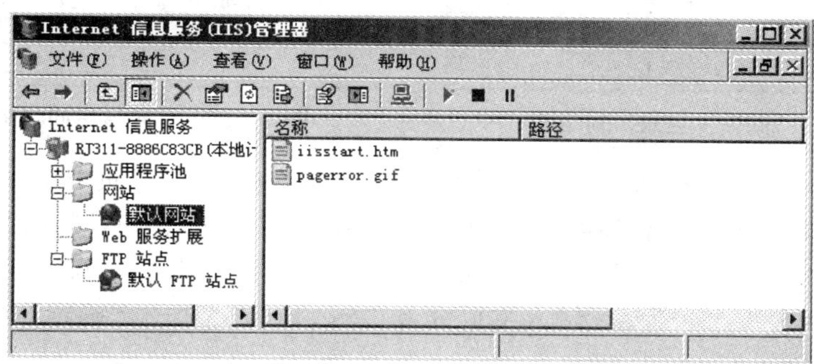

图 7—7　Internet 信息服务（IIS）管理器

②打开"Internet 信息服务管理窗口"，鼠标右键单击网站，在弹出菜单中选择"新建"→"网站"，出现"网站创建向导"，单击"下一步"继续，如图 7—8 所示。

③在"网站说明"文本框中输入说明文字，单击"下一步"继续，如图 7—9 所示，输入新建 Web 站点的 IP 地址和 TCP 端口地址。如果通过主机头文件将其他站点添加到单一 IP 地址，必须指定主机头文件名称。

④单击"下一步"后出现如图 7—10 所示的界面，在对话框中输入站点的主目录路径，然后单击"下一步"继续。

⑤在如图 7—11 所示的"网站访问权限"对话框中设置 Web 站点的访问权限，一般选取"读取"属性，但为了支持脚本语言如 ASP，还需选择"运行脚本"选项。为保证网站安全，建议不要选取"写入"及其他选项。单击"下一步"完成设置。

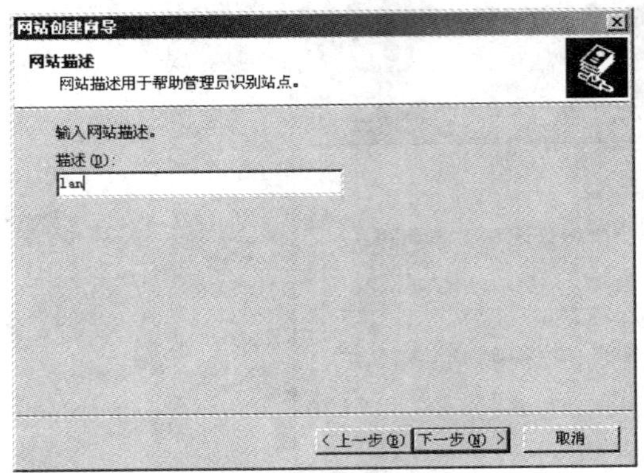

图 7—8 “网站创建向导”对话框

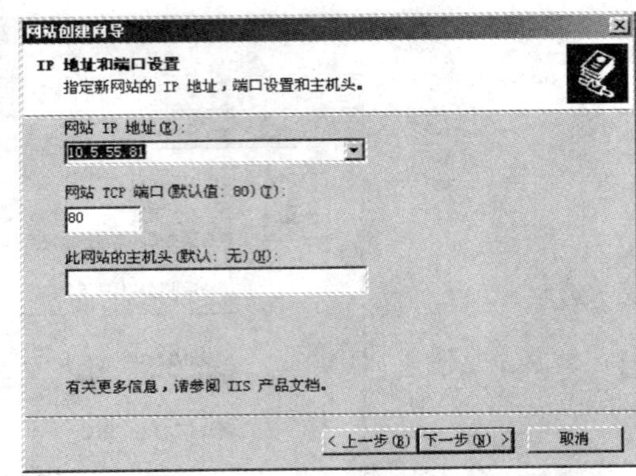

图 7—9 “网站 IP 地址、端口号”对话框

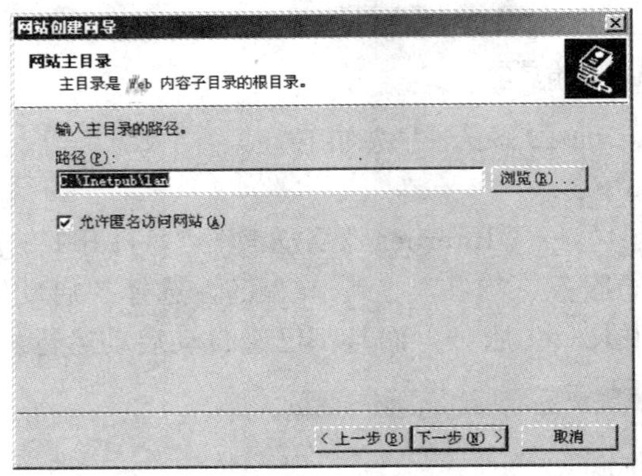

图 7—10 “网站主目录”对话框

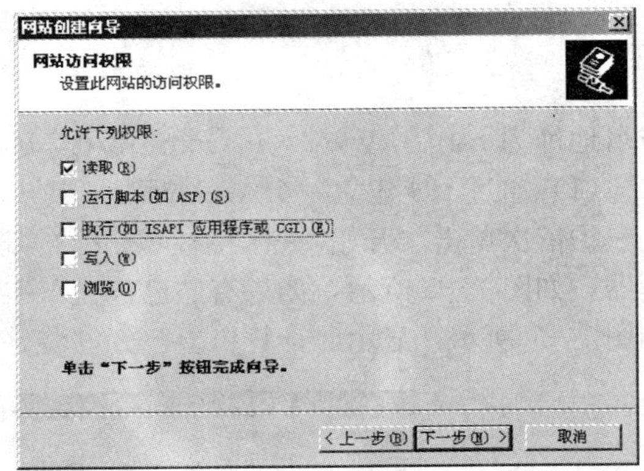

图 7—11 “网站访问权限”对话框

⑥发布网页。将要发布的主页放置到主目录下，如该题是将主页 lan.htm 放入 C:\Inetpub\lan 目录下。在 IIS 管理器中，右击管理控制树中的站点节点“lan”，选择“属性”，打开 WWW 属性表单如图 7—12 所示，切换到“文档”选项卡下，如图 7—13 所示，单击“添加”按钮，如图 7—14 所示，输入主页全名“lan.htm”，单击“确定”按钮。

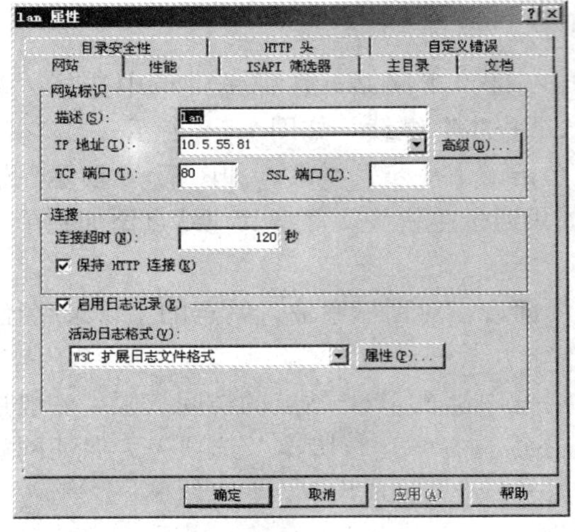

图 7—12 “网站属性”对话框

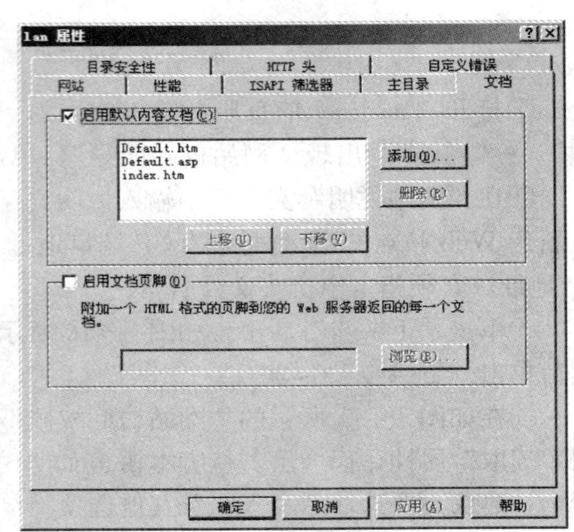

图 7—13 文档属性页

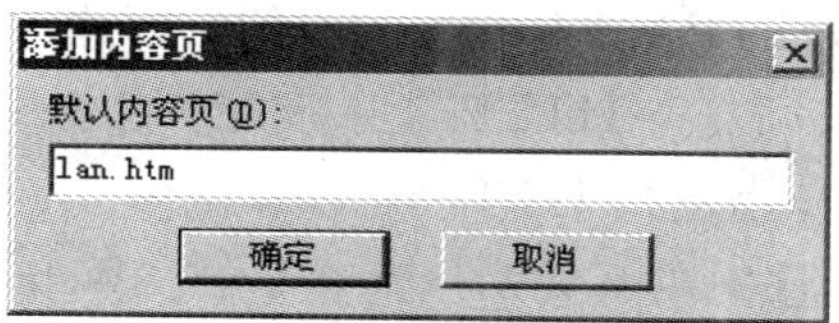

图 7—14　添加内容页

⑦访问主页。打开浏览器在地址栏中输入 http：//主机 IP 地址，如 http：//10.5.55.81 就可访问到网页。

（2）建立多个 Web 站点。

我们知道，在 Internet 中，域名是区分站点的唯一性标记，站点的数量与域名数相等；同时，一个域名往往是与一个 IP 地址唯一对应的。因此在服务器拥有多少 IP 地址，就应该有多少个站点与之对应。但是，由于 IP 地址资源的缺稀性，需要借助于其他手段利用同一个 IP 地址管理多个站点，也就是说在一台计算机上同时管理多个 Web 站点，这对于多个小型站点来说，可以极大地节省硬件成本。这里主要介绍两种方法：端口号方法和主机头方法。

①更改端口号方式。

计算机在进行通信时，通过端口号来区别不同的应用程序，每个应用程序都有一个默认的端口号。例如，HTTP 的默认端口号为 80，FTP 的默认端口号为 21，所以在浏览 Web 网站时不必输入端口号。当我们在浏览器中输入站点地址时，即使不指定 80 端口号，浏览器仍然自动以 TCP 端口 80 与服务器进行通信。端口号与 IP 地址同样是用于区分站点的唯一性标识，即使两个站点拥有同样的 IP 地址，但只要给它们指定不同的端口号就可以将它们区分开来。但是，一旦将端口号从默认的 80 更改为其他数值，客户浏览器并不能直接以更改过的端口打开网页，客户必须手工指定它的端口号，也就是在浏览器地址栏中输入域名之后加上“：”和端口号数值。

例如，在同一台服务器上有两个网站 www.lan.com 和 www.lan1.com，它们共用一个 IP 地址 10.5.55.81，我们设置 www.lan.com 使用默认端口号 80，而 www.lan1.com 的端口号为 8080，那么在浏览器地址栏中输入地址 10.5.55.81 得到的是站点 www.lan.com，要想访问 www.lan1.com 就要输入 10.5.55.81：8080。

指定站点端口号的方法比较简单，在 IIS 管理器中，右击管理控制树中的站点节点，选择“属性”，打开 WWW 属性表单，如图 7—12 所示，在“网站”选项卡上的“TCP 端口”栏中更改 TCP 端口号即可。

以端口号方式使站点共用 IP 地址的方法对于用户来说不是很方便，用户需要记住端口号数字，同时正规的商业性网站也不适合让用户使用这种方法访问。只不过在一些内部网站，如果不希望普通用户随便访问，比如一个公司的财务部门，可以通过更改默认端口号来提高网站安全性。

②主机标头方式。

主机标头（Host Header）是除了 IP 地址和 TCP 端口号之外的第三个用于区分站点的唯一性标识。这样，对于两个共用同一个 IP 地址且都采用默认 TCP 端口号 80 的站点，只要为它们指定不同的主机标头，就可以在网络中唯一地将它们区分开。

主机标头这种技术是在HTTP 1.1标准中定义的，因此，对于在IIS中使用主机标头进行配制的站点，客户浏览器必须支持HTTP 1.1标准才能进行浏览。高于3.0版本的IE和高于2.0版本的Netscape浏览器支持HTTP 1.1标准。

要为站点添加主机标头，首先在WWW属性表单的“Web站点”选项卡，如图7—12所示，单击“IP地址”栏右侧的“高级”按钮。在弹出的“高级网站标识”对话框中，选择列表中的标识项，单击“编辑”按钮，如图7—15所示。打开“添加/编辑网站标识”对话框，如图7—16所示，在“主机头值”栏中输入主机头名称，然后单击“确定”按钮返回。

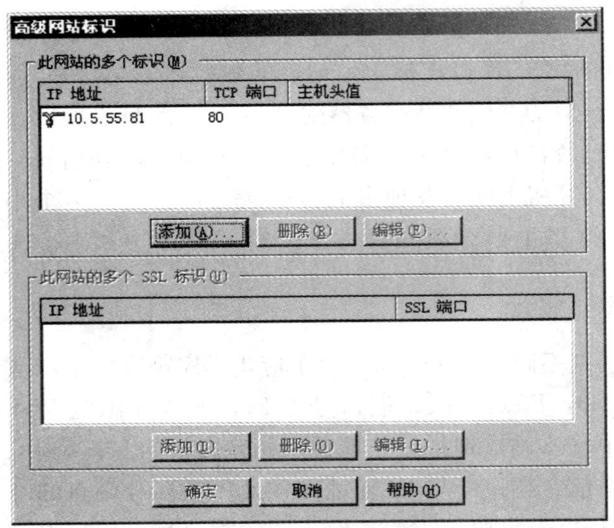

图7—15　“网站标志”对话框

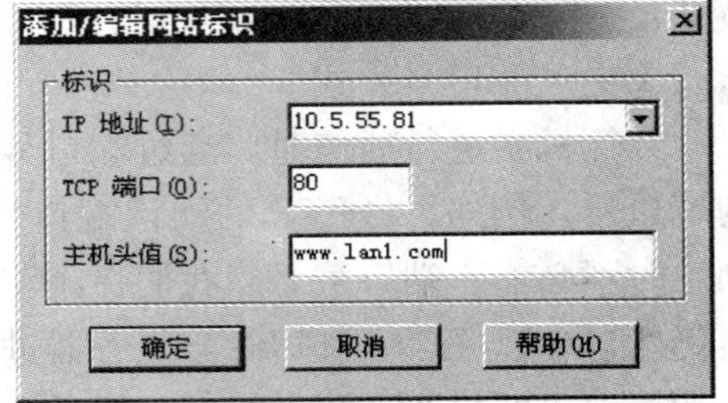

图7—16　“添加/编辑网站标识”对话框

重复上述设置，可以指定多个站点拥有同一IP地址、TCP端口号，而它们的主机头值各不相同。最后，在DNS服务器中将这些主机头名统统映射到它们共同的IP地址上。在客户浏览器中输入主机头名即可访问相应站点。

2. Web服务器的管理

Web站点建立好之后，需要进一步进行管理并设置站点，站点管理工作既可以在本地进行，也可以远程管理。

(1) 本地管理。

打开“Internet信息服务管理器”上，在需要管理的网站上，单击鼠标右键选择“属性”菜单项，如图7—12所示，可以通过以下几个属性页对网站进行相应的设置。

①“网站”属性页，如图7—12所示。在网站的属性页上主要设置网站标识参数、连接、启用日志记录，主要有以下内容：

● 描述：在“说明”文本框中输入对该站点的说明文字，用它表示站点名称，这个名称会出现在IIS的树状目录中。

● IP地址：设置此站点使用的IP地址，如果构架此站点的计算机中设置了多个IP地址，可以选择对应的IP地址。若站点使用多个IP地址或与其他站点共用一个IP地址，则可以通过高级按钮设置。

● TCP端口：确定正在运行的服务的端口，默认情况下是80。

● 连接：“连接超时”设置服务器断开未活动用户的时间；“保持 HTTP 连接”允许客户保持与服务器的开放连接，而不是使用新请求逐个重新打开客户连接，禁用则会降低服务器性能，默认为激活状态。

● 启用日志记录：表示要记录用户活动的细节，在“活动日志格式”下拉列表框中可选择日志文件使用的格式。单击“属性”按钮可进一步设置记录用户信息所包含的内容，如用户 IP、访问时间、服务器名称等。默认的日志文件保存在 \ Windows \ system32 \ LogFiles 子目录下。良好的管理习惯应注重日志功能的使用，通过日志可以监视访问本服务器的用户、内容等，对不正常的连接和访问加以监控和限制。

②“主目录”属性页，可以设置网站所提供的内容来自何处，内容的访问权限以及应用程序在此站点的执行许可。网站的内容包含各种让用户浏览的文件，如 HTML 文件、ASP 程序文件等，这些数据必须指定一个目录来存放，而主目录所在的位置有下述三种选择：

● 此计算机上的目录：表示站点内容来自本地计算机。

● 另一计算机上的共享位置：站点的数据可以在局域网上其他计算机中的共享位置，注意要在网络目录文本框中输入其路径。单击“连接为”按钮设置有权访问此资源的域用户账户和密码。

● 重定向到 URL（U）：表示将连接请求重新定向到别的网络资源，如某个文件、目录、虚拟目录或其他的站点等。选择此项后，在重定向到文本框中输入上述网络资源的 URL 地址。在这个属性页下还有其他的设置选项：

-执行权限：设置对该站点或虚拟目录资源进行何种级别的程序执行。“无”只允许访问静态文件，如 HTML 或图像文件；“纯脚本”只允许运行脚本，如 ASP 脚本；“脚本和可执行程序”可以访问或执行各种文件类型，如服务器端存储的 CGI 程序。

-应用程序池：选择运行应用程序的保护方式。可以是与 Web 服务在同一进程中运行（低），与其他应用程序在独立的共用进程中运行（中），或者在与其他进程不同的独立进程中运行（高）。

③“性能”属性页。主要是对带宽和网络连接数进行设置。

● 带宽限制：如果计算机上设置了多个 Web 站点，或者还提供其他 Internet 服务，如文件传输、电子邮件等，那么就有必要根据各个站点的实际需要，来限制每个站点可以使用的带宽。要限制 Web 站点所使用的带宽，只要选择“限制网站可以使用的网络带宽”选项，在“最大带宽”文本框中输入设置数值即可。

● 网站连接：“不受限制”表示允许同时发生的连接数不受限制；“连接限制为”表示限制同时连接到该站点的连接数，在对话框中输入允许的最大连接数。

④“文档”属性页，主要是对 Web 网站的首页文件名、文档页脚的设置。

● 启动默认内容文档：默认文档可以是 HTML 文件或 ASP 文件，当用户通过浏览器连接至 Web 站点时，若未指定要浏览的文件，则 Web 服务器会自动传送该站点的默认文档供用户浏览。例如，通常将 Web 站点主页 default. htm、default. asp 和 index. htm 设为默认文档，当浏览 Web 站点时会自动连接到主页上。如果不启用默认文档，则会将整个站点内容以列表形式显示出来供用户自己选择。

● 启用文档页脚：选择此项，系统会自动将一个 HTML 格式的页脚附加到 Web 服务器所发送的每个文档中。页脚文件不是一个完整的HTML文档，只包括需要用于格式化页脚内容外观和功能的HTML标签。

⑤“目录安全性”属性页。在“目录安全性”属性页中，选择“身份验证和访问控制”中的“编辑”按钮，弹出如图7—17所示的对话框，可以在该对话框中可以设置启用匿名访问或设置匿名访问使用的用户名和密码。另外还可以设置用户以什么样的身份验证方法来访问页面。

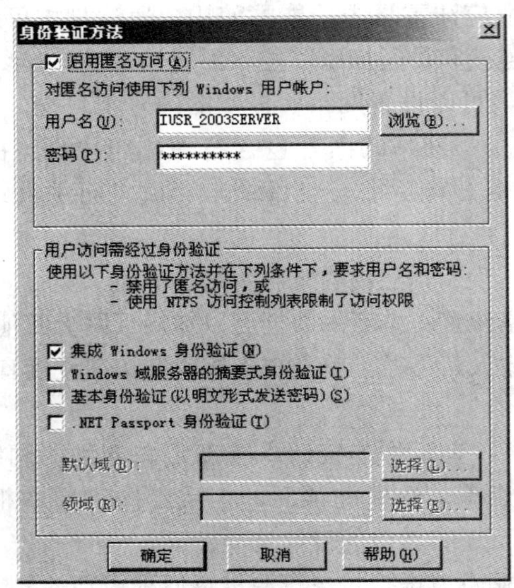

图7—17 “身份验证方法”对话框

在“目录安全性”属性页的“IP地址和域名限制”是设定客户访问Web站点的范围，其方式为授权访问和拒绝访问，如图7—18所示。

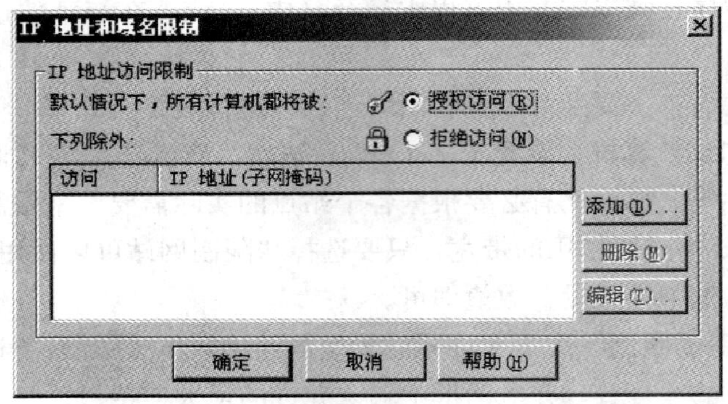

图7—18 “IP地址和域名限制”对话框

授权访问：开放访问此站点的权限给所有用户，并可以在“下列例外”列表中加入不受欢迎的用户IP地址。

拒绝访问：不开放访问此站点的权限，默认所有人不能访问该站点，在“下列地址例外”列表中加入允许访问站点的用户IP地址，使它们具有访问权限。合理地设置“授权访问”和“拒绝访问”可以有效提高WWW服务器的安全，当服务器只供内部用户使用时，设置适当的“授权访问”IP地址列表，可以保护服务器不受外部的攻击。

⑥“http头”属性页。在“HTTP标题”属性页上，如果选择了“启用内容过期”选项，便可进一步设置此站点内容过期的时间。当用户浏览此站点时，浏览器会对比当前日期和过期日期，决定显示硬盘中的网页暂存文件，或是向服务器要求更新网页。

(2) 远程管理Web站点。远程管理就是系统管理员可以在任何地方（如出差或是在家中），从任何一个终端客户（如Windows 2000 Professional、Windows 2000 Server或Windows XP）来管理Windows Server 2003域与计算机，它们可以直接运行系统管理工具来进行管理工作，这些操作就好像是在本机上一样。

其实在IIS的远程管理功能的支持下，远在地球任何地方的管理员只要能够以任意方式连入Internet，就可以远程对站点做出配置操作，远程管理所实现的功能一般并不比本地管理差。如果将本地的IIS管理界面称为MMC形式的ISM（Internet服务管理器），那么IIS的远程管理界面（使用浏览器得到）就被称为HTML形式的ISM。

7.3 FTP服务器

7.3.1 FTP服务器简介

FTP服务器又称为文件传输服务器，它主要提供文件的上传、下载服务。目前FTP服务器的主要用途：一是放置文件供用户下载；二是用于维护各种网站，使网站管理员可以把文件上传到服务器中，实现远程维护。

实际上FTP服务就是将各种可用资源放在各个FTP服务器中，网络上的用户通过Internet连接到主机，并且使用FTP（文件传送协议）将想要的文件复制到自己的计算机中。用户从服务器上把文件或资源传送到自己的客户机，称为FTP的下载（Download）。如果用户要将文件从自己的计算机发送到FTP服务器上，称为FTP的上传（Upload）。

FTP服务器分为匿名的和非匿名的两类。匿名FTP服务器是对公共用户是开放的，任何人都可以访问，在这种情况下所有的用户被导向同一个文件夹；非匿名服务器只允许授权访问，用户需要拥有账户名和密码才能登录服务器。在这种方式下可以实现用户隔离，将不同的用户导向不同的文件夹。

7.3.2 项目实训：FTP服务器的配置与管理

1. FTP服务器安装与配置

如果要在局域网内部提供文件的传输功能，即网络用户可以从特定的服务器上传/下载文件，或者向该服务器上传数据，此时需要支持文件传输的FTP服务器。IIS 6.0提供了构架FTP服务器的功能。因此在Windows Server 2003中配置FTP服务器同样需要安装IIS，方法与安装Web服务器方法类似。

FTP服务器安装好后，在服务器上专门的目录供网络用户访问、存储下载文件、接收上传文件，合理设置站点有利于提供安全、方便的服务。

(1) 打开FTP默认站点。依次单击“开始”→“程序”→“管理工具”→“Internet信息服务管理器”，打开“Internet信息服务管理器窗口”，如图7—5所示，可以看到FTP站点已经安装成功并且已经自动启动运行，其中一个是默认FTP站点。

可以直接使用IIS默认建立的FTP站点，将可供下载的文件直接放在默认目录C:\Inetpub\ftproot下，完成这些操作后，打开本机或客户机浏览器，在地址栏中输入FTP服务器的 IP 地址（如 ftp://10.5.55.81）就可以以匿名的方式登录到 FTP 服务器，但实际上登录的是主目录 C:\Inetpub\ftproot，所有的用户都被导向同一个文件夹下，再根据权限的设置进行文件的上传和下载。

（2）添加及删除站点。IIS 运行在同一计算机上同时架构多个 FTP 站点，方法与建立多个 Web 站点的方法类似。

删除 FTP 站点，先选择要删除的站点，再选择“删除”命令即可。若一个站点被删除，只是该站点的设置被删除，而该站点下的文件还是存放在原先的目录中，并不会被删除。

（3）隔离用户的 FTP 站点设置。默认的 FTP 站点是公共的，任何人都可以访问，如果想建立更安全的 FTP 站点，需要用户名和密码登录 FTP 站点，并将不同的用户导向到不同的文件夹。有两种方法可以实现，一种是建立不隔离用户的 FTP 站点，用 NTFS 文件夹的访问权限来设置用户隔离；第二种是需要新建一个新的隔离用户的 FTP 站点，用户隔离又分普通隔离和 AD 隔离两种方式。下面介绍一种使用方便常见的设置方式采用普通用户隔离的方式。

在 Windows Server 2003 环境下 FTP 服务器的配置步骤如下：

①从“开始”菜单，指向“管理工具”，然后单击“Internet 信息服务（IIS）管理器”，打开 IIS 管理器。

②在 IIS 管理器中，右键单击“FTP 站点”文件夹，指向“新建”，然后单击“FTP 站点”，打开 FTP 站点创建向导。单击“下一步”继续，在弹出的“描述”对话框中，输入该 FTP 站点选择的名称，如图 7—19 所示。

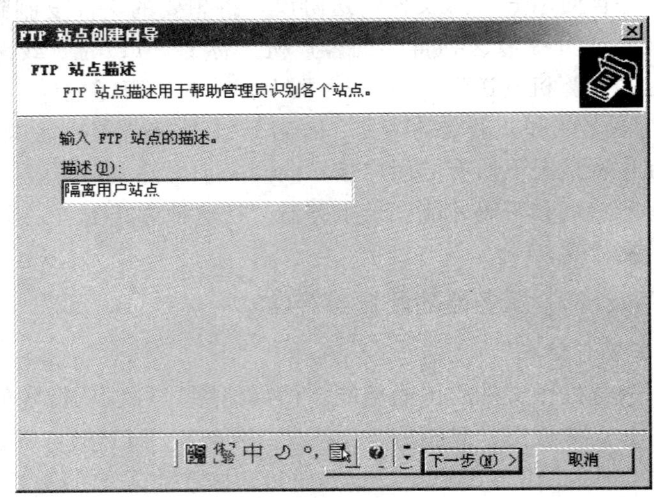

图 7—19 “FTP 站点描述”对话框

③单击“下一步”继续，弹出“IP 地址和端口设置”窗口，在“输入此 FTP 站点使用的 IP 地址”中，为该站点选定某个特定的 IP 地址，该地址应选择有效的，如果不能确定，则选择“全部未分配”，这样系统将会使用所有有效的 IP 地址作为 FTP 服务器的地址。同时 FTP 服务器对外开放服务的端口也是在此设置的，默认情况下为 21，如图 7—20 所示。

④设置 FTP 用户隔离。在这里如果选择“不隔离用户”那么用户可以访问其他用户的 FTP 主目录；选择“隔离用户”，则用户之间是无法互相访问目录资源的；“用 Active Di-

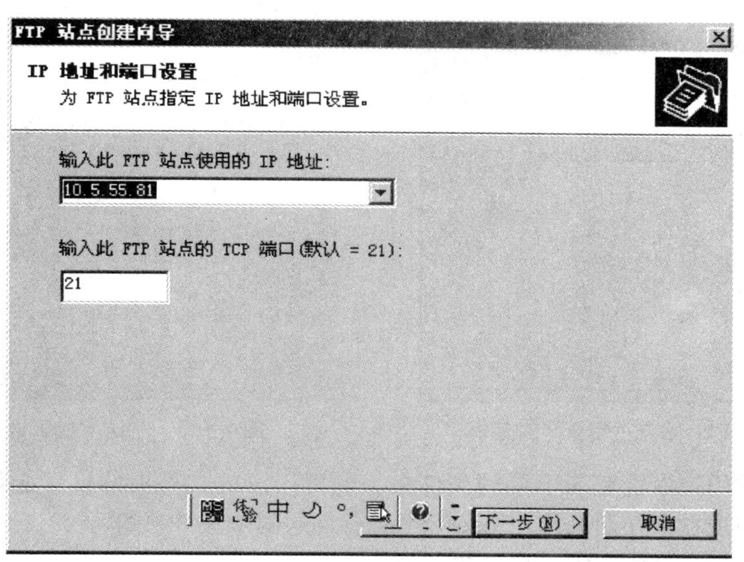

图 7—20 “FTP 站点 IP 地址设置”对话框

rectory 隔离用户”主要用于公司网络使用活动目录的情况。为了安全需要，这里建议选择第二项“隔离用户”，如图 7—21 所示。

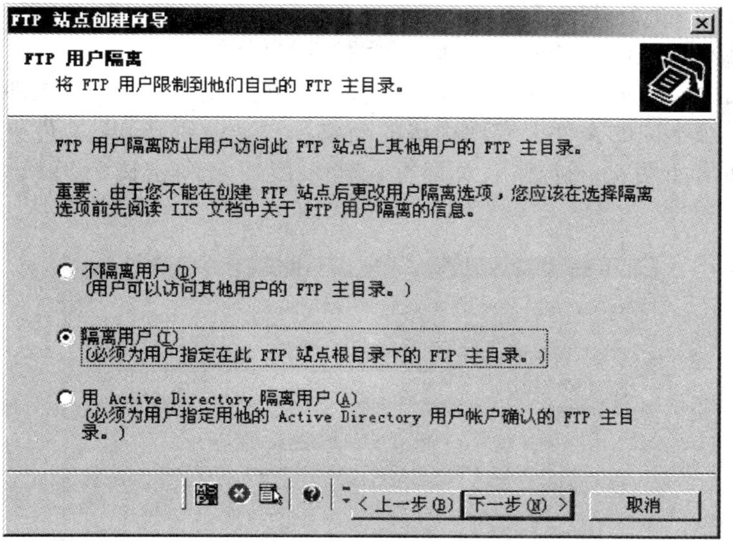

图 7—21 “FTP 用户隔离”对话框

⑤单击“下一步”继续，设置 FTP 站点的主目录；系统默认的主目录是系统所在盘下 Inetpub 目录中的 ftproot 文件夹。这里可以根据用户需要修改为 C:\隔离用户 FTP，如图 7—22 所示。

⑥设置用户访问权限，只有“读取”和“写入”两种权限进行设置。如果站点只允许登录的用户下载文件，可选择“读取”；如果允许用户可以下载也可以上传文件，则需要同时选择“读取”和“写入”。在应用中，可以根据实际进行设定，如图 7—23 所示。

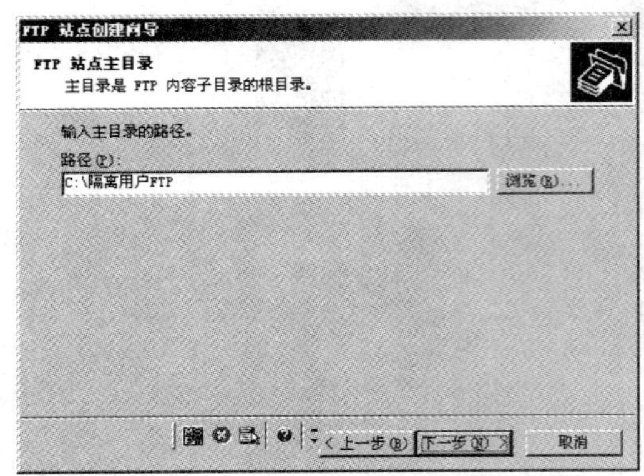

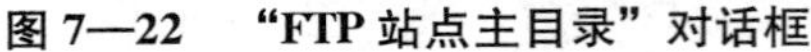
图 7—22　“FTP 站点主目录”对话框

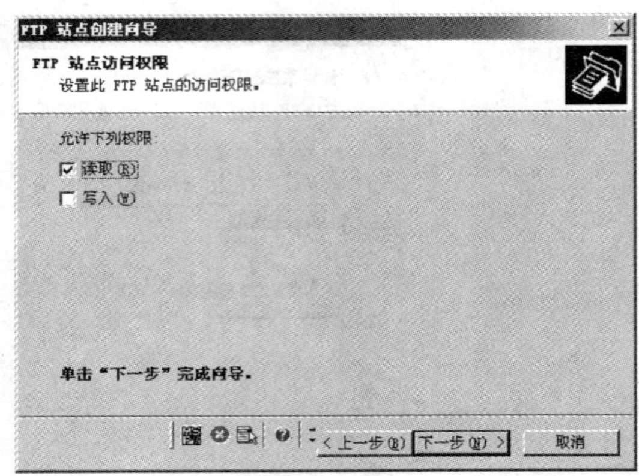

图 7—23　“访问权限设置”对话框

⑦为不用的用户设置登录不同的文件夹。隔离用户的文件夹的设置必须符合严格的规定，假设系统中现在存在两个用户 user1、user2，这两个用户在登录 FTP 站点的时候登录到自己的文件夹下，具体的实现步骤如下：

首先打开 FTP 站点的主目录本机中为 C：\隔离用户 FTP，新建一个名为“localuser”的文件夹，再在此文件夹下新建两个名为 user1、user2 的两个文件夹（注：这两个文件夹的名字必须与系统中的用户名相一致），这样在登录时自动根据用户名的密码导向相应的文件夹。如果想再用一个公共的文件夹，登录时不需要用户名和密码，可在“localuser”文件夹下再新建一个名为“public”的文件夹。供两个用户公共访问。

⑧设置完成后，登录时默认不输入用户名和密码登录的是 Public 文件夹。输入不同的用户名和密码登录不同的文件夹实现用户的隔离。在登录到 Public 文件夹后，单击右键选择“登录”会弹出如图 7—24 所示对话框，输入用户名和密码就可以登录自己的文件夹了。

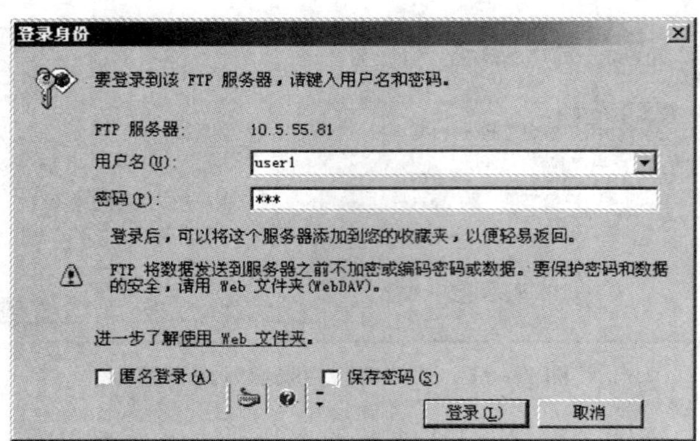

图 7—24　登录对话框

2. FTP 站点的管理

为了使 FTP 站点能够正常工作，还需要对 FTP 的资源和用户进行有效的管理，这就依赖于对站点的合理配置。FTP 站点的属性配置是在 FTP 站点属性表单中进行的。FTP 站点属性表单与 WWW 属性表单非常相似，如图 7—25 所示，FTP 站点属性表单有五个选项卡。

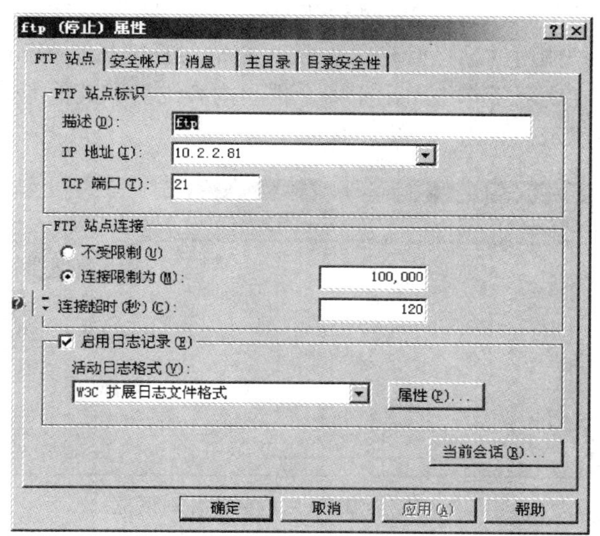

图 7—25　“FTP 属性”对话框

对 FTP 站点属性的常见配置方法如下：

打开 IIS 管理器，右击管理控制树中的 FTP 站点图标，从弹出菜单中选择“属性”。

(1) 在“FTP 站点”选项卡中可以配置 FTP 站点属性，包括标识、链接、日志等，主要参数配置如下：

①FTP 站点标识：包括站点说明、IP 地址和 TCP 端口号。其中，站点说明是在创建站点时指定的，用于在 IIS 内部识别站点，并无其他用途，与站点的 DNS 域名也无任何关系。FTP 服务的默认 TCP 端口号为 21。由于 FTP 服务不支持主机标头 (Host Header)，所以不能以主机头方式配置虚拟服务器。也就是说，在网络中区分 FTP 站点的唯一性标识只有 IP 地址和端口号，不过可以通过 DNS 配置域名进行访问。

②FTP 站点连接：FTP 站点的连接限制与 Web 站点的连接限制几乎完全相同。连接限制用于维护站点的可用性并改善站点的连接性能。这一点对 FTP 站点来说尤为重要，因为每个连接到站点的用户都会进行或多或少的文件下载，下载对带宽的占用是非常巨大的。在“连接”栏中，单击“限制为”并制定同时连接到该站点的最大并发连接数，默认限制为同时 100 000 个连接。

在“连接超时”栏中，可以指定站点将在多长时间后断开无响应用户的连接。默认值设为 900 秒，即用户在 15 分钟内没有做任何操作，将被 IIS 断开连接。

③日志：对于 FTP 站点而言，也可以配置其启用日志功能，使用户对站点的全部访问都记录在日志文件中。在“FTP 站点”选项卡中选择“启用日志纪录”复选框，对于 FTP 站点只有三种可用的日志文件格式：Microsoft IIS 文件格式、ODBC 格式和 W3C 扩展文件格式。

④当前会话：FTP 站点属性对话框中有一个独特的选项，单击“当前用户”，打开“FTP 用户会话”对话框，如图 7—26 所示。该对话框中列出当前连接到 FTP 站点的用户列表。从列表中选择用户，单击“断开”可以断开当前用户的连接，单击“全部断开”可以使全部的当前用户从系统断开。“FTP 用户会话”对话框为站点管理员提供了更灵活的管理方式和控制方式，使管理员能够实时控制当前用户的连接状态。

(2) 通过“安全账户”选项卡可以分配FTP站点操作员。FTP站点操作员是指具有对站点进行全方位操作、维护能力的站点管理员。默认的站点管理员是Windows Server 2003系统管理员组的全体成员。在实际工作中，出于安全性、内容维护和其他考虑通常需要重新指定站点管理员，如图7—27所示。

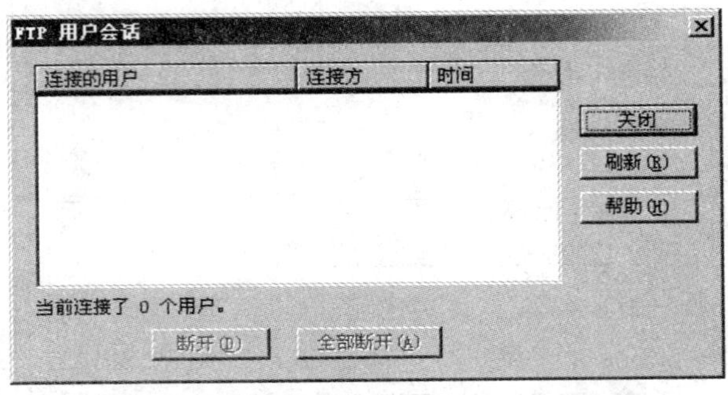

图7—26 “FTP用户会话”对话框

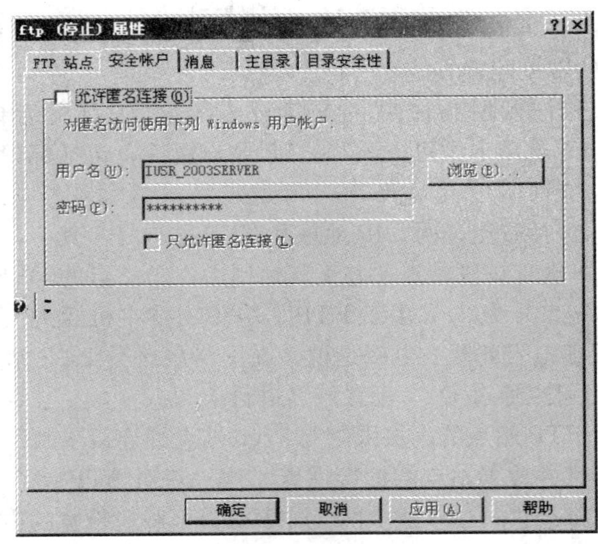

图7—27 “安全账户”属性

(3) 通过“消息”选项卡可以设置FTP站点相关信息。用户在连入FTP站点时，得到对站点的相关介绍，对于不能像WWW服务一样提供丰富信息的FTP站点来说，这样的介绍尤为重要。此外，在用户离开站点时，以及因站点达到最大连接数而不能接受用户的访问请求时，都应该得到相应的提示信息。这些提示性、解说性的简要信息就是FTP服务的站点消息，如图7—28所示。

(4) 通过“主目录”选项卡可以配置FTP站点的主目录。FTP站点主目录是供站点存储文件的目录。FTP站点主目录可以指定本地主目录和远程主目录两种。其中，“此计算机的目录”是指站点主目录位于本地计算机的磁盘上；“另一台计算机上的目录”是将主目录设置为网络中的另一台计算机的共享文件夹，但这两台计算机必须在同一个域。还可以配置FTP配置站点目录列表方式及目录权限，即对全体访问该目录的用户都生效的权限，如图7—29所示。

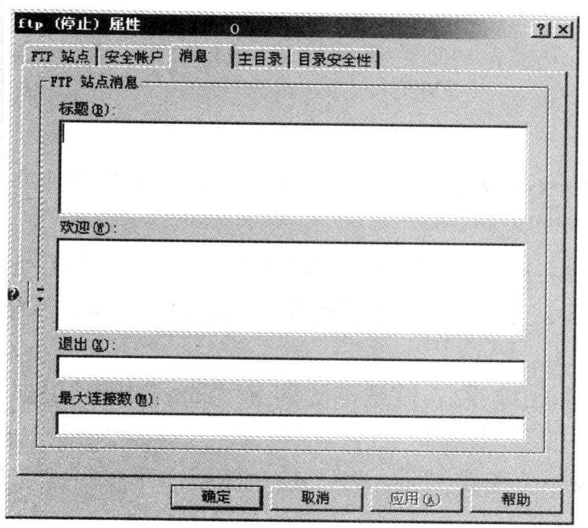

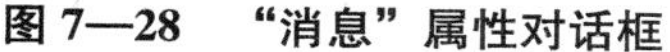
图 7—28　“消息”属性对话框

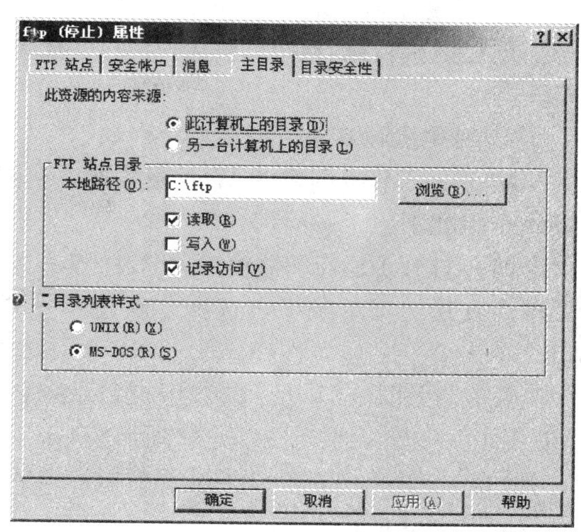

图 7—29　“主目录”对话框

（5）通过“目录安全性”选项卡对 FTP 站点安全性进行合理的设置；主要是采用限制特殊 IP 地址的访问，IP 地址限制是 FTP 站点通常使用的安全限制方式之一，有两种方式：授权访问和拒绝访问，这两种方式不能同时使用。授权访问方式允许缺省用户访问站点，但可以指定不能访问站点的例外地址；拒绝访问方式默认限制所有地址对站点的访问，但可以指定不受限制的例外地址，如图 7—30 所示。

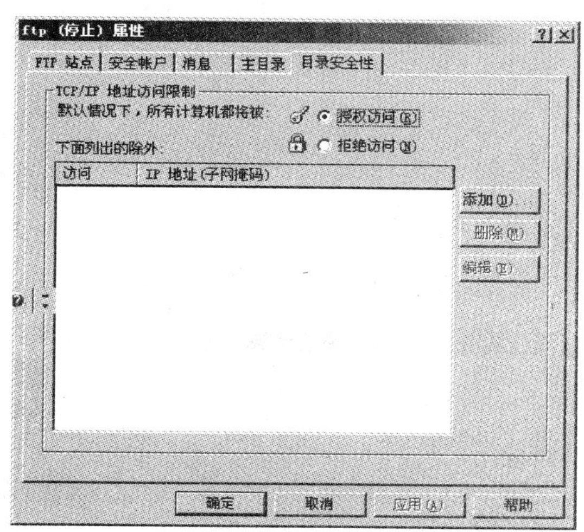

图 7—30　“目录安全性”对话框

7.4　项目实训：虚拟目录

创建虚拟目录的实质就是创建某个站点下面的虚拟站点，不同的虚拟目录允许使用相同的或者不同的 IP 地址。这样在局域网中只要建立一个 IIS 服务器，即可对分布在网络中的各个站点进行集中式的控制和管理。

Web 站点和 FTP 站点都可以创建虚拟目录，方法类似。下面只介绍在 Web 站点下创建虚拟目录的方法。

1. 创建虚拟目录前提条件

创建虚拟目录与创建虚拟站点的过程类似，应事先规划好所用的 IP 地址、端口号、主机头等。

2. 创建虚拟目录

接 7.2.2 节中创建的 Web 服务器，在网站 www.lan.com 建立一个“vlan”的虚拟目录操作步骤如下：

(1) 打开 IIS 管理器窗口，选中 Web 站点的名称，如“lan”。单击鼠标右键，激活快捷菜单。在快捷菜单条中，选择“新建”→“虚拟目录”命令项。激活虚拟目录创建向导窗口，单击“下一步”按钮。

(2) 在图 7—31 所示的“虚拟目录别名”窗口中，输入该站点的别名“vlan”后，单击“下一步”按钮，激活图 7—32 所示窗口。

(3) 在图 7—32 窗口中设置虚拟目录的主目录。单击“下一步”按钮激活“虚拟目录访问权限”对话框。

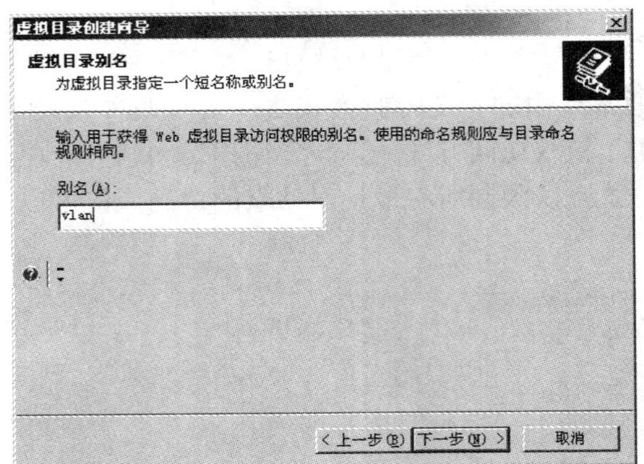

图 7—31　“虚拟目录别名”窗口

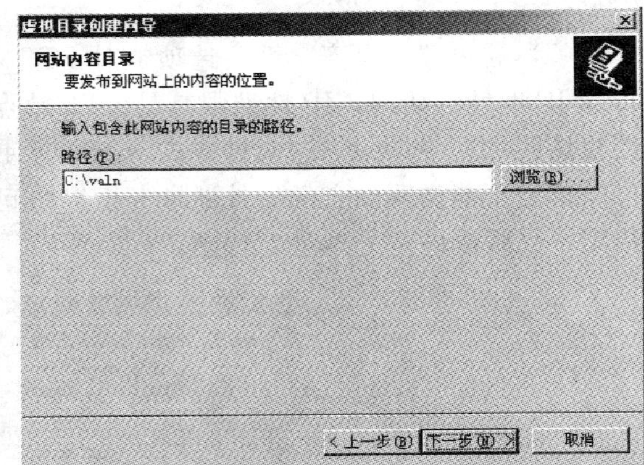

图 7—32　“虚拟目录主目录”对话框

(4) 如图 7—33 所示，设置访问虚拟目录的权限。

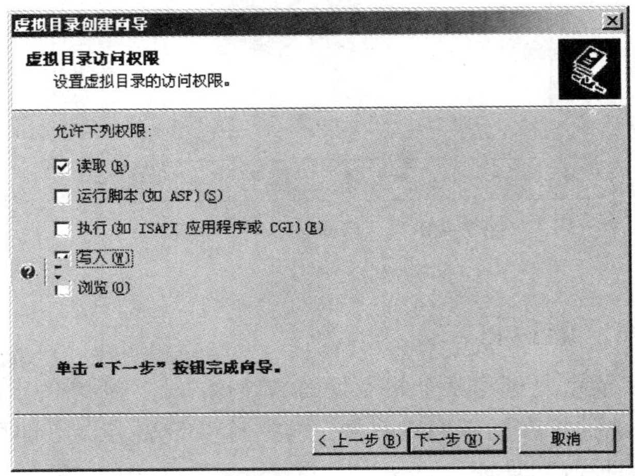

图 7—33　“访问虚拟目录的权限”对话框

(5) 单击"下一步"按钮，完成虚拟目录的创建。

3. 虚拟目录测试

打开浏览器，输入 http：//www. lan. com/vlan 或 http：//10. 5. 55. 81/vlan 后，就可以访问到虚拟目录了。

习　题　7

一、单项选择题

1. 获得文件传输服务的 URL 地址为(　　)。

A. http：//　　B. ftp：//　　C. telnet：//　　D. gopher：//

2. Web 网站的默认端口为(　　)。

A. 8080　　B. 8000　　C. 80　　D. 8008

3. FTP 站点的默认端口为(　　)。

A. 21　　B. 20　　C. 41　　WD. 2121

二、填空题

1. 在浏览器中访问 Web 站点的协议是（　　），访问文件传输服务器的协议是（　　）。

2. 在 IIS 中，虚拟目录是用户为服务器的任何一个物理目录创建一个（　　）。

3. FTP 站点可设置的消息有：(　　)、(　　)、(　　) 和（　　）。

4. 在 IIS 中，设置 FTP 站点的访问权限有（　　）和（　　）。

5. 默认 Web 站点的主目录位置在（　　）。

6. 能够标识一个 Web 站点的三个方面（　　）、(　　) 和（　　）。

三、简答题

1. 简述超文本协议 HTTP 的工作过程。

2. 请简述在 IIS 中设置主机头名的用途和意义。

3. 如何管理 Web 站点?

4. 什么是 FTP 服务？主要功能是什么?

项目 8　组建无线局域网

学习目标

了解无线局域网的特点；
了解无线局域网的标准；
掌握无线局域网的组网模式；
掌握无线局域网的组网方法。

项目分析

本项目主要涉及无线局域网的基本技术，主要介绍无线局域网的特点、无线局域网的标准，最主要的是无线局域网的组网模式与组网方法。

8.1　无线局域网基础

有线网络以其传输速度高、产品的品牌和数量众多、技术发展速度快等优点，在市场上有着相当的知名度和市场份额。然而，随着无线网络在技术上的成熟，产品种类的不断增加和产品成本不断下降，无线局域网应用越来越广，它将会扩展甚至在某些情况下取代有线局域网。可以预想，在未来信息无所不在的时代，无线网将依靠其无法比拟的灵活性、可移动性和极强的可扩容性，使人们真正享受到简单、方便、快捷的网络连接。

8.1.1　无线局域网定义

无线局域网（WLAN，Wireless Local Area Network）是指采用无线介质组建的网络。与有线局域网通过铜线或光纤等导体传输不同的是，无线局域网使用电磁频谱来传递信息。它是计算机网络与无线通信技术相结合的产物。无线网络用于一些布线困难、上网设备经常移动、搭建临时性的网络情况。无线网络因其自身的优越特性被视作有线网络的补充技术而广泛应用。

8.1.2　无线局域网特点

无线局域网利用电磁波在空气中发送和接收数据，而无需线缆介质。无线局域网的数据传输速率现在已经能够达到300Mbps，传输距离为室内100米，室外300米。它是对有线联网方式的一种补充和扩展，使网上的计算机具有可移动性，能快速方便地解决使用有线方式不易实现的网络联通问题。

1. 无线局域网的优点

与有线网络相比，无线局域网具有以下优点：

（1）安装便捷。一般在网络建设中，施工周期最长、对周边环境影响最大的，就是网络布线施工工程。在施工过程中，往往需要破墙掘地、穿线架管。而无线局域网最大的优势就是免去或减少了网络布线的工作量，一般只要安装一个或多个接入点 AP（Access Point）设备，就可建立覆盖整个建筑或地区的局域网络。

（2）使用灵活。在有线网络中，网络设备的安放位置受网络信息点位置的限制。一旦无线局域网建成后，在无线网的信号覆盖区域内任何一个位置都可以接入网络。

（3）经济节约。由于有线网络缺少灵活性，要求网络规划者尽可能地考虑未来发展的需要，这就会导致预设大量利用率较低的信息点。一旦网络的发展超出了设计规划，又要花费较多费用进行网络改造，而无线局域网可以避免或减少以上情况的发生。

（4）易于扩展。无线局域网有多种配置方式，能够根据需要灵活选择。这样，无线局域网就能胜任从只有几个用户的小型局域网到上千用户的大型网络，并且能够提供像“漫游”等有线网络无法提供的特性。在最近几年里，无线局域网已经在医院、商店、工厂和学校等不适合网络布线的场合得到了广泛应用。

2. 无线局域网的局限性

（1）可靠性与服务质量。无线局域网是依靠无线电波进行传输的。这些电波通过无线发射装置进行发射，而建筑物、车辆、树木和其他障碍物都可能阻碍电磁波的传输，所以会影响网络的性能。

（2）带宽与容量。无线信道的传输速率与有线信道相比要低得多。目前，无线局域网的最大传输速率为 150Mbps，只适合于个人终端和小规模网络应用。

（3）安全性。由于无线网络的自身特性，决定它除了具有有线网络的不安全因素外，还容易遭受窃听、干扰、冒充、欺骗等形式的攻击。安全性已经成为一个迫切需要解决的问题。

8.1.3　无线局域网的应用场合

无线局域网的应用范围广泛，可以分为室外环境和室内环境两种。室内包括家庭、办公室、临时的室内展馆、车间等；室外则主要包括诸如校园网、企业网、城域网、建筑物互连、特殊用途网络等。无线局域网络绝不是用来取代有线局域网络，而是用来弥补有线局域网络之不足，以达到网络延伸之目的。一般来说，无线局域网的应用主要可以满足以下 4 种需求：

（1）替代有线网络。在野外工作时，无需任何布线即可非常方便地组建一个临时的局域网，以便共享硬件和数据资源，非常适合于采矿、军事等方面的应用。

（2）补充有线网络。学校、图书馆等场所设置无线接入点 AP 可方便用户临时加入图书馆的有线局域网，以便对图书馆的图书、资料等进行检索。

（3）移动接入。通过无线的方式接入互联网非常方便，不用连线，在任何地点都可以上网，包括出差在外，甚至在高速运行的列车上。

（4）无线传感器网络。能够通过各类集成化的微型传感器进行实时监测，感知和采集各种环境或监测对象的信息，这些信息通过无线方式，以分布式的网络形式传送到用户终端进行处理，实现物理世界、计算机世界以及人类世界的三元世界连通。无线传感器网络是用途非常广泛的网络，用于军事侦察、环境监测与预报、医疗护理、智能家居、建筑物状态监控以及设备监控等各个方面。

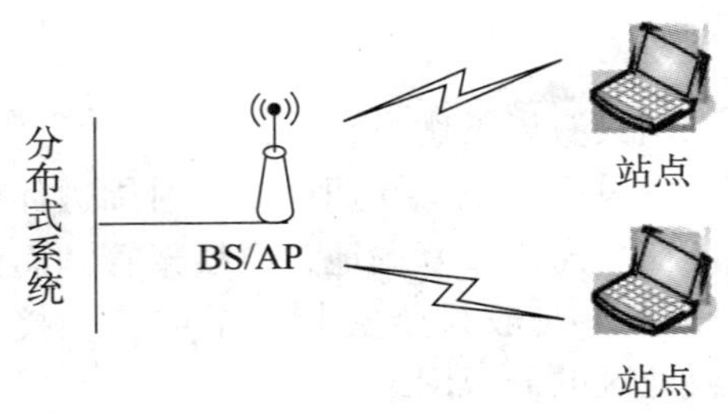

图 8—1　无线网的组成图

8.1.4　无线局域网的结构

无线局域网的物理结构如图 8—1 所示，由站 STA（Station）、无线介质 WM（Wireless Medium）、基站 BS（Base Station）或无线接入点 AP（Access Point）和分布式系统 DS（Distribution System）4 部分组成。

1. 站 STA

站 STA 是指以无线方式接入无线局域网的设备，是无线局域网的基本组成单元，包括主机（Host）或终端（Terminal）。站点在无线局域网中通常用于客户端（Client），是具有无线网络接口的计算机设备，如拥有无线网卡的便携式计算机。

（1）站的组成。站由 3 部分组成：终端用户设备、无线网络接口和网络软件。

（2）站的分类。按照移动性，无线局域网中的站可分为固定站、半移动站和全移动站三类。

固定站是指位置固定不动的站；半移动站是指站可在网内移动，但只能在静止状态下进行通信；全移动站是指站可在移动状态下保持通信，移动速率通常限定在 2～10Mbps。固定站、半移动站和全移动站的特点如表 8—1 所示。

表 8—1　无线局域网中移动站的分类

移动站的分类	固定站	半移动站	移动站
开机使用的移动站	固定	固定	固定/移动
关机时的移动站	固定	固定/移动	固定/移动
举例	台式机	便携机	掌上机、车载台

2. 无线介质

无线局域网采用的传输介质不是双绞线和光纤，而是红外线和无线电波。

（1）红外线。红外线局域网采用小于 1μm 波长的红外线作为传输介质，有较强的方向性。红外信号要求视距传输，并且窃听困难，对邻近区域的类似系统也不会产生干扰。但由于红外线具有很高的背景噪声，受日光、环境照明等影响较大，一般要求的发射功率较高。

（2）无线电波。无线电波是无线局域网最常用的无线传输介质，这是因为无线电波的覆盖范围较广，已有的应用技术较成熟。特别是用于无线通信的直接序列扩频调制方法，使得无线电波的发射功率低于自然的背景噪声，具有很强的抗干扰抗噪声能力、抗衰落能力。这一方面保证了通信安全，基本避免了窃听；另一方面，无线局域网使用的无线电波频段主要是 S 频段（2.4～2.4835GHz），也叫工业科学医疗频段 ISM（Industry Science Medical），不受无线电管理部门的限制，不会对人体健康造成伤害。

3. 基站 BS 和无线接入点 AP

基站是指在一定的无线电覆盖区中，通过通信交换中心，与终端之间进行信息传递的无线电收/发电台，完成无线通信网和用户之间的通信和管理功能。常用于移动通信的蜂窝结构中。

无线接入点 AP（Access Point）类似蜂窝结构中的基站，是无线局域网的重要组成单元，设备除了具备站的基本功能外，可以为其他站提供无线网络接入服务的设备。它的基本功能有：

(1) 作为无线接入点，完成其他非 AP 站对分布式系统的接入访问和不同站间的通信连接。

(2) 作为无线网络和分布式系统的桥接点，完成桥接功能。

(3) 作为无线局域网的控制中心，完成对其他非 AP 的站的控制和管理。

4. 分布式系统 DS

分布式系统 DS（Distribution System）是用来连接不同的网络的，通常是有线网络（如采用 IEEE 802.3 协议的局域网），但也可以是通过 AP 间的无线通信构成的无线网络。

8.2　无线局域网标准

无线局域网技术（包括 IEEE 802.11、蓝牙技术和 HomeRF 等）将是 21 世纪无线通信领域最有发展前景的重大技术之一。以 IEEE（电气和电子工程师协会）为代表的多个研究机构针对不同的应用场合，制定了一系列协议标准，推动了无线局域网的实用化。

8.2.1　IEEE 802.11 系列协议

作为全球公认的局域网权威，IEEE 802 工作组建立的标准在局域网领域内得到了广泛应用。这些协议包括 802.3 以太网协议、802.5 令牌环协议和 802.3z100Base-T 快速以太网协议等。IEEE 于 1997 年发布了无线局域网领域第一个在国际上被认可的协议——802.11 协议。1999 年 9 月，IEEE 提出 802.11b 协议，用于对 802.11 协议进行补充，之后又推出了 802.11a、802.11g 等一系列协议，从而进一步完善了无线局域网规范。IEEE 802.11 工作组制定的具体协议如下所述。

1. IEEE 802.11

IEEE 802.11 是 IEEE 最初制定的一个无线局域网标准，主要用于解决办公室局域网和校园网中用户与用户终端的无线接入，业务主要限于数据访问，工作在 2.4GHz 频带，速率最高只能达到 2Mbps。由于它在速率和传输距离上都不能满足人们的需要，所以 IEEE 802.11 标准被 IEEE 802.11b 所取代了。

2. 802.11a

IEEE 802.11a 是 802.11 原始标准的一个修订标准，于 1999 年获得批准。使用 5GHz 的频带，最大原始数据传输速率为 54Mbps，达到了现实网络中吞吐量（20Mbps）的要求。802.11 拥有 12 条不相互重叠的频道，8 条用于室内，4 条用于点对点传输，它不能与 802.11b 进行互操作，除非使用了对两种标准都采用的设备。由于 2.4GHz 频带已经被到处使用，采用 5GHz 的频带让 802.11a 具有更少冲突的优点。然而，高载波频率也带来了负面效果。802.11a 几乎被限制在直线范围内使用，这导致必须使用更多的接入点；同样还意味着 802.11a 不能传播得像 802.11b 那么远，因为它更容易被吸收。

3. 802. 11b

802. 11b 也被称为 Wi-Fi 技术，目前最流行的 WLAN 协议，使用 2. 4GHz ISM（工业、科技、医疗）频段。最高速率 11Mbps，实际使用速率根据距离和信号强度可变（150 米，1～2Mbps，50 米内可达到 11Mbps），802. 11b 的较低速率使得无线数据网的使用成本能够被大众接受。另外，通过统一的认证机构认证所有厂商的产品，802. 11b 设备之间的兼容性得到了保证。

4. 802. 11g

2001 年 11 月，在 802. 11IEEE 会议上形成了 802. 11g 标准草案，目的是在 2. 4GHz 频段实现 802. 11a 的速率要求。802. 11g 使用 2. 4GHz 频段，对现有的 802. 11b 系统向下兼容。它既能适应传统的 802. 11b 标准（在 2. 4GHz 频率下提供的数据传输率为 11Mbps），也符合 802. 11a 标准（在 5GHz 频率下提供的数据传输率 54Mbps），从而解决了对已有的 802. 11b 设备的兼容。用户还可以配置与 802. 11a、802. 11b 和 802. 11g 均相互兼容的多方式无线局域网，有利于促进无线网络市场的发展。

8. 2. 2 蓝牙 Bluetooth

蓝牙技术于 1998 年由 Intel、Nokia、Ericsson、Toshiba 和 IBM 五大公司成立的 BluetoothSIG（Special Interest Group，特别兴趣小组）提出，蓝牙是该技术标准的代码名称，其目的是让用户将移动计算机设备和通信设备简单、快捷地连接，取代连接这些设备的电缆。1999 年 12 月 BluetoothSIG 发布了 Bluetooth 1. 0B 技术标准规范。

蓝牙技术是面向网络中各类数据及语音设备，实现语音和数据无线传输的开放性规范，也是一种低成本、短距离的无线连接技术，为固定和移动设备通信环境建立一个特别的连接。除用无线链路代替电缆连接功能外，还提供接入数据网功能、接口功能和组网功能。

蓝牙工作在全球通用的 2. 4GHz ISM 频段，其数据传输速率为 1Mbps，全双工通信，快速确认和调频技术能确保链路的稳定。使用二进制调频技术的跳频收发器可用来抑制干扰和防止衰落，采用向前纠错抑制了长距离链路的随机噪声。蓝牙的基带协议是电路交换和分组交换的结合，能支持异步数据通道、3 个同时进行的同步话音通道，以及一个同时传送异步数据和同步话音的信道。每个话音信道可支持 64Kbps 同步话音链路，异步信道则可支持一端最大速率为 721Kbps 和另一端为 57. 6Kbps 的不对称连接，也可支持 43. 2Kbps 的对称连接。

8. 2. 3 HomeRF 标准

HomeRF 工作组于 1998 年为在家庭范围内实现语音和数据的无线通信制定出一个规范，即共享无线访问协议（SWAP）。该协议主要针对家庭无线局域网，其数据通信采用简化的 IEEE 802. 11 协议标准。之后，HomeRF 工作组又制定了 HomeRF 标准，用于实现 PC 机和用户电子设备之间的无线数字通信，是 IEEE 802. 11 与泛欧数字无绳电话标准（DECT）相结合的一种开放标准。HomeRF 标准采用扩频技术，工作在 2. 4GHz 频带，可同步支持 4 条高质量语音信道并且具有低功耗的优点，适合用于笔记本电脑。

8. 2. 4 HyperLAN/2 标准

2002 年 2 月，ETI 的宽带无线接入网络小组公布了 HiperLAN/2 标准。HiperLAN/2 标准由全球论坛（H2GF）开发并制定，在 5GHz 的频段上运行，物理层最高速率可达 54Mbps，是一种高性能的局域网标准。HyperLAN/2 标准定义了动态频率选择、无线小区切换、链路适配、多波束天线和功率控制等多种信令和测量方法，用来支持无线网络的功能。基于 HyperRF 标准的网络有其特定的应用，可以用于企业局域网的最后一部分网段，支持用户在子网之间的 IP 移动性。在热点地区，为商业人士提供远端高速接入互联网的服务，以及作为 W-CDMA 系统的补充，用于 3G 的接入技术，使用户可以在两种网络之间移动或进行业务的自动切换，而不影响通信。

比较这四种无线局域网标准，802.11 系列协议由 IEEE 制定，是目前居于主导地位的无线局域网标准。HomeRF 主要是为家庭网络设计的，是 802.11 与 DECT 的结合。HomeRF和蓝牙都工作在 2.4GHz ISM 频段，并且都采用跳频扩频（FHSS）技术。因此，HomeRF 产品和蓝牙产品之间几乎没有相互干扰。蓝牙技术适用于松散型的网络，可以让设备为一个单独的数据建立一个连接，而 HomeRF 技术则不像蓝牙技术那样随意。组建 HomeRF 网络前，必须为各网络成员事先确定一个唯一的识别代码，因而比蓝牙技术更安全。802.11 使用的是 TCP/IP 协议，适用于功率更大的网络，有效工作距离比蓝牙技术和 HomeRF 要长得多。

8.3　项目实训：组建无线局域网

8.3.1　无线局域网的互联设备

1. 无线网卡

与有线网卡相类似，无线网卡从接口分类，则包含 PCI 接口（如图 8—2 所示）、PCMCIA 接口（如图 8—3 所示）和 USB 接口（如图 8—4 所示）三种，其中 PCI 接口无线网卡适用于台式电脑，PCMCIA 接口产品适合笔记本电脑，USB 接口的产品可以兼顾台式电脑和笔记本电脑。

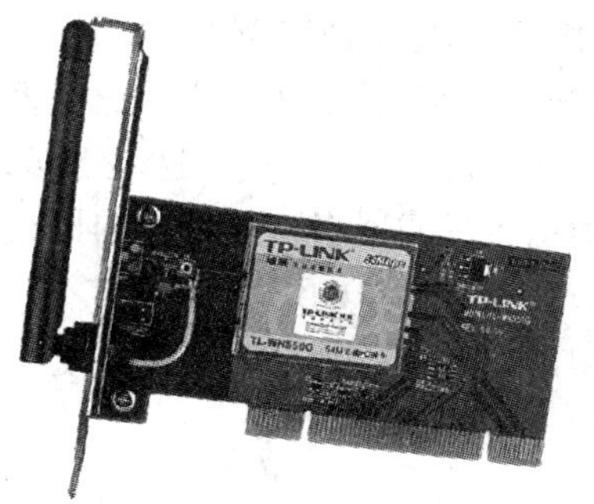

图 8—2　PCI 接口无线网卡

图 8—3　PCMCIA 接口无线网卡

除此之外，还有笔记本电脑中应用比较广泛的 MINI-PCI 无线网卡，如图 8—5 所示。MINI-PCI 为内置型无线网卡，其优点是无需占用 PC 卡或 USB 插槽。

图 8—4　USB 接口无线网卡

图 8—5　MINI-PCI 接口无线网卡

2. 无线 AP

AP 全称 Access Point（无线接入器、无线接入点）如图 8—6 所示，通过它能把拥有无线网卡的计算机接入到网络中。它主要是提供无线工作站对有线局域网和从有线局域网对无线工作站的访问，在访问接入点覆盖范围内的无线工作站可以通过它进行相互通信。通俗地讲，无线 AP 是无线网和有线网之间沟通的桥梁。由于无线 AP 的覆盖范围是一个向外扩散的圆形区域，因此，应当尽量把无线 AP 放置在无线网络的中心位置，而且各无线客户端与无线 AP 的直线距离最好不要太长，以避免因通讯信号衰减过多而导致通信失败。无线 AP 相当于一个无线集线器（Hub），接在有线交换机或路由器上，为与它连接的无线网卡从路由器那里分得 IP 地址。

市场上的 AP 基本上分为两大类：单纯型 AP 和扩展型 AP。扩展型 AP 除了基本的 AP 功能之外，还可能带有若干以太网交接口，具有路由、NAT、DHCP、打印服务器等功能。单纯型 AP 比较适合于有线网络已经比较健全，仅仅需要网络扩展无线功能的用户。

3. 无线路由器

无线路由器如图 8—7 所示，从名称上就可以知道这种设备具有路由的功能，大家可能对有线的宽带路由器有所了解，那么我们可以说无线路由器是单纯型 AP 与宽带路由器的一种结合；借助于路由器功能，可实现家庭无线网络中的 Internet 连接共享，实现 ADSL 和小区宽带的无线共享接入。另外，无线路由器可以把通过它进行无线和有线连接的终端都分配到一个子网，这样子网内的各种设备交换数据就非常方便。

无线路由器就是 AP、路由功能和集线器的集合体，支持有线无线组成同一子网，直接接上上层交换机或 ADSL Modem 等，因为大多数无线路由器都支持 PPPoE 拨号功能。无线路由器在 SOHO 的环境中使用得比较多，在这种环境下，一个 AP 就足够了。无线路由器一般包括网络地址转换（NAT）协议，以支持无线局域网用户的网络连接共享——这是 SOHO 环境中很好用的一个功能。它们也可能有基本的防火墙或者信息包过滤器来防止端口扫描软件和其他针对宽带连接的攻击。最后，大多数无线路由器包括一个四个端口的以太网转换器，可以连接几台有线的计算机。这对于管理路由器或者把一台打印机连上局域网来说非常方便。

图 8—6　无线 AP

图 8—7　无线路由器

4. 其他无线网络设备

（1）天线。无论是无线网卡、无线 AP 还是无线路由器，都内置有无线天线。因此，当传输距离较近时，用户无须安装外置的无线天线。然而，当在室内的传输距离超出 20～30 米，室外的传输距离超出 50～100 米时，就必须考虑为无线 AP 或无线网卡安装外置天线，以增强无线信号的强度，延伸无线网络的覆盖范围。

无线天线有多种类型，不过常见的有两种，一种是室内天线，优点是方便灵活，缺点是增益小，传输距离短；另一种是室外天线。室外天线的类型比较多，一种是锅状的定向天线，一种是棒状的全向天线。室外天线的优点是传输距离远，比较适合远距离传输。

（2）无线网桥。无线网桥是在链路层实现无线局域网互连的存储转发设备，它能够通过无线（微波）进行远距离数据传输，无线网桥有三种工作方式：点对点、点对多点、中继连接。可用于固定数字设备与其他固定数字设备之间的远距离（可达 20km）、高速（可达 11Mbps）无线组网。

从作用上来理解无线网桥，它可以用于连接两个或多个独立的网络段，这些独立的网络段通常位于不同的建筑内，相距几百米到几十公里。所以说它可以广泛应用在不同建筑物间的互联。同时，根据协议不同，无线网桥又可以分为 2.4GHz 频段的 802.11b 或 802.11 以及采用 5GHz 频段的 802.11a 无线网桥。

8.3.2 无线局域网的配置方式

1. 对等模式

这种应用包含多个无线终端和一个服务器，均配有无线网卡，但不连接到接入点和有线网络，而是通过无线网卡进行相互通信。它主要用来在没有基础设施的地方快速而轻松地建无线局域网，如图 8—8 所示。

2. 接入模式

该模式是目前最常见的一种架构，这种架构包含一个接入点和多个无线终端，接入点通过电缆连线与有线网络连接，通过无线电波与无线终端连接，可以实现无线终端之间的通信，以及无线终端与有线网络之间的通信。通过对这种模式进行复制，可以实现多个接入点相互连接的更大的无线网络，如图 8—9 所示。

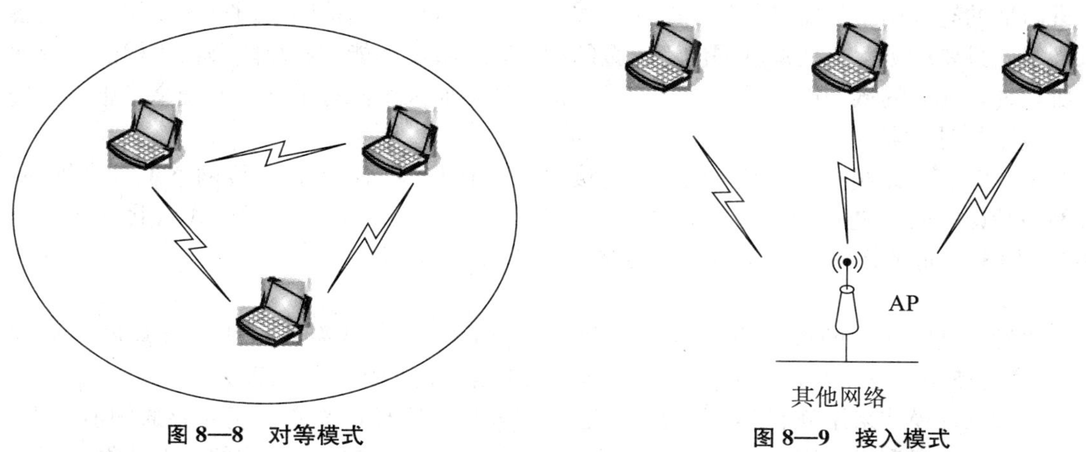

图 8—8 对等模式 **图 8—9 接入模式**

这种中心集中控制结构的优势如下：

（1）无线网的覆盖范围或通信距离由 AP 确定，比无中心分布结构的通信距离长，站布局灵活。

（2）路由的复杂性和物理层的实现复杂度较低。

（3）AP 作为中心站，控制所有站对网络的访问，网络的吞吐性能和时延性能不会随着网络业务量增大而迅速恶化。

(4) AP可以方便地对BSS内的站进行同步管理、移动管理和节能管理等，网络可控性好。

(5) 具有较大的可伸缩性。

3. 中继模式

中继是建立在接入的原理之上的，是两个访问节点之间点对点的链接，由于独享信道，比较适合于两个局域网的远距离互联（传输距离可达到50km），如图8—10所示。

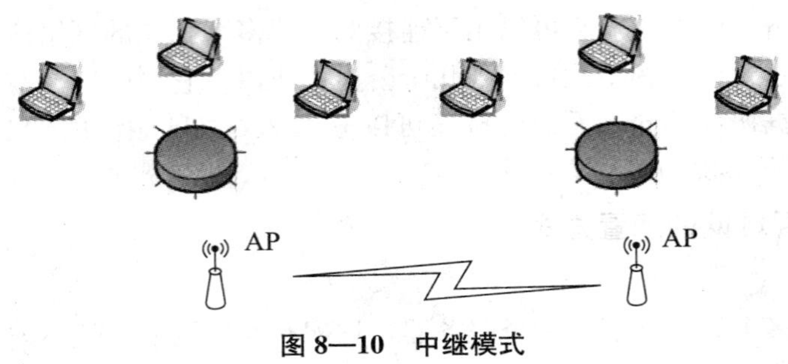

图8—10 中继模式

8.3.3 无线局域网的验证和加密方式

无线网络技术提供了使用网络的便捷性和移动性，但也会给网络带来安全风险。由于无线局域网络是通过无线信号来传送数据的，无线信号在发射出去之后就无法控制它在空间中的扩散，因而容易被不受欢迎的接收者截住。除非访问者及设备的身份验证和授权机制足够健全，任何具有兼容的无线网卡的用户都可以访问该网络。

如果不进行有效的数据加密，无线数据就以明文方式发送，这样在某个无线访问点的信号有效距离之内的任何人都可以检测和接收往来于该无线访问点的所有数据。不速之客不需要攻进内部的有线网络就能轻而易举地在无线局域网信号覆盖的范围内通过无线客户端设备接入网络。只要能破解无线局域网的不安全的相关安全机制就能彻底攻陷公司机构的局域网络。所以说，无线局域网由于通过无线信号来传送数据而天生固有不确定的安全隐患，在进行数据传输的时候需要进行加密。

两个802.11g无线网卡，对等网方式连接，用Windows XP内置无线网络工具来管理，设置网络验证方式可选：开放式、共享式、WPA-None三种。其中，开放式、共享式只能选WEP加密，而WPA-None加密方式可选TKIP、AES两类。

1. 验证方式

无线设备之间认证的模式有两种，一种为开放式，另一种为共享式。通常使用静态WEP加密时使用共享方式，使用802.1x动态WEP加密时使用开放认证方式。

共享式认证模式采用静态WEP密钥，这种方式难于管理，改变密钥时要通知所有人，如果有一个地方泄漏了密钥就无安全性可言，并且静态WEP加密有严重的安全漏洞，通过无线监听在收到一定数量的数据后就可以破解得到WEP密钥。开放式认证模式采用动态WEP加密，这种方式可以防止WEPKey被破解。为解决数字证书的发放难题，人们对认证进行了改进，可以用传统的用户名口令方式认证入网。

2. 加密方式

无线网络中已经存在好几种加密技术，最常使用的是WEP和WPA两种加密方式。

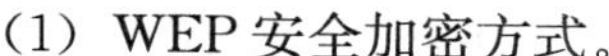

（1）WEP 安全加密方式。

WEP 全称为有线对等保密（WEP，Wired Equivalent Privacy）是一种数据加密算法，用于提供等同于有线区域网络的保护能力。使用了该技术的无线区域网络，所有用户端与无线接入点的数据都会以一个共享的密钥进行加密，密钥的长度有 40 位、256 位两种，密钥越长，黑客就需要更多的时间去进行破解，因此能够提供更好的安全保护。

（2）WPA 安全加密方式。

WPA 加密即 Wi-Fi Protected Access，加密特性决定了它比 WEP 更难以入侵，如果对数据安全性有很高要求，就必须选用 WPA 加密方式（Windows XP SP2 已经支持 WPA 加密方式）。

WPA 作为 IEEE 802.11 通用的加密机制 WEP 的升级版，在安全的防护上比 WEP 更为周密，主要体现在身份认证、加密机制和数据包检查等方面，而且它还提升了无线网络的管理能力。

WPA 为移动用户机提供了动态密钥加密和相互认证功能。WPA 通过定期为每台用户机随机产生唯一的加密密钥来阻止黑客入侵。与 WEP 类似，一个用户机的预先共享的密钥（通常被称为“通行字”）必须与接入点中保存的预先共享的密钥相匹配，接入点使用通行字进行认证，如果通行字相符合，用户机被允许访问接入点。

8.3.4　组建对等模式无线局域网

如果几台计算机只安装了无线网卡而没有无线路由器，那么，这几台计算机就可以使用无线网卡组建一个简单的对等网络，不需要电缆，相互之间就可以直接通信。同样，配置计算机直连也可使用 Windows XP 配置程序和无线网卡配置程序。Windows XP 内置了对无线网络的支持，Windows XP SP2 更是提供了无线网络安全向导，因此，可以直接在 Windows XP 系统中配置无线网络。组建如图 8—8 所示的网络，组建步骤如下所述。

1. 添加无线网络

（1）安装无线网卡，安装无线网卡驱动程序，保证网卡正常工作。无线网卡的安装方法与有线网卡的安装方法相类似，可以参照“项目 3 组建工作组局域网”的项目实训中网卡的安装方法。

（2）无线网卡工作正常后，右键单击“网上邻居”，选择“属性”，打开如图 8—11 所示窗口，查看无线网络连接图标。进行 IP 地址的设置，设置方法也是可以参照“项目 3 组建工作组局域网”的项目实训中 IP 地址的设置方法，将 IP 地址设为 192.168.2.2。

图 8—11　“网络连接”窗口

右键单击“无线网络”，选择“属性”，选择“网络配置”选项卡，打开如图 8—12 所示“无线网络 属性”对话框。单击“添加”按钮，如图 8—13 所示。在网络名（SSID）中输入一个名称，无线对等网中的每台计算机都需要使用该网络名进行连接，如 11。

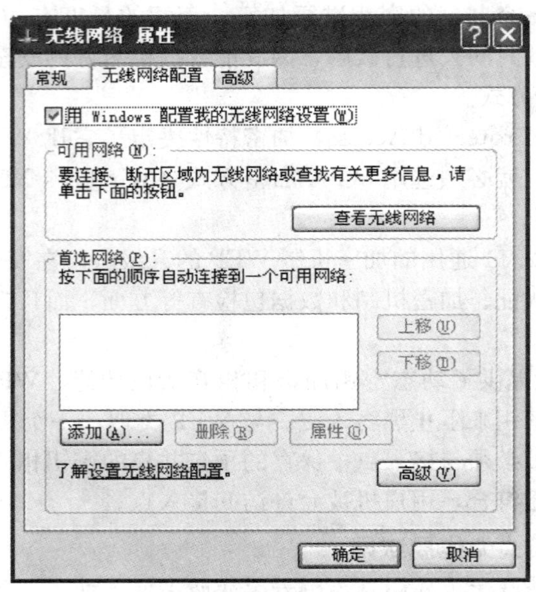

图 8—12 “无线网络属性”对话框。

网络身份验证：选择网络验证方式，有开放式、共享式和 WPA-None 三种。

数据加密：可选择是否启用加密，默认为 WEP 加密方式。如果不想加密，可选择“已禁用”选项。如果想自己设置连接的计算机有密钥，则将“自动为我提供此密钥”选项前的对勾去掉即可。

(3) 单击“确定”按钮，返回“无线网络 属性”对话框，所添加的网络显示在“首选网络”列表框，如图 8—14 所示。

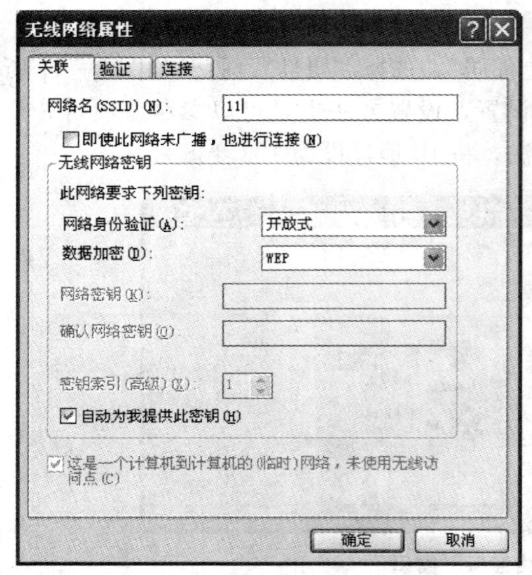

图 8—13 “无线网络属性”对话框。

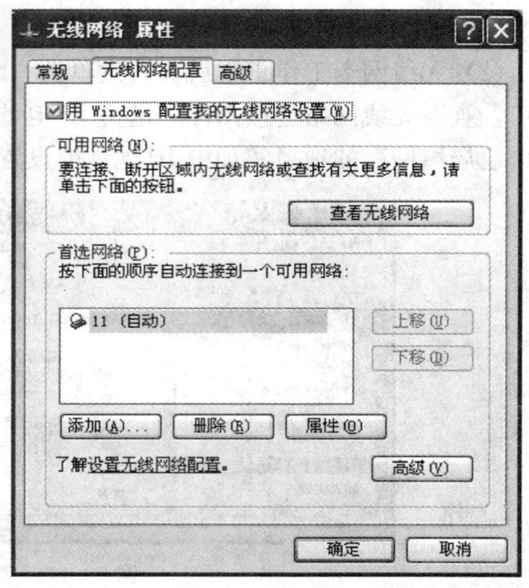

图 8—14 “无线网络连接”属性对话框

(4) 单击“高级”按钮，弹出如图 8—15 所示的“高级”对话框，选择“仅计算机到计算机（特定）”单选按钮。单击“关闭”按钮返回，再单击“确定”按钮关闭。

注意：在首选访问点无线网络中，如果有可用网络，通常会首先尝试连接到访问点无线网络。如果访问点网络不可用，则尝试连接到对等无线网络。例如，工作时在访问点无线网络中使用笔记本电脑，然后将笔记本电脑带回家使用计算机连接到家庭网络，自动无线网络配置将会根据需要更改无线网络设置，这样无需用户做任何设置就可以直接连接到家庭网络。

(5) 连接到无线网络。打开如图 8—11 所示的窗口，右键单击“无线网络”，选择“查看可用的无线网络连接”，弹出如图 8—16 所示的“无线网络”窗口，选择要连接的无线网，如“11”，单击连接后即可连接上。

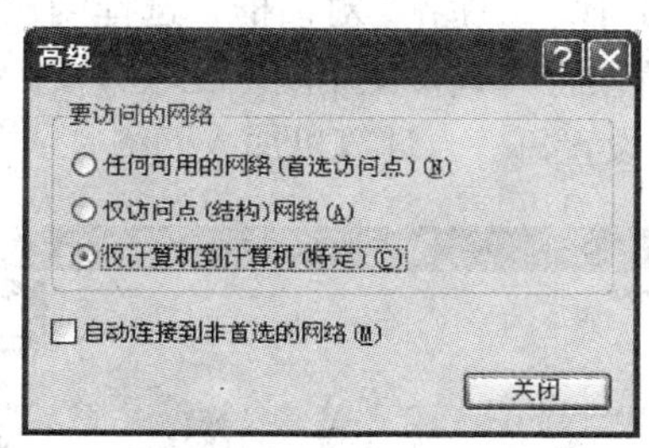

图 8—15　“高级”选项卡

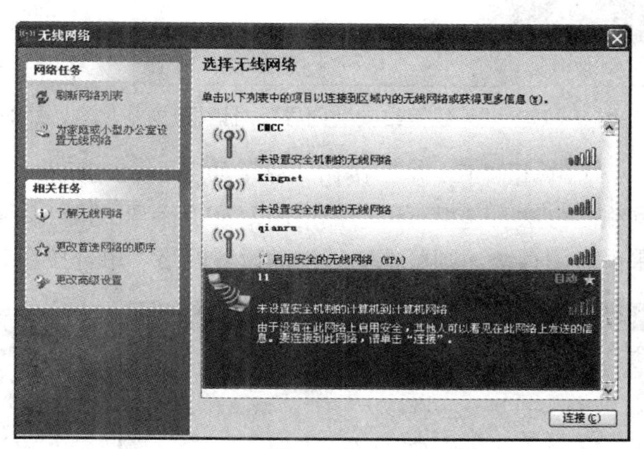

图 8—16　“无线网络连接”窗口

按照如上步骤，在其他要互联的计算机上也做同样设置，计算机便会自动搜索网络并自动连接，同时为计算机设置属于同一个网络的 IP 地址。

注意：在其他计算机上作相同的设置（必须使用相同的网络名），然后，在“无线网络配置”选项卡重复单击“刷新”按钮，建立计算机之间的无线连接，表示无线网络连接已经成功。

2. 无线网络安全向导

Windows XP SP2 系统还提供了“无线网络安全向导”来设置无线网络，并将其他计算机加入该对等网络。

(1) 在图 8—16“无线网络连接”窗口中，单击“为家庭或小型办公室设置无线网络”，显示如图 8—17 所示的“无线网络安装向导”窗口。

(2) 单击“下一步”按钮，显示如图 8—18 所示“为您的无线网络创建名称”对话框。在“网络名（SSID）”文本框为网络设置一个名称，如 coolpen，然后选择网络密钥的分配方式。默认为 Windows 自动分配安全密钥。

如果希望用户必须手动输入密码才能加入网络，可选择“手动分配置网络密钥”单选按钮，然后单击“下一步”按钮，显示如图 8—19 所示“输入无线网络的 WEP 密钥”对话框，在这里可以设置一个网络密钥，当然，密钥越长则越安全。不过，网络密钥必须符合以下条件：

正好 5 或 13 个字符；

正好 10 或 26 个字符，并使用 0~9 和 A~F 之间的字符。

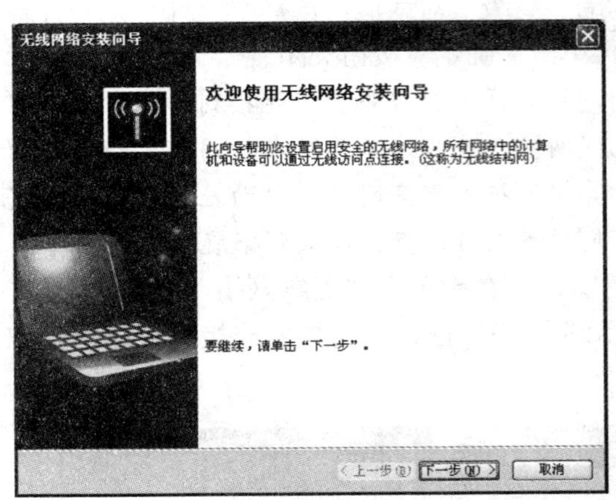

图 8—17 “无线网络安装向导”对话框

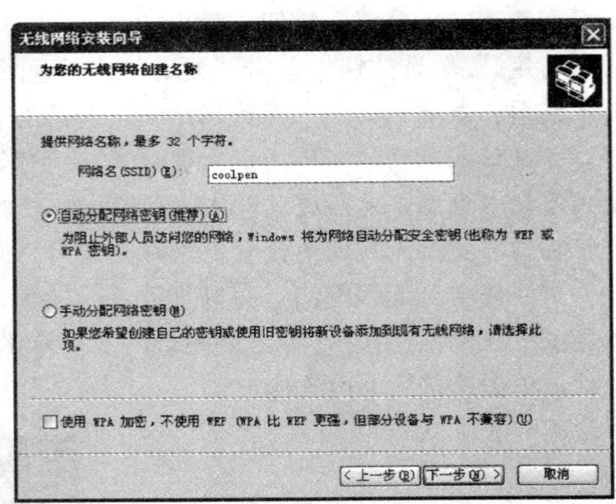

图 8—18 “为您的无线网络创建名称”对话框

(3) 单击“下一步”按钮，显示如图 8—20 所示“您想如何设置网络”对话框，选择创建无线网络的方法。这里可以选择使用 USB 闪存驱动器和手动设置两种方式，使用闪存比较方便。但如果没有闪存盘，则可选择“手动设置网络”单选按钮为手动设置每一台计算机加入网络。

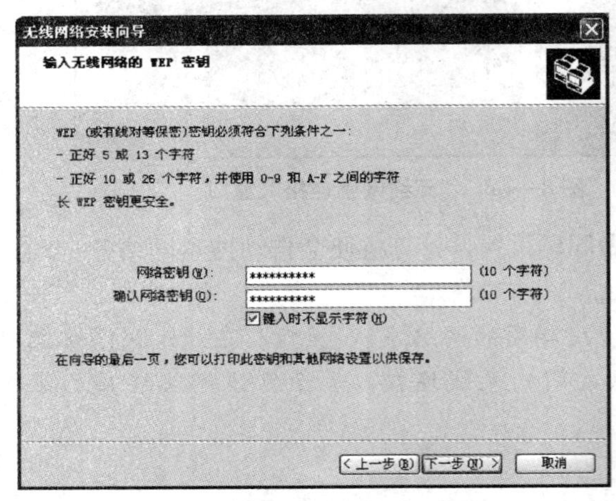

图 8—19 “输入无线网络的 WEP 密钥”对话框

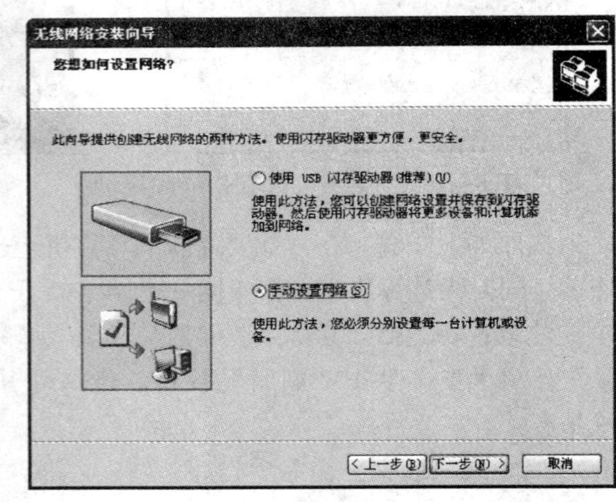

图 8—20 “您想如何设置网络”对话框

(4) 单击“下一步”按钮，显示“向导成功完成”对话框，单击“完成”按钮完成安装向导。

(5) 在其他计算机上进行相同的设置（必须使用相同的网络名），然后，在“无线网络配置”选项卡重复单击“刷新”按钮，建立计算机之间的无线连接。

计算机互联之后就可以进行文件夹的共享和打印机的共享了。

思考：如何提高无线局域网的安全性？

习 题 8

一、单项选择题

1. (　　)标准无线局域网的传输速度为 11Mbps。

A. 802.11　　B. 802.11b　　C. 802.11a　　D. 802.11g

2.( )是 IEEE 标准化组织制定的无线局域网的标准。

A. 802.3 B. 802.16 C. 802.2 D. 802.11

3. 下列关于无线局域网的描述不正确的是( )。

A. 无线局域网安装的便捷

B. 无线局域网使用灵活

C. 无线局域网安全性高

D. 无线局域网扩展容易

4. 下面属于无线局域网的传输介质有( )。

A. 双绞线 B. 光纤 C. 紫外线 D. 红外线

5. 蓝牙技术的数据传输速率( )。

A. 10Mbps B. 11Mbps C. 1Mbps D. 54Mbps

二、填空题

1. 无线局域网有三种组网模式,其中( )模式不用 AP。

2. 802.11g 的传输速率是( )。

3. 无线局域网的传输方式( )、( )和红外线方式。

4. 笔记本上内置的无线网卡采用的总线接口为( )。

5. 无线路由器就是( )、( )和集线器的集合体,支持有线无线组成同一子网。

三、简答题

1. 要组建无线局域网,最基本的配置需要哪些?

2. 无线网卡哪种接口产品适合笔记本电脑?

3. 对于有线网络已经比较健全,仅仅需要网络扩展无线功能的用户宜采用哪种无线设备?

4. 试叙述 IEEE 802.11b、IEEE 802.11a 和 IEEE 802.11g 之间的异同。

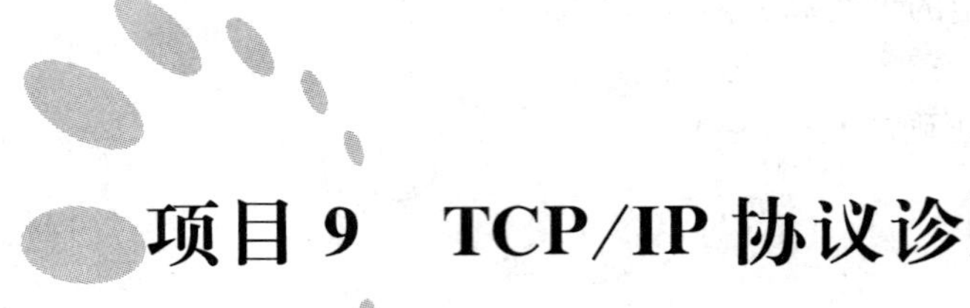

项目 9　TCP/IP 协议诊断

学习目标

掌握主要诊断命令的使用；

了解诊断命令的运作原理。

项目分析

网络诊断命令是查看网络配置情况和网络故障的有力工具。熟练运用网络诊断命令是网络管理员应具有的基本技能之一。对网络诊断命令的掌握和使用，能够让我们探究到 TCP/IP 协议的一些运作机理，了解 TCP/IP 协议的运作细节。

9.1　常用 TCP/IP 协议诊断命令

在网络调试和诊断的过程中，常常需要检测本地主机和服务器的 TCP/IP 配置情况，检测客户机和服务器之间是否连接成功，检查本地计算机与某个远程计算机之间的路径连接情况等，以便及时了解整个网络的运行情况，以确保网络的连通性，保证整个网络的正常运行。常用到的网络诊断命令有：

ipconfig：用于查看和重置本地计算机的 TCP/IP 配置。

ping：用于测试计算机之间的连接，这也是网络配置中最常用的命令。

arp：显示和修改本地计算机 ARP 缓存表中的表项。

netstat：显示本地计算机各端口的网络连接情况。

nbtstat：显示和重置本地计算机和远程计算机的 NetBIOS 名称表和 NetBIOS 名称缓存。

nslookup：用于查询 Internet 域名信息或诊断 DNS 服务器问题。

net：包含了管理网络环境、服务、用户、登录等大部分重要的网络管理功能。

打开命令行窗口的方式：单击“开始”→“运行”，在“运行”对话框里输入“cmd”，单击“确定”按钮。

9.1.1　ipconfig 命令

可以使用 ipconfig 命令获得主机配置信息，包括 IP 地址、子网掩码和默认网关。如果添加选项，还可获得 MAC 地址等进一步的详细信息。如果主机所在的局域网使用了 DHCP，则这个命令所显示的信息更加实用。ipconfig 命令在前面的项目中已经使用过，在此对其用法做一个详细讲述。

1. ipconfig 命令的格式

ipconfig 命令格式为：

ipconfig [/? | /all | /renew [adapter] | /release [adapter] | /flushdns | /displaydns | /registerdns | /showclassid adapter | /setclassid adapter [classid]]

在格式符中，“[　]”表示可选，“|”表示多选一。

选项说明如下：

adapter：连接名称，即将鼠标放到网络连接符上时所显示的名称。

/?：显示此命令的格式和用法的帮助信息。

/all：显示网络连接的完整配置信息。

/release [adapter]：释放指定适配器的 IPv4 地址，适配器未指定时，默认为当前连接适配器。

/renew [adapter]：更新指定适配器的 IPv4 地址，适配器未指定时，默认为当前连接适配器。

默认情况下（即不添加任何选项时），仅显示绑定到 TCP/IP 的适配器的 IP 地址、子网掩码和默认网关。对于 release 和 renew，如果未指定适配器名称，则会释放或更新所有绑定到 TCP/IP 的适配器的 IP 地址租约。

2. ipconfig 命令的使用

发现和解决 TCP/IP 网络问题时，先检查出现问题的主机上的 TCP/IP 配置。使用“ipconfig”命令获得主机配置信息，包括 IP 地址、子网掩码和默认网关。例如，计算机配置的 IP 地址与现有的 IP 地址重复，则子网掩码会显示为“0.0.0.0”。使用“ipconfig /all”命令显示所有连接的详细配置信息。如果主机启用 DHCP 并使用 DHCP 服务器获得配置，可以使用“ipconfig /release”命令释放主机的当前 DHCP 配置，使用“ipconfig /renew”命令获取新的 DHCP 配置。有关“ipconfig”、“ipconfig /all”、“ipconfig /release”和“ipconfig /renew”的执行案例可以参看项目 2 和项目 5 中的例子。

9.1.2　ping 命令

在网络调试的过程中，测试客户机与客户机之间或者客户机与服务器之间是否连通，一般情况下只要用 ping 命令就可以判断。ping 命令使用 ICMP（因特网控制消息协议）协议向目的端发送若干数据包并请求目的端应答。接收到请求的目的端主机再次使用 ICMP 发回相同数量的数据包。ping 对每个包的发送和接收的成功和时间情况进行报告，由此可以分析网络的连通情况。

1. ping 命令的格式

ping 命令格式为：

ping [-t] [-a] [-n count] [-l size] [-f] [-i TTL] [-v TOS] [-r count] [-s count] [[-j host-list] | [-k host-list]][-w timeout] [-R] [-S srcaddr] [-4D [-6] target_name

选项说明如下：

-t：Ping 指定的计算机。如果点击键盘 Ctrl+Break，则对该行为以前的测试做总结，然后继续测试。如果按 Ctrl+C 组合健，则终止测试。

-a：显示所测试的地址对应主机的名称。

-n count：发送 count 指定的测试数据包数，通过这个命令可以自己定义发送的测试数据包的个数，对衡量网络速度很有帮助。能够测试发送数据包的返回平均时间，以及时间的快慢程度。如果不指定，默认值为 4。

-l size：发送指定大小的测试数据包。默认每个测试包的大小为 32 个字节；最大值是 65 500 个字节。

-f：此标志仅对 IPv4 地址有效。通常情况下数据包都会被所经过的路由节点分段再向前发送，加上此选项以后数据包就不会再被分段处理了。

-i TTL：将发送的数据包生存期设置为 TTL 指定的值。数据包在发送过程中是有生存期的，一般将数据包可以经过的路由节点的最大次数设置为其生存期，如果数据包跳跃路由节点的次数超过了其生存期，则将被网络抛弃。

-r count：仅对 IPv4 地址有效，显示所经过路由节点的地址。通常情况下，发送的数据包是通过一系列路由节点才到达目标地址的，设置此选项可以探测经过的路由节点，限定最多能跟踪到 9 个路由节点。

-j host-list：仅对 IPv4 地址有效，利用 host-list 指定数据包必须经过的若干网络节点的地址，这些节点不一定是数据包经过的全部路由节点。允许指定的最大路由节点数量为 9。

-k host-list：仅对 IPv4 地址有效，利用 host-list 指定数据包必须依照顺序经过的网络节点的地址，这些节点是数据包经过的全部路由节点。允许指定的最大路由节点数量为 9。

-w timeout：指定等待回复的超时间隔，单位为 ms。

-R：同样是测试经过的路由，但是仅对 IPv6 地址有效。

-S srcaddr：指定发送测试数据包的源地址。

-4：强制使用 IPv4。

-6：强制使用 IPv6。

target _ name：指定要 ping 的远程计算机，可以是 IP 地址，也可以是域名。

2. ping 命令的使用

在命令行窗口中输入“ping”，按回车键，可以显示 ping 命令的格式和用法的帮助信息。

图 9—1 显示了执行 ping 附带选项-t 的结果。ping -t 10.5.20.88 命令用于测试本机与被测试端 10.5.20.88 的动态连接情况。如果测试过程中先将本机与被测试端连通，再将其断开，然后再连通，最后按 Ctrl+C 组合键终止测试，则出现如图 9—1 所示的情况。

图 9—2 显示了 ping 命令附带选项-n count 和-l size，以修改发送测试数据包的数量和大小。在该 ping 命令中，将发送的测试数据包的数量改为 8 个，每个测试数据包的大小改为 64 个字节。

当使用 ping 命令来查找或检验网络运行情况时，可以将各种选项结合使用，如果所有测试都运行正确，就可以相信网络连通性和相关选项配置都基本没有问题。但是，如果某些 ping 命令出现运行故障，也可以根据给出的信息查找问题所在。

下面是一个典型的 ping 命令检测次序。其中对每一步的判断，都是在上一步测试通过的基础上做出的。

```
C:\WINDOWS\system32\cmd.exe
C:\Documents and Settings\zhaoxh>ping -t 10.5.20.88

Pinging 10.5.20.88 with 32 bytes of data:

Reply from 10.5.20.88: bytes=32 time=5ms TTL=64
Reply from 10.5.20.88: bytes=32 time=3ms TTL=64
Reply from 10.5.20.88: bytes=32 time=2ms TTL=64
Request timed out.
Request timed out.
Request timed out.
Reply from 10.5.20.88: bytes=32 time=3ms TTL=64
Reply from 10.5.20.88: bytes=32 time=1ms TTL=64
Reply from 10.5.20.88: bytes=32 time=1ms TTL=64
Reply from 10.5.20.88: bytes=32 time=1ms TTL=64

Ping statistics for 10.5.20.88:
    Packets: Sent = 10, Received = 7, Lost = 3 (30% loss),
Approximate round trip times in milli-seconds:
    Minimum = 1ms, Maximum = 5ms, Average = 2ms
Control-C
^C
C:\Documents and Settings\zhaoxh>
```

图 9—1 带选项—t 的 ping 命令

```
C:\WINDOWS\system32\cmd.exe
C:\Documents and Settings\zhaoxh>ping -n 8 -l 64 10.5.20.88

Pinging 10.5.20.88 with 64 bytes of data:

Reply from 10.5.20.88: bytes=64 time=7ms TTL=64
Reply from 10.5.20.88: bytes=64 time=1ms TTL=64
Reply from 10.5.20.88: bytes=64 time=1ms TTL=64
Reply from 10.5.20.88: bytes=64 time=1ms TTL=64
Reply from 10.5.20.88: bytes=64 time=1ms TTL=64
Reply from 10.5.20.88: bytes=64 time=1ms TTL=64
Reply from 10.5.20.88: bytes=64 time=1ms TTL=64
Reply from 10.5.20.88: bytes=64 time=5ms TTL=64

Ping statistics for 10.5.20.88:
    Packets: Sent = 8, Received = 8, Lost = 0 (0% loss),
Approximate round trip times in milli-seconds:
    Minimum = 1ms, Maximum = 7ms, Average = 2ms

C:\Documents and Settings\zhaoxh>
```

图 9—2 带选项- n count 和- l size 的 ping 命令

(1) ping 127.0.0.1。这个 ping 命令所送出的数据包只会到达本机网卡，但不会离开本机。如果测试不通，则表示本机的 TCP/IP 协议安装或运行可能存在问题。

(2) ping 本机 IP 地址。这个命令可测试本机 IP 地址配置的正确性。如果 IP 地址配置不存在问题，则会 ping 通。但是，如果 ping 不通，则表示本地 IP 地址配置可能存在问题。出现此问题时，局域网用户请断开网络电缆，然后重新发送该命令。如果网线断开后可以 ping 通，则表示该局域网中的另一台计算机可能配置了相同的 IP 地址。

(3) ping 局域网内其他主机 IP 地址。该命令使测试数据包离开本机，如果没有问题，则会经过网络电缆和交换机等设备到达目的主机，然后返回。如果 ping 通，则可以表明本局域网中相关设备设置基本正确；但如果 ping 不通，则可能是子网掩码设置不正确，或者线路连接有问题，或者交换机有问题。

(4) ping 本网网关 IP 地址。这个命令如果 ping 通，表示局域网中的网关设置没有问题，本网中主机可以向局域网外的主机发送数据。如果 ping 不通，则表明可能网关设置错误，或者设置网关的设备（路由器或者三层交换机）存在问题。

(5) ping 局域网外主机 IP 地址。如果 ping 通，则表示数据包已通过本网网关进入外网，一般情况下表示可以访问 Internet。如果 ping 不通，则表明在外网中存在问题。

(6) ping 域名。如果 ping 通，则表示相关 DNS 服务器运行正常，并且本机可以登录域名关联的主机。如果 ping 不通，则表示 DNS 服务器的 IP 地址配置不正确或 DNS 服务器有故障。

如果以上各步测试都没有问题，则基本表明本机在本地通信和网外通信方面不存在问题。但是这些命令的成功并不表示所有的网络配置都没有问题，有的问题是 ping 命令无法测试到的，需要用其他命令测试。有的网络主机为了自身的安全，禁止其他主机对它的 ping 测试，则 ping 测试就不会通过。

9.1.3 arp 命令

发送数据时，发送端可能只知道目的端的 IP 地址，而数据在发送端从网络层进入数据链路层封装数据帧时需要在数据帧头部放置目的端的 MAC 地址。如果发送端是第一次向目的端发送数据，则其会以广播的形式向网络询问目的端的 MAC 地址。目的端接收到广播后会向发送端告知其 MAC 地址。发送端则将获得的目的端 MAC 地址与目的端 IP 地址以映射对的形式存放在 ARP 缓存表中，下次如果发送端再向该目的端发送数据时可以直接从本机的 ARP 缓存表中提取目的端的 MAC 地址。这就是 ARP（Address Resolution Protocol）协议的工作原理。arp 命令则用于显示和管理主机的 ARP 缓存表。如果主机中使用多个网络适配器（网卡），则每一个适配器对应着一个 ARP 缓存表。

1. arp 命令的格式

arp 命令格式为：

```
arp-s inet_addr eth_addr [if_addr]
arp-d inet_addr [if_addr]
arp-a [inet_addr] [-N if_addr]
```

第一个命令用于向 ARP 缓存表添加新的 IP - MAC 地址映射对表项。“inet _ addr” 表示要添加的网络层地址，即 IP 地址。“eth _ addr” 表示要添加的数据链路层地址，即 MAC 地址。“if _ addr” 是可选项，表示发送端适配器的 IP 地址，如果主机中使用多个网络适配器，则用此选项指定本命令是向哪个适配器的 ARP 缓存表中添加表项。

第二个命令用于从 ARP 缓存表中删除指定 IP 地址的 IP - MAC 地址映射对表项。“inet _ addr” 用于指定要删除的是哪个表项。如果主机中使用多个网络适配器，则 “if _ addr” 用于指定本命令是删除哪个适配器的 ARP 缓存表中的表项。

第三个命令用于显示 ARP 缓存表中所有的或者指定 IP 地址的 IP - MAC 地址映射对表项。如果不添加 “inet _ addr” 和 “- N if _ addr”，则会显示主机中所有适配器（如果存在多个的话）的 ARP 缓存表的表项。如果指定 “- N if _ addr”，则会显示指定网络适配器的 ARP 缓存表信息。如果指定 “inet _ addr”，则会显示指定 IP 地址的 ARP 缓存表表项。

2. arp 命令的使用

在命令行窗口中输入 “arp”，按回车键，可以显示 arp 命令的格式和用法的帮助信息。

图 9—3 显示了 “arp -a” 命令的使用。执行命令后显示了本机网卡 IP 为 10.5.55.11 的 ARP 缓存表（有多个网卡时，每个网卡会对应一个 ARP 缓存表）。缓存表中存储了与本机产生过连接的主机的 IP 地址- MAC 地址映射对，而且从其表项字段 “Type” 的值都是 “dynamic” 得知，这些 ARP 表项都是由测试主机自学得到的，这样的表项如果长时间不使用，就会通过 ARP 协议的老化机制被从 ARP 缓存表中删除。

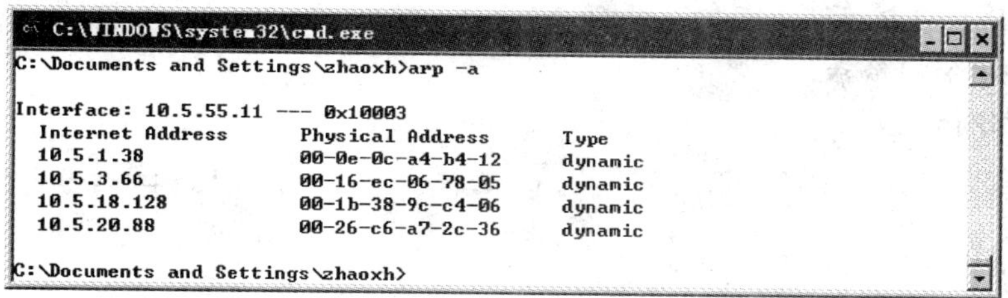

```
C:\WINDOWS\system32\cmd.exe
C:\Documents and Settings\zhaoxh>arp -a

Interface: 10.5.55.11 --- 0x10003
  Internet Address      Physical Address      Type
  10.5.1.38             00-0e-0c-a4-b4-12     dynamic
  10.5.3.66             00-16-ec-06-78-05     dynamic
  10.5.18.128           00-1b-38-9c-c4-06     dynamic
  10.5.20.88            00-26-c6-a7-2c-36     dynamic

C:\Documents and Settings\zhaoxh>
```

图 9—3　“arp-a” 命令

图 9—4 显示了使用“arp -a”命令显示指定 ARP 缓存表（网络适配器 IP 地址为 10. 5. 55. 11）中指定表项（IP－MAC 地址映射对中的 IP 地址为 10. 5. 20. 88）的结果。

```
C:\WINDOWS\system32\cmd.exe
C:\Documents and Settings\zhaoxh>arp -a 10.5.20.88 -N 10.5.55.11

Interface: 10.5.55.11 --- 0x10003
  Internet Address      Physical Address      Type
  10.5.20.88            00-26-c6-a7-2c-36     dynamic

C:\Documents and Settings\zhaoxh>
```

图 9—4　arp 命令显示指定 ARP 表项

图 9—5 显示了使用“arp -d”命令删除 ARP 缓存表中指定的表项（IP－MAC 地址映射对中的 IP 地址为 10. 5. 20. 88）的结果。

```
C:\WINDOWS\system32\cmd.exe
C:\Documents and Settings\zhaoxh>arp -d 10.5.20.88

C:\Documents and Settings\zhaoxh>arp -a

Interface: 10.5.55.11 --- 0x10003
  Internet Address      Physical Address      Type
  10.5.1.38             00-0e-0c-a4-b4-12     dynamic
  10.5.3.66             00-16-ec-06-78-05     dynamic
  10.5.18.128           00-1b-38-9c-c4-06     dynamic

C:\Documents and Settings\zhaoxh>_
```

图 9—5　删除指定 ARP 缓存表中指定表项

图 9—6 显示了使用“arp -s”命令向 ARP 缓存表中添加指定表项（IP－MAC 地址映射对中的 IP 地址为 10. 5. 20. 88，MAC 地址为 00-26-c6-a7-2c-36）的结果。其中注意到新添加的表项的“Type”值变为“static”，表示该表项是人工设定的，不适用老化机制，除非人工删除，否则不会被自动从 ARP 缓存表中删除。

```
C:\WINDOWS\system32\cmd.exe
C:\Documents and Settings\zhaoxh>arp -a

Interface: 10.5.55.11 --- 0x10003
  Internet Address      Physical Address      Type
  10.5.1.38             00-0e-0c-a4-b4-12     dynamic
  10.5.3.66             00-16-ec-06-78-05     dynamic
  10.5.18.128           00-1b-38-9c-c4-06     dynamic
  10.5.20.88            00-26-c6-a7-2c-36     static

C:\Documents and Settings\zhaoxh>_
```

图 9—6　向 ARP 缓存表中添加表项

9. 1. 4　netstat 命令

netstat 命令的功能是显示网络连接、路由表和网络接口信息，可以让用户得知目前都有哪些网络连接正在运作。

1. netstat 命令的格式

netstat 命令格式如下：

netstat [-a] [-b] [-e] [-n] [-o] [-p proto] [-r] [-s] [-t] [interval]

选项说明如下：

-a：显示所有连接和侦听端口。

-b：显示主机中可执行程序使用连接和端口的情况。此选项可能很耗时，并且在没有足够权限时可能失败。

-e：显示以太网统计。此选项可以与-s 选项结合使用。

-n：以数字形式显示地址和端口号。

-o：显示拥有的与每个连接关联的进程 ID。

-p proto：显示 proto 指定的协议的连接；proto 可以是下列任何一个：TCP、UDP、TCPv6 或 UDPv6。

-r：显示路由表。

-s：显示每个协议的统计。默认情况下，显示 IP、IPv6、ICMP、ICMPv6、TCP、TCPv6、UDP 和 UDPv6 的统计。

-t：显示当前连接卸载状态。

interval：此选项设定一个时间间隔（以秒为单位），每隔一个时间间隔，命令将重新显示一次统计信息，这样就可以持续动态地查看同一类统计信息随着时间的变化。按 Ctrl+C 停止连续显示。如果省略，则只显示当前时间点的统计信息。

2. netstat 命令的使用

在命令行窗口中输入“netstat ?”（注意“?”前有空格），按回车键，可以显示 netstat 命令格式的说明。

图 9—7 表示在一台主机上执行“netstat -a”命令的结果，显示了测试机中的所有连接。Proto 字段列出了连接所采用的协议，Local Address 字段列出了连接的本地主机名称和端口号名称，Foreign Address 字段列出了连接的外端主机名称（连接也可能是在一台主机内部两个端口之间建立的）和端口号，State 字段列出了当前连接端口所处的状态。

```
C:\WINDOWS\system32\cmd.exe
C:\Documents and Settings\zhaoxh>netstat -a

Active Connections

  Proto  Local Address          Foreign Address        State
  TCP    zhaoxh:epmap           zhaoxh:0               LISTENING
  TCP    zhaoxh:microsoft-ds    zhaoxh:0               LISTENING
  TCP    zhaoxh:1182            zhaoxh:0               LISTENING
  TCP    zhaoxh:netbios-ssn     zhaoxh:0               LISTENING
  TCP    zhaoxh:1225            123.132.254.15:http    ESTABLISHED
  TCP    zhaoxh:1227            60.210.18.169:http     ESTABLISHED
  TCP    zhaoxh:1228            123.132.254.15:http    ESTABLISHED
  TCP    zhaoxh:1229            119.190.4.73:http      ESTABLISHED
  TCP    zhaoxh:1230            123.58.176.137:http    ESTABLISHED
```

图 9—7 “netstat -a”命令（部分执行结果）

图 9—8 显示了在一台主机上执行“netstat -b”命令的结果。如果要查看主机中有哪些可执行程序在使用连接，则可以使用此命令。

```
C:\WINDOWS\system32\cmd.exe
C:\Documents and Settings\zhaoxh>netstat -b

Active Connections

  Proto  Local Address          Foreign Address        State           PID

C:\Documents and Settings\zhaoxh>netstat -b

Active Connections

  Proto  Local Address          Foreign Address        State           PID
  TCP    zhaoxh:1311            124.131.239.55:http    ESTABLISHED     3636
  [iexplore.exe]

  TCP    zhaoxh:1312            124.131.239.55:http    ESTABLISHED     3636
  [iexplore.exe]

  TCP    zhaoxh:1313            123.132.254.15:http    ESTABLISHED     3636
  [iexplore.exe]
```

图 9—8 “netstat -b”命令（部分执行结果）

9.1.5 nbtstat 命令

nbtstat 命令用于显示本地主机和远程主机的基于 TCP/IP 协议的 NetBIOS 统计资料、NetBIOS 名称表和 NetBIOS 名称缓存表等信息。nbtstat 命令可以刷新 NetBIOS 名称缓存表。

在个人计算机和局域网发展的早期，为了在个人计算机上实现网络能力，Microsoft 和 IBM 合作开发了一套协议 NetBIOS，它提供了一套网络访问的接口，开发者 IBM 认为这套协议将如同它们设计的计算机 BIOS 一样成为最基本的网络访问接口，因此使用了“NetBIOS”来命名这个协议。

NetBIOS 协议事实上是一种区别于 TCP/IP 协议的网络通信协议。在使用了 NetBIOS 协议的网络中，主机与主机之间通信的地址就是主机的 NetBIOS 名称。当微软的操作系统安装之后，安装程序会要求为计算机配置一个名称，配置的计算机名实际上就是一个 NetBIOS 名称。NetBIOS 名称在网络内必须是唯一的，其他计算机不允许使用这个名称。在局域网内部实现的诸如文件和打印机等资源的共享就是基于 NetBIOS 的。

随着网络的发展，TCP/IP 协议成了网络通信的主流协议。采用了 NetBIOS 的网络如果需要借助 TCP/IP 协议来传输数据，则发送端必须把接收端的 NetBIOS 名称解析成对应的 IP 地址，如同在网络访问中，需要把要访问的服务器的域名解析成其 IP 地址一样。把 NetBIOS 名称解析成 IP 地址主要有以下三种方法。

（1）通过存储在主机中的名称缓存表来解析。每一个主机维护着一张名称缓存表，名称缓存表中存储了与该主机通信的其他主机的 NetBIOS 名称和 IP 地址的映射对。当该主机与其他主机进行通信时，如果知道对方的 NetBIOS 名称，则可以通过查询名称缓存表获得对方的 IP 地址，然后就可以通过 TCP/IP 协议实现通信。如果名称缓存表中查找不到相应 NetBIOS 名称的 IP 地址解析，则可以通过后面的两种方式获得解析。

（2）通过向网络中发送广播包询问 NetBIOS 名称解析。主机要与其他主机通信时，如果在主机的名称缓存表中查找不到对方的 NetBIOS 名称解析，则会向网络中发送广播包来询问解析。要解析的 NetBIOS 名称的所有者收到询问广播包后会告知询问者自己的 IP 地址。这样 NetBIOS 名称就获得了解析。

（3）通过网络中的 WINS 服务器解析。WINS 服务器维护着一个 NetBIOS 名称- IP 地址映射对的数据库，向网络中的主机提供 NetBIOS 名称解析服务。网络中的主机启动时会主动向网络中的 WINS 服务器（如果有的话）注册它们的 NetBIOS 名称，由此 WINS 服务器获得相应主机的 NetBIOS 名称- IP 地址映射对。

1. nbtstat 命令的格式

nbtstat 命令的格式为：

```
nbtstat[[ - a RemoteName] [ - A IP address] [ - c] [ - n] [ - r] [ - R] [ - RR] [ - s] [ - S] [interval]]
```

选项说明如下：

- a RemoteName：列出指定名称的远程主机的名称表。RemoteName 表示远程主机的 NetBIOS 名称。

- A IP address：列出指定 IP 地址的远程主机的名称表。

- c：列出名称缓存表内容。

- n：列出本地 NetBIOS 名称表。

- r：列出通过广播和经由 WINS 服务器解析的名称。

- R：清除和重新加载 NetBIOS 名称缓存表。

- S：列出具有目标主机 IP 地址的会话表。

interval：此选项设定一个时间间隔（以秒为单位），每隔一个时间间隔，命令将重新显示一次统计信息，这样就可以持续动态地查看同一类统计信息随着时间的变化。按 Ctrl+C 停止连续显示。如果省略，则只显示当前时间点的统计信息。

2. nbtstat 命令的使用

在命令行窗口中输入“nbtstat”，敲回车键，可以显示 nbtstat 命令格式的说明。

图 9—9 显示了在一台主机上执行“nbtstat -a RemoteName”命令的结果。“RemoteName”值即远程主机的 NetBIOS 名称，这里为“SDV”。

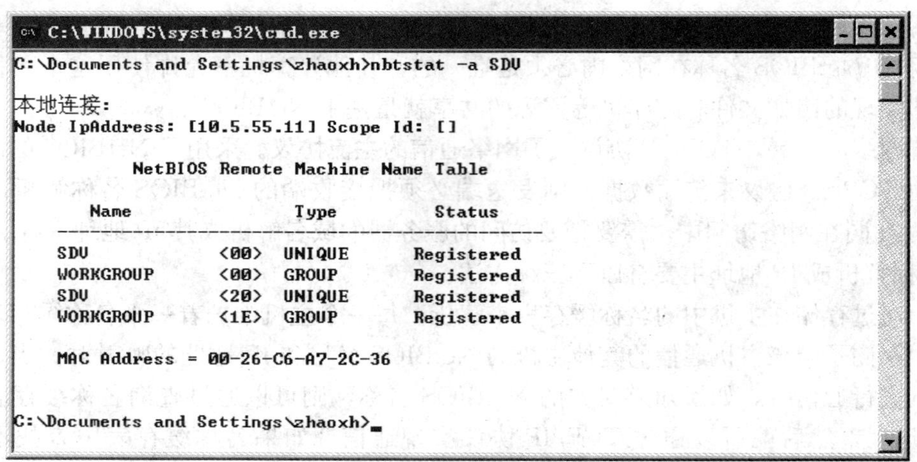

图 9—9 执行“nbtstat -a RemoteName”命令

图 9—10 显示了在一台主机上执行“nbtstat -A IP address”命令的结果。“IP address”值为“10.5.20.88”。

图 9—11 显示了在一台主机上执行“nbtstat -c”命令的结果。

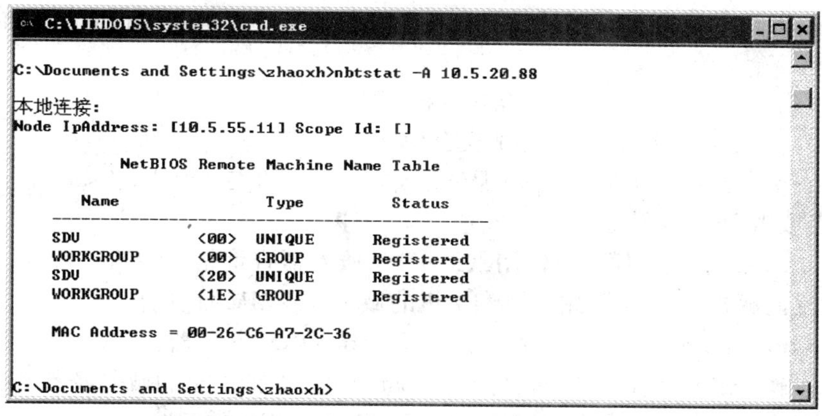

```
C:\WINDOWS\system32\cmd.exe

C:\Documents and Settings\zhaoxh>nbtstat -A 10.5.20.88

本地连接:
Node IpAddress: [10.5.55.11] Scope Id: []

           NetBIOS Remote Machine Name Table

       Name               Type         Status
    ---------------------------------------------
    SDV            <00>  UNIQUE      Registered
    WORKGROUP      <00>  GROUP       Registered
    SDV            <20>  UNIQUE      Registered
    WORKGROUP      <1E>  GROUP       Registered

    MAC Address = 00-26-C6-A7-2C-36

C:\Documents and Settings\zhaoxh>
```

图 9—10 执行“nbtstat-A IP address”命令

```
C:\WINDOWS\system32\cmd.exe
C:\Documents and Settings\zhaoxh>nbtstat -c

本地连接:
Node IpAddress: [10.5.55.11] Scope Id: []

                  NetBIOS Remote Cache Name Table

       Name              Type       Host Address    Life [sec]
    ------------------------------------------------------------
    SDV            <20>  UNIQUE          10.5.20.88      100
    SDV            <00>  UNIQUE          10.5.20.88      100
    EXAMSERVER01   <20>  UNIQUE          10.5.8.65       312

C:\Documents and Settings\zhaoxh>
```

图 9—11 执行“nbtstat-c”命令

图 9—12 显示了在一台主机上执行“nbtstat-n”命令的结果。

```
C:\WINDOWS\system32\cmd.exe
C:\Documents and Settings\zhaoxh>nbtstat -n

本地连接:
Node IpAddress: [10.5.55.11] Scope Id: []

                NetBIOS Local Name Table

       Name              Type         Status
    ---------------------------------------------
    ZHAOXH         <00>  UNIQUE      Registered
    ZHAOXH         <20>  UNIQUE      Registered
    WORKGROUP      <00>  GROUP       Registered

C:\Documents and Settings\zhaoxh>
```

图 9—12 执行“nbtstat-n”命令

9.1.6 nslookup 命令

nslookup 命令用于测试和分析域名解析系统（DNS）的解析问题，可以指定查询的类型，可以查到 DNS 记录的生存时间，还可以指定使用哪个 DNS 服务器进行解释。配置好 DNS 服务器，添加了相应的记录之后，只要 IP 地址保持不变，一般情况下就不再需要维护 DNS 的数据文件了。不过在确认域名解释正常之前最好测试一下所有的配置是否正常。许多人会简单地使用 ping 命令检查一下就可以了。不过 ping 命令只是一个检查网络连通情况的命令，虽然在输入的参数是域名的情况下会通过 DNS 进行查询，但是它只能查询域名是否存在，其他 DNS 信息则没有，而 nslookup 命令则可以给出域名解析问题的详细信息。

1. nslookup 命令的格式

nslookup 命令分为交互式和非交互式两种模式。

nslookup：使用默认 DNS 服务器的交互模式。

nslookup - server：使用指定 DNS 服务器 “server” 的交互模式，“server” 用指定 DNS 服务器的域名或者 IP 地址代替。

nslookup host：非交互模式下使用默认 DNS 服务器查询指定主机 “host” 的域名解析或 IP 地址的反向解析，“host” 用要查询主机的域名或者 IP 地址代替。

nslookup host server：非交互模式下使用指定 DNS 服务器 “server” 查询指定主机 “host” 的域名解析或 IP 地址的反向解析，“host” 用要查询主机的域名或者 IP 地址代替。

在下面有关 nslookup 命令操作演示的前提是已做好相关的配置。

2. nslookup 命令的交互模式

在命令行窗口中输入 “nslookup” 或者 “nslookup -指定 DNS 服务器的域名或 IP 地址” 回车，出现有关 DNS 服务器的信息（如果不指定 DNS 服务器，则出现的是默认 DNS 服务器的信息），如图 9—13 所示。在出现的提示符下输入 “?”，回车，出现可以在交互模式下使用命令的帮助信息。

```
C:\WINDOWS\system32\cmd.exe - nslookup -10.5.20.0
C:\Documents and Settings\zhaoxh>nslookup -10.5.20.0
*** Invalid option: 10.5.20.0
Default Server:  dns.sdcit.edu
Address:  10.5.20.20

> _
```

图 9—13　进入 nslookup 命令的交互模式

在交互模式的提示符下输入域名可以查询其对应的 IP 地址和提供解析服务的 DNS 服务器的域名和 IP 地址（正向解析），输入 IP 地址可以查询到对应的域名和提供解析服务的 DNS 服务器的域名和 IP 地址（反向解析），如图 9—14 所示。由此判断 DNS 服务能够提供正向解析和反向解析，退出交互模式输入 “exit”。

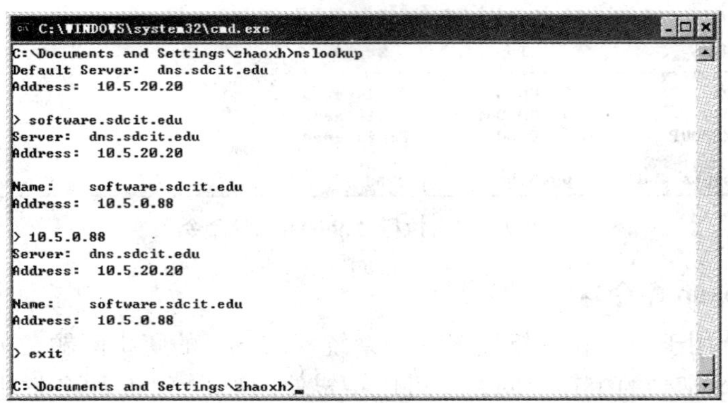

图 9—14　nslookup 命令交互模式

3. nslookup 命令的非交互模式

在命令行窗口中输入 “nslookup 要查询的主机的域名或者 IP 地址” 回车，查询使用缺省 DNS 服务器进行域名的正向或者反向解析，如图 9—15 所示。

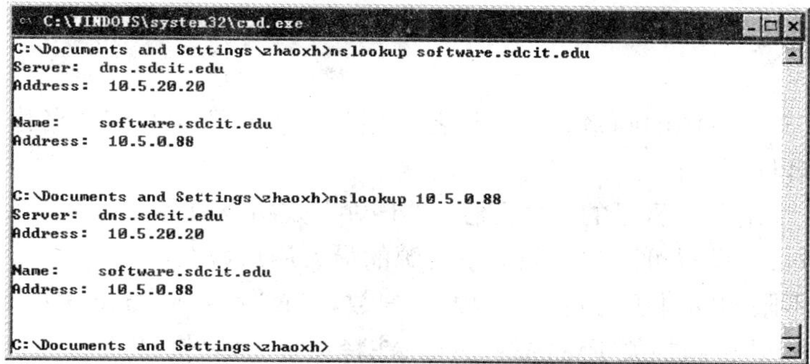

图 9—15　nslookup 非交互模式使用缺省 DNS 服务器查询

输入“nslookup 要查询的主机的域名或者 IP 地址、指定 DNS 服务器的域名或 IP 地址”回车，查询使用指定 DNS 服务器进行域名的正向或者反向解析，如图 9—16 所示。

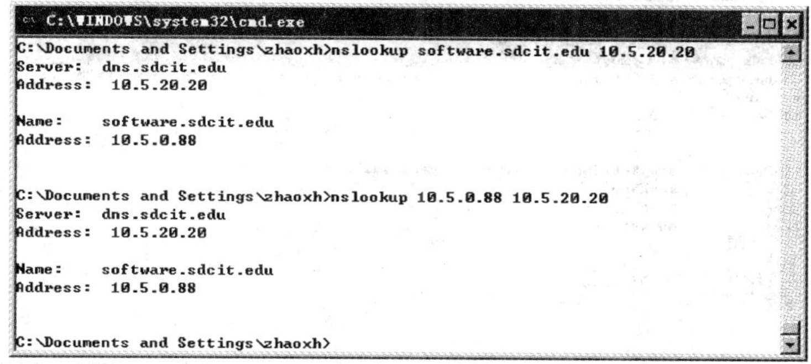

图 9—16　nslookup 非交互模式使用指定 DNS 服务器查询

9.1.7　net 命令

许多网络命令是以“net”开始加上一个命令关键词形成的。通过在命令行窗口输入“net ?”（注意“?”前有空格）可查阅所有可用的 net 命令，如图 9—17 所示。通过输入“net help”命令可在命令行中获得 net 命令的语法帮助。通过输入“net help 命令关键词”可在命令行中获得相关 net 命令的语法帮助。例如，输入“net help accounts”可以查看“net accounts”命令的帮助信息。

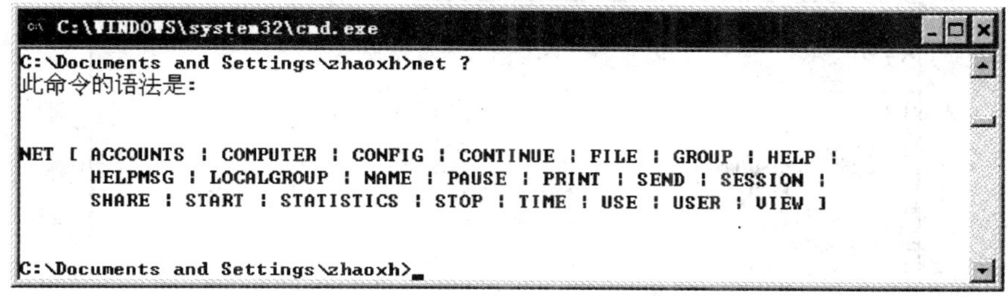

图 9—17　用“net”可以组合的命令

1. net share 命令

net share 命令用于创建、修改、删除或显示本机中的网络共享资源。执行“net help share”命令可查看其帮助信息。

（1）创建共享资源。命令格式如下：

```
net share sharename = drive:path [/users:number | /unlimited] [/remark:"text"]
```

选项说明如下：

sharename：共享资源的网络名称，是客户端共享该资源时看到的名称，可以与共享资源所在主机上的名称不一样。

drive:path：指定共享目录的绝对路径，“drive”是指盘符号。

/users:number：设置可同时访问共享资源的最大用户数。

/unlimited：不限制同时访问共享资源的用户数，与“/users：number”选项二选其一。

/remark：" text"：添加关于资源的注释，注释文字用引号引住。

比如要把主机 C 盘的“sd”文件夹设为共享名称为“sdshare”的共享资源，限定同时访问的最大用户数为 5 人，注释为“My web share”，可在命令行输入“net share sdshare=D:\ sd /users:5 /remark：" My web share"”（注意“/”前有空格）。要查看该共享文件夹是否设置成功，可以在命令行窗口中输入“net share sdshare”。执行结果如图 9—18 所示。

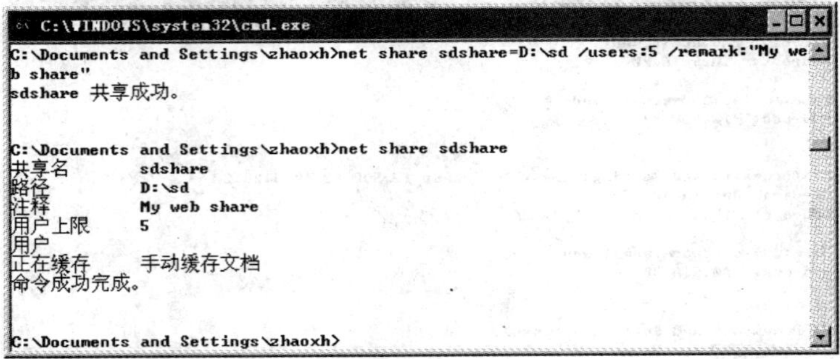
```
C:\WINDOWS\system32\cmd.exe
C:\Documents and Settings\zhaoxh>net share sdshare=D:\sd /users:5 /remark:"My web share"
sdshare 共享成功。

C:\Documents and Settings\zhaoxh>net share sdshare
共享名        sdshare
路径          D:\sd
注释          My web share
用户上限      5
用户
正在缓存      手动缓存文档
命令成功完成。

C:\Documents and Settings\zhaoxh>
```

图 9—18　共享资源的创建

（2）显示共享资源。命令格式如下：

```
net share [sharename]
```

“sharename”为共享资源的网络名称，如果不带“sharename”，则显示所有主机上的网络共享资源，如图 9—19 所示，否则显示指定名称的共享资源信息，如图 9—18 所示。

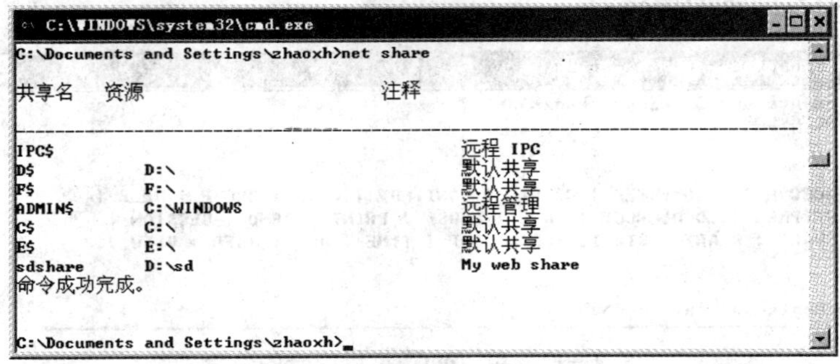
```
C:\WINDOWS\system32\cmd.exe
C:\Documents and Settings\zhaoxh>net share

共享名   资源                         注释

-------------------------------------------------------------------------------
IPC$                                   远程 IPC
D$       D:\                           默认共享
F$       F:\                           默认共享
ADMIN$   C:\WINDOWS                    远程管理
C$       C:\                           默认共享
E$       E:\                           默认共享
sdshare  D:\sd                         My web share
命令成功完成。

C:\Documents and Settings\zhaoxh>
```

图 9—19　显示所有共享资源

（3）修改共享资源属性。命令格式如下：

```
net share sharename [/users:number|/unlimited] [/remark:"text"]
```

其中，选项说明同（1），可以修改共享资源的用户最大访问数量、注释等信息。

（4）删除共享资源。命令格式如下：

```
net share {sharename|drive:path} /delete
```

其中，“{}”表示必选。例如，删除刚刚建立的“sdshare”共享文件夹，可以使用命令“net share sdshare /delete”或“net share c:\ sd /delete”。

2. net use 命令

net use 命令用于连接计算机或断开计算机与共享资源的连接，或显示计算机的连接信息。执行“net help use”命令可查看其帮助信息。

使用“net use”命令可以显示本机与其他计算机的连接信息，如图 9—20 所示。

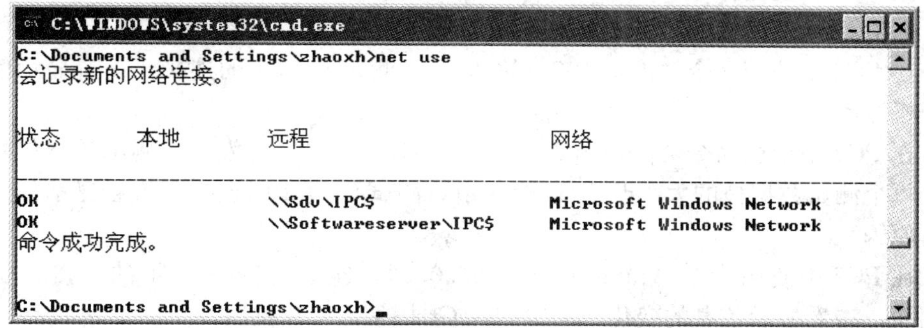

图 9—20 执行“net use”命令

9.2 项目实训：常用 TCP/IP 诊断命令

一、实训目的

掌握常用网络命令的使用方法。

二、实训设备

一台交换机；

两台计算机；

两条直通式双绞线。

三、拓扑结构图

本项目实训的拓扑结构图参见图 9—21。

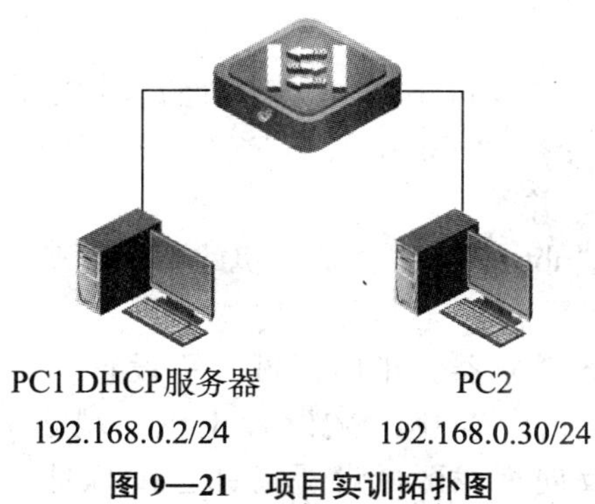

图 9—21 项目实训拓扑图

四、实训内容

1. ipconfig 命令的使用

（1）设定 PC1 的计算机名为“TEST1”，PC2 的计算机名为“TEST2”。在 PC1 中建立 DHCP 服务器，作用域选项中的路由器设置为“192.168.0.1”，DNS 服务器设置为“192.168.0.2”，使 PC2 从 DHCP 服务器端自动获得 IP 地址。

（2）打开 PC2 端命令行窗口，输入“ipconfig /all”，查看 IP 地址的分配情况，并作记录。

（3）使用命令“ipconfig /release”释放 PC2 的地址，再使用命令“ipconfig /renew”重新获取新的 IP 地址，然后再使用命令“ipconfig /all”查看 IP 地址的分配情况。

2. ping 命令的使用

（1）在 PC2 中使用命令“ping 127.0.0.1”，查看显示信息。如有误，分析原因。

（2）在 PC2 中使用命令“ping 本机 IP 地址”，查看显示信息。如有误，分析原因。

（3）在 PC2 中使用命令“ping 192.168.0.2”，测试与 PC1 的连接，查看显示信息。如有误，分析原因。

（4）在 PC2 中使用命令“ping -n 8 -l 64 192.168.0.2”，将发送的测试数据包的数量改为 8 个，每个测试数据包的大小改为 64 个字节，测试与 PC1 的连接，查看显示信息。如有误，分析原因。

（5）在 PC2 中使用命令“ping -t 192.168.0.2”，连续测试与 PC1 的连接，期间断开 PC1 的网线，查看显示信息的变化。单击键盘 Ctrl+C，终止测试。

3. arp 命令的使用

（1）在 PC1 中使用“arp -a”，显示当前 arp 缓存表中的信息，查看 PC2 的 IP-MAC 地址映射对信息是否在内，并作记录。

（2）在 PC1 中使用“arp -d ‘PC2 的 IP 地址’”，将 PC2 的 IP-MAC 地址映射对从 PC1 的 arp 缓存表中删除，再使用“arp -a”核实。

（3）在 PC1 中使用“arp -s ‘PC2 的 IP 地址’‘PC2 的 MAC 地址’”，将 PC2 的 IP-MAC 地址映射对再重新添加到 PC1 的 arp 缓存表中，然后使用“arp -a”核实。

4. netstat 命令的使用

（1）在 PC1 中使用命令“netstat -a”，查看本机的连接信息，并作记录。

（2）在 PC1 中使用命令“netstat -b”，查看本机可执行程序的连接信息，并作记录。

（3）在 PC1 中使用命令“netstat -e”，查看本机的以太网数据包的收发情况，并作记录。

（4）在 PC1 中使用命令“netstat -p tcp”，查看本机 TCP 协议下的连接信息，并作记录。

5. nbtstat 命令的使用

（1）在 PC2 中使用命令“nbtstat -n”，查看本机的 NetBIOS 名称表信息，并作记录。

（2）在 PC2 中分别使用命令“nbtstat -a TEST1”和“nbtstat -a 192.168.0.2”，查看 PC1 的 NetBIOS 名称表信息，并作记录。

（3）在 PC2 中使用命令“nbtstat -c”，查看本机的 NetBIOS 名称缓存表信息，并作记录。

6. nslookup 命令的使用

（1）在 PC1 上安装 DNS 服务器。正向区域名称设置为“mytest.com”，反向区域网络 ID 为“192.168.0.*”。正向查找区域设置主机，域名为 www.mytest.com，IP 地址为“192.168.0.201”。反向查找区域设置指针，IP 地址为“192.168.0.201”，域名为 www.mytest.com。反向查找区域再设置指针，IP 地址为“192.168.0.2”，域名为

dns. mytest. com。

(2) 在 PC2 中使用命令“nslookup www. mytest. com”，查看 PC1 上的 DNS 服务器的正向解析是否有效。

(3) 在 PC2 中使用命令“nslookup 192. 168. 0. 201”，查看 PC1 上的 DNS 服务器的反向解析是否有效。

7. net 命令的使用

(1) 在 PC1 的 D 盘建立文件夹“TEST”，在 PC1 中使用命令 net share MyTEST＝D:\ TEST /users：5 /remark：" My web share"（注意“/”前有空格），使 TEST 文件夹成为网络共享文件夹，共享名为“MyTEST”。

(2) 在 PC1 上使用“netshare”命令查看 PC1 上的共享资源，使用“netshare MyTEST”查看共享文件夹 MyTEST 的共享属性。

(3) 在 PC2 上使用“net use”查看其可以使用的共享资源连接，核实是否包含 PC1 上的 MyTEST 共享文件夹。

习　题　9

一、填空题

1. 查看主机包含 MAC 地址在内的详细配置信息，使用命令（　　　）。
2. 主机放弃 DHCP 服务器分配的 IP 地址，使用命令（　　　）。
3. 主机更新 DHCP 服务器分配的 IP 地址，使用命令（　　　）。
4. 如果在主机上执行“ping 127. 0. 0. 1”，测试不通，说明（　　　）可能存在问题。
5. 查看本机 ARP 缓存表信息，使用命令（　　　）。
6. 查看本机中可执行程序的连接信息，使用命令（　　　）。
7. 查看本机的 NetBIOS 名称表，使用命令（　　　）。
8. 查看 DNS 服务器对 www. 163. com 的解析，使用命令（　　　）。
9. 查看本机中对外共享资源的信息，使用命令（　　　）。
10. 查看本机使用远程共享资源的连接信息，使用命令（　　　）。

二、简答题

使用 ping 命令检查网络连接情况时，一般都有哪几步？

项目 10　Internet 技术及应用

学习目标

了解 Internet 的基本知识；
了解 Internet 的常用接入技术；
掌握常用的 Internet 接入技术的接入方法设置；
了解 WWW 与电子邮件的基本知识；
掌握浏览器与电子邮件的应用。

项目分析

本项目主要介绍 Internet 接入技术及 Internet 的应用。Internet 接入技术负责将局域网用户或计算机接入到骨干网上。Internet 的应用主要涉及 WWW 服务、电子邮件服务。

10.1　Internet 概述

Internet 是一个把分布于世界各地不同结构的计算机网络用各种传输介质和网络互联设备连接起来的网络。因此，有人称之为网络的网络，中文译名为因特网、互联网、国际互联网等。Internet 提供的主要服务有万维网（WWW）、文件传输（FTP）、电子邮件（E-mail）、远程登录（Telnet）等。Internet 以让计算机能够相互交流为目的，基于 TCP/IP 协议，并通过许多路由器以及大型的网络服务器互联而成，它是一个信息资源共享的平台。

10.1.1　中国四大骨干网

Internet 目前的用户已经遍及全球，有超过几亿人在使用 Internet。我国第一次正式接入 Internet 的时间是在 1994 年，到 1997 年底，已建成中国公用计算机互联网（ChinaNET）、中国教育和科研计算机网（CERNET）、中国科学技术网（CSTNET）和中国金桥信息网（ChinaGBN）等，并与 Internet 建立了各种连接。

(1) 中国公用计算机互联网（CHINANET）。由中国电信部门经营管理的中国公用计算机互联网的骨干网于 1994 年成立，现已基本覆盖全国所有地市，并与中国公用分组交换数据网（CHINAPAC）、中国公用数字数据网（CHINADDN）、帧中继网、中国公用电话网（PSTN）和中国公用电子信箱系统（CHINAMAIL）互连互通。作为中国最大的Internet接入单位，为中国用户提供 Internet 接入服务。

（2）中国教育和科研计算机网（CERNET）。由国家投资建设，教育部负责管理，清华大学等高等学校承担建设和运行的全国性学术计算机互联网络，是全国最大的公益性计算机互联网络。CERNET 始建于 1994 年，1996 年被国务院确认为全国四大骨干网之一。截至 2003 年 12 月，CERNET 主干网传输速率达到 2.5Gbps，地区网传输速率达到 155Mbps，覆盖全国 31 个省市近 200 多座城市，自有光纤 20000 多公里，独立的国际出口带宽超过 800Mbps。CERNET 目前有 10 个地区中心，38 个省节点，全国中心设在清华大学。CERNET 目前联网大学、教育机构、科研单位超过 1300 个，用户超过 1500 万人，是我国教育信息化的基础平台。

（3）中国科学技术网（CSTNET）。由中国科学院计算机网络信息中心运行和管理，始建于 1989 年，于 1994 年 4 月首次实现了我国与国际互联网络的直接连接，为非营利、公益性的国家级网络，也是国家知识创新工程的基础设施，主要为科技界、科技管理部门、政府部门和高新技术企业服务。

（4）中国金桥信息网（CHINAGBN）。1993 年底国家有关部门决定兴建“金桥”、“金卡”、“金关”工程，简称“三金”工程。“金桥”工程是以卫星综合数字网为基础，以光纤、微波、无线移动等方式，形成空地一体的网络结构，是一个连接国务院、各部委专用网，与各省市、大中型企业以及国家重点工程联结的国家公用经济信息通信网，可传输数据、话音、图像等，以电子邮件、电子数据交换（EDI）为信息交换平台，为各类信息的流通提供物理通道。目前，金桥工程已在北京、天津、沈阳、大连、长春、哈尔滨、上海等全国 24 个中心城市利用卫星通信建立了一个以 VSAT 技术为主体，以光纤为辅的卫星综合信息网络。

10.1.2 ISP

ISP（Internet Service Provider），即 Internet 服务提供商，是指为用户提供 Internet 接入和 Internet 信息服务的公司和机构，是进入 Internet 世界的驿站。根据服务的侧重点不同，ISP 可分为两种，IAP（Internet Access Provider）和 ICP（Internet Content Provider）。其中 IAP 是 Internet 接入提供商，以接入服务为主，ICP 是 Internet 内容提供商，提供信息服务。用户的计算机（或计算机网络）通过某种通信线路连接到 ISP，借助于与国家骨干网相连的 ISP 接入 Internet。因而从某种意义上讲，ISP 是全世界数以亿计的用户通往 Internet 的必经之路。

10.2 Internet 接入技术

接入网负责将用户的局域网或计算机连接到骨干网。它是用户与 Internet 连接的最后一步，因此又称最后一公里技术。

Internet 接入技术很多，早期最常见的是拨号接入，目前正广泛兴起的是宽带接入，宽带接入相对于传统的窄带接入而言显示了其不可比拟的优势和强劲的生命力，是当前的主流接入技术。宽带接入技术主要包括：以现有电话网铜线为基础的 xDSL 接入技术，以电缆电视为基础的混合光纤同轴（HFC）接入技术、以太网接入技术、光纤接入技术等多种有线接入技术以及无线接入技术。

10.2.1 电话拨号接入

电话拨号接入是个人用户接入 Internet 最早使用的方式之一，它将用户计算机通过电话网接入 Internet。拨号方式接入的网为 PSTN（公用电话网），这种接入方式简单，方便，但速度慢，应用单一，上网时不能打电话，只能接一个终端，可能出现线路繁忙、中途断线等。

电话拨号接入非常简单，只需一个调制解调器（Modem）、一根电话线即可，但速度很慢，理论上只能提供 33.6Kbps 的上行速率和 56Kbps 的下行速率，主要用于个人用户。

通过普通拨号电话线入网。只要在通信双方原有的电话线上并接 Modem，再将 Modem 与相应的上网设备相连即可。串行口与 Modem 之间采用 RS－232 等串行接口规范。这种连接方式的费用比较经济，收费价格与普通电话的收费相同，可适用于通信不太频繁的场合。拨号接入方式的接入如图 10—1 所示。

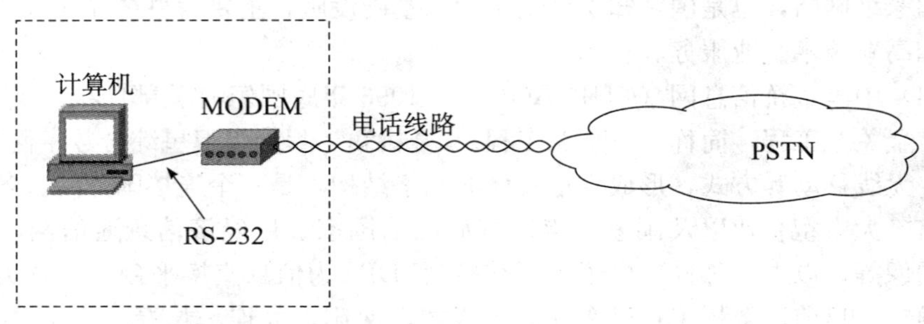

图 10—1 电话拨号接入方式

10.2.2 ISDN 接入

ISDN（Integrated Services Digital Network）综合业务数字网接入，俗称“一线通”，是普通电话拨号接入和宽带接入之间的过渡方式。它也是一种通过电话线路来传输网络信号的接入方式，这种接入方式特点为：专用线路独享，速度快，稳定可靠但费用相对较高。

ISDN 接入 Internet 与使用 Modem 普通电话拨号方式类似，也有一个拨号的过程。不过不同的是，它不用 Modem 而是用另一设备 ISDN 适配器来拨号，另外普通电话拨号在线路上传输模拟信号，有一个“调制”和“解调”的过程，而 ISDN 的传输是纯数字过程，通信质量较高，其数据传输误码率比传统电话线路至少改善十倍，此外它的连接速度快，一般只需几秒钟即可拨通。使用 ISDN 最高数据传输速率可达 128Kbps。

1. ISDN 接入用户端设备

ISDN 接入在用户端主要应用两类终端设备，一个是必不可少的统一专用终端设备 NT1，即多用途用户网络接口，ISDN 所有业务都通过 NT1 来提供。另一类是用户设备，种类很多，有计算机、ISDN 电视会议系统、PC 桌面系统（包括可视电话）、ISDN 小交换机、ISDN 路由器、ISDN 拨号服务器、数字电话机、四类传真机、ISDN 无线转换器等。

对于用户设备中的非 ISDN 设备（如计算机）必须配置 ISDN 适配器，将其转换连接到 ISDN 线路上。ISDN 适配器和 Modem 一样又分为内置和外置两类，内置的一般称为 ISDN 内置卡或 ISDN 适配卡，而外置的则称为 TA。

2. ISDN 接入方式

用户通过 ISDN 接入 Internet 有如下三种方式：

（1）单用户 ISDN 适配器直接接入。此方式为 ISDN 接入中最简单的一种连接方式。将

ISDN 适配器安装于计算机（及其他非 ISDN 终端）上，通过 ISDN 适配器拨号接入 Internet，具体端口连接方式如图 10—2 所示。

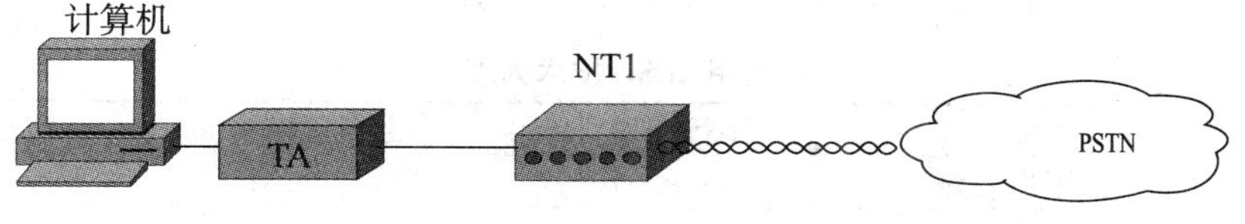

图 10—2 ISDN 接入用户端连接图

NT1 提供两种端口，S/T 端口和 U 端口。S/T 采用 RJ45 插头，即网线接头，一般可以同时连接两台终端设备，如果有更多终端设备需要接入时，可以采用扩展的连接端口；U 端口采用 RJ11 插头，即普通电话接头，用来连接普通话机、ISDN 入户线等。NT1 一端通过 RJ11 接口与电话线相连，另一端通过 S/T 接口与 ISDN 适配器、ISDN 设备相连。

（2）ISDN 适配器＋小型局域网接入。对于小型局域网，利用 ISDN 上网时，必须将装有 ISDN 适配器的计算机设为服务器，由它拨号接入 Internet，连接方式与（1）中相同，其上另配一块网卡，连接内部局域网 Hub，其他计算机作为客户端，从而实现整个局域网连入 Internet。这种方案的最大优点是节约投资，除 ISDN 适配器外，无需添加任何网络设备，但速度较慢。

（3）ISDN 专用交换机方式接入。适用于局域网中用户数较多（如中型企事业单位）的情况。它可用于实现多个局域网、多种 ISDN 设备的互连及接入 Internet，这种方案比租用线路更加灵活和经济。此方式中仅用 NT1 已不能满足需要，必须增加一个设备——ISDN 专用交换机 PBX，即第 2 类网络端接设备 NT2。NT2 一端与 NT1 连接，另一端与电话、传真机、计算机、集线器等各种用户设备相连，为它们提供接口，如图 10—3 所示。

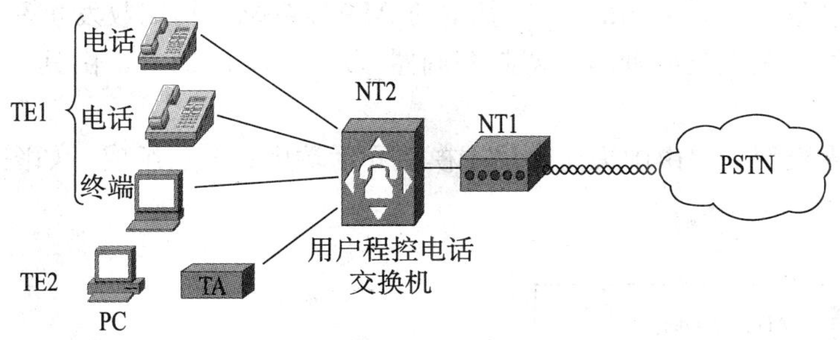

图 10—3 ISDN 多用户接入

10.2.3 xDSL 接入

xDSL 是 DSL（Digital Subscriber Line）的统称，即数字用户线路，是以普通电话线为传输介质，点对点传输的宽带接入技术。它可以在一根铜线上分别传送数据和语音信号，其中数据信号并不通过电话交换设备，并且不需要拨号，不影响通话。xDSL 最大的优势在于利用现有的电话网络架构，不需要对现有接入系统进行改造，就可方便地开通宽带业务，被认为是解决“最后一公里”问题的最佳选择之一。

xDSL 同样是调制解调技术家族的成员，只是采用了不同于普通 Modem 的标准，运用先进的调制解调技术，使得通信速率大幅度提高，最高能够提供比普通 Modem 快 300 倍的兆级传输速率。此外，它与电话拨号方式不同的是，xDSL 只利用电话网的用户环路，并非整个网络，采用 xDSL 技术调制的数据信号实际上是在原有话音线路上叠加传输，在电信局和用户端分别进行合成和分解，为此，需要配置相应的局端设备，而普通 Modem 的应用则几乎与电信网络无关。常用的 xDSL 技术如表 10—1 所示。

表 10—1　　常用 xDSL 技术列表

xDSL	名称	下行速率（bps）	上行速率（bps）	双绞铜线对数
HDSL	高速率数字用户线路	1.544～2M	1.544～2M	2 或 3
SDSL	单线路数字用户线路	1M	1M	1
IDSL	基于 ISDN 数字用户线路	128k	128k	1
ADSL	非对称数字用户线路	1.544～8.192M	512K～1M	1
VDSL	高速数字用户线路	12.96～55.2M	1.5～2.3M	2
RADSL	速率自适应数字用户线路	640K～12M	128K～1M	1
S-HDSL	单线路高速数字用户线路	768K	768K	1

表 10—1 中，xDSL 技术可分为对称和非对称技术两种模式。对称 DSL 技术指上、下行双向传输速率相同的 DSL 技术，方式有 HDSL、SDSL、IDSL 等，主要用于替代传统的 T1/E1 接入技术。这种技术具有对线路质量要求低，安装调试简单的特点。非对称 DSL 技术为上、下行传输速率不同，上行较慢，下行较快的 DSL 技术，主要有 ADSL、VDSL、RADSL 等，适用于对双向带宽要求不一样的应用，如 Web 浏览、多媒体点播、信息发布、视频点播 VOD 等，是 Internet 接入中很重要的一种方式，目前最常用的是 ADSL 技术。

ADSL（Asymmetrical Digital Subscriber Line）是在无中继的用户环路上，使用由负载电话线提供高速数字接入的传输技术，是非对称 DSL 技术的一种，可在现有电话线上传输数据，误码率低。ADSL 技术为家庭和小型业务提供了宽带、高速接入 Internet 的方式。

在普通电话双绞线上，ADSL 典型的上行速率为 512Kbps～1Mbps，下行速率为1.544～8.192Mbps，传输距离为 3～5km。一个基本的 ADSL 系统由局端收发机和用户端收发机两部分组成，收发机实际上是一种高速调制解调器（ADSL Modem），由其产生上下行的不同速率。

ADSL 的接入模型主要由中央交换局端模块和远端用户模块组成，如图 10—4 所示。

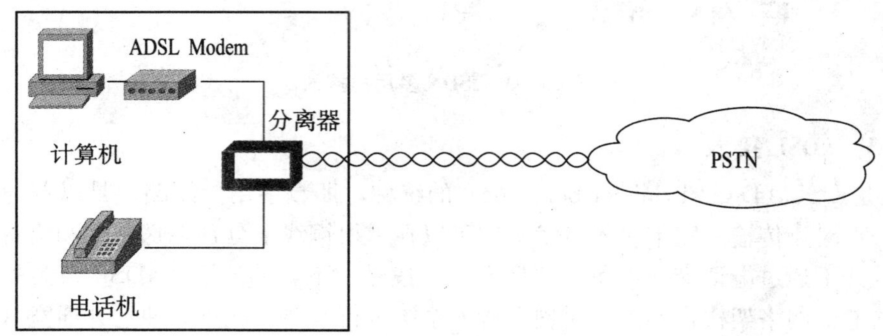

图 10—4　ADSL 的接入模型

远端用户模块由用户 ADSL Modem 和分离器组成，其中用户端 ADSL Modem 通常叫做 ADSL 远端传送单元，用户计算机、电话等通过它们连入公用交换电话网 PSTN。两个模

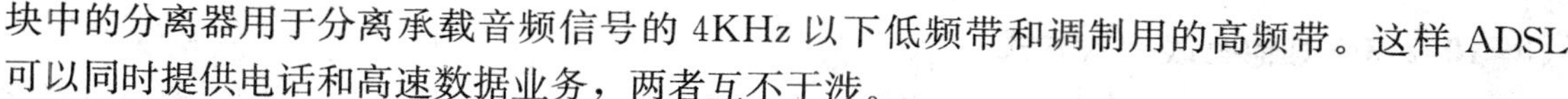

块中的分离器用于分离承载音频信号的 4KHz 以下低频带和调制用的高频带。这样 ADSL 可以同时提供电话和高速数据业务，两者互不干涉。

从客户端设备和用户数量来看，可以分为以下四种接入情况：

(1) 单用户 ADSL Modem 直接连接。此方式多为家庭用户使用，连接时用电话线将滤波器一端接于电话机上，一端接于 ADSL Modem，再用双绞线将 ADSL Modem 和计算机网卡连接即可（如果使用 USB 接口的 ADSL Modem 则不必用网线）。

(2) 多用户 ADSL Modem 连接。若有多台计算机，先用集线器（或是交换机）组成局域网，设其中一台为服务器，并配以两块网卡，一块接 ADSL Modem，另一块接集线器的 Uplink 口（用直通网线）或 1 口（用交叉网线），滤波器的连接与（1）中相同。其他计算机即可通过此服务器接入 Internet。

(3) 小型网络用户 ADSL 路由器直接连接计算机。客户端除使用 ADSL Modem 外还可使用 ADSL 路由器，它兼具路由功能和 Modem 功能，可与计算机直接相连，不过由于它提供的以太端口数量有限，因而只适合于用户数量不多的小型网络。

(4) 大量用户 ADSL 路由器连接集线器。当网络用户数量较大时，可以先将所有计算机组成局域网，再将 ADSL 路由器与集线器或交换机相连。

在用户端除安装好硬件外，用户还需为 ADSL Modem 或 ADSL 路由器选择一种通信连接方式。目前主要有静态 IP、PPPoA（Point to Point Protocol over ATM）、PPPoE（Point to Point Protocol over Ethernet）三种。通常普通用户选择 PPPoA 和 PPPoE 方式，企业用户更多选择静态 IP 地址（由电信部门分配）的专线方式。

ADSL 用途十分广泛，对于商业用户来说，可组建局域网共享 ADSL 上网，还可以实现远程办公、家庭办公等高速数据应用，获取高速低价的高性价比。对于公益事业来说，ADSL 可以实现高速远程医疗、教学、视频会议的即时传送，达到以前所不能及的效果。

10.2.4 DDN 专线接入

对于上网计算机较多、业务量大的企业用户，可以采用租用电信专线的方式接入 Internet。DDN 专线接入的是最为常见、应用较广的专线接入技术。它利用光纤、数字微波、卫星等数字信道和数字交叉复用节点，传输数据信号，可实现 2Mbps 以内的全透明数字传输以及高达 155Mbps 速率的语音、视频等多种业务。DDN 专线接入时，对于单用户通过市话模拟专线接入的，可采用调制解调器、数据终端单元设备和用户集中设备就近连接到电信部门提供的数字交叉连接复用设备处；对于用户网络接入就采用路由器、交换机等。

DDN 的特点如下：

- 传输速率高：64Kbps、N×64Kbps 或 2.048Mbps。
- 传输质量好。
- 误码率低，网络时延小（每节点小于 450μs）。
- 多协议支持：全透明网络，可支持任何高层协议。
- 多种业务：可以支持数据、语音、图像的传输。
- 可靠性高：多路由网状拓扑，故障时传输路由能自动迂回改道。
- 无需拨号，永远在线。

DDN 专线接入特别适用于金融、证券、保险业、外资及合资企业、交通运输行业、政府机关等。

10.2.5 其他有线接入方式

为了解决终端用户接入 Internet 速率较低的问题，人们一方面通过 xDSL 技术充分提高电话线路的传输速率，另一方面尝试寻找利用其他通信线路来传输网络信号。例如，利用目前覆盖范围广、最具潜力、带宽高的有线电视网（CATV）和线路覆盖范围更广的电力线通信网作为接入网的一种替代方案。

1. 光纤同轴电缆混合网（HFC，Hybrid Fiber Coaxial）

从用户数量看，我国已拥有世界上最大的有线电视网，其覆盖率高于电话网。充分利用这一资源，改造原有线路，变单向信道为双向信道以实现高速接入 Internet 的思想推动了 HFC 的出现和发展。HFC 是一种新型的宽带网络，也可以说是有线电视网的延伸。它采用光纤从交换局到服务区，而在进入用户的“最后 1 公里”采用有线电视网同轴电缆。它可以提供电视广播（模拟及数字电视）、影视点播、数据通信、电信服务（电话、传真等）、电子商贸、远程教学与医疗，以及丰富的增值服务（如电子邮件、电子图书馆）等。

HFC 接入技术是以有线电视网为基础，采用模拟频分复用技术，综合应用模拟和数字传输技术、射频技术和计算机技术所产生的一种宽带接入网技术。以这种方式接入 Internet 可以实现 10～40Mbps 的带宽，用户可享受的平均速度是 200～500Kbps，最快可达 1500Kbps，用它可以非常舒心地享受宽带多媒体业务，并且可以绑定独立 IP。

HFC 支持双向信息的传输，因而其可用频带划分为上行频带和下行频带。所谓**上行频带**是指信息由用户终端传输到局端设备所需占用的频带；**下行频带**是指信息由局端设备传输到用户端设备所需占用的频带。各国目前对 HFC 频谱配置还未取得完全的统一，因此这种接入方式在国内尚未普及，随着技术的成熟将成为主流的 Internet 接入技术。

用户接入 Internet 所需要的设备为电缆调制解调器（CM，Cable Modem），Cable Modem 是一种将数据终端设备连接到 HFC 网，以使用户能与 CMTS 进行数据通信，访问 Internet 等信息资源的连接设备。它主要用于有线电视网进行数据传输，它彻底解决了由于声音图像的传输而引起的阻塞，传输速率高。

2. 电力线接入

电力线通信是接入网的一种替代方案，因为电话线、有线电视网相对于电力线，其线路覆盖范围要小得多。在室内组网方面，计算机、打印机、电话和各种智能控制设备都可通过普通电源插座，将电力线连接起来，组成局域网。现有的各种网络应用在话音、电视、多媒体业务、远程教育等，它们都可通过电力线向用户提供，以实现接入和室内组网的多网合一。

电力线接入是把户外通信设备插入到变压器用户侧的输出电力线上，该通信设备可以通过光纤与主干网相连，向用户提供数据、语音和多媒体等业务。户外设备与各用户端设备之间的所有连接都可看成是具有不同特性和通信质量的信道，如果通信系统支持室内组网，则室内任两个电源插座间的连接都是一个通信信道。

电力线接入将是未来发展的一大重要方向。电力网作为宽带接入介质，除了可以提供互联网接入的新选择，还能够解决“最后一公里”问题，但目前技术方面还有待于进一步研究，各种相关问题也有待于进一步解决。

10.2.6 无线接入

无线接入技术是指从业务节点到用户终端之间的全部或部分传输设施采用无线手段，向用户提供固定和移动接入服务的技术。采用无线通信技术将各用户终端接入到核心网的系统，或者是在市话端或远端交换模块以下的用户网络部分采用无线通信技术的系统都统称为无线接入系统。由无线接入系统所构成的用户接入网称为无线接入网。

无线接入按接入方式和终端特征通常分为固定接入和移动接入两大类。

（1）固定无线接入，指从业务节点到固定用户终端采用无线技术的接入方式，用户终端不含或仅含有限的移动性。此方式是用户上网浏览及传输大量数据时的必然选择，主要包括卫星、微波、扩频微波、无线光传输和特高频等。

（2）移动无线接入，指用户终端移动时的接入，包括移动蜂窝通信网（GSM、CDMA、TDMA、CDPD）、无线寻呼网、无绳电话网、集群电话网、卫星全球移动通信网以及个人通信网等，是当前接入研究和应用中很活跃的一个领域。

无线接入是本地有线接入的延伸、补充或临时应急方式。

10.3 Internet 应用

10.3.1 WWW 服务

WWW 是 World Wide Web 的缩写，也可以简称为 Web，中文名字为“万维网”，是一个资料空间。在这个空间所有有用的事物都称为“资源”；并且由一个“统一资源标识符”URL（Universal Resource Locator）标识。这些资源通过超文本传输协议（Hypertext Transfer Protocol）传送给使用者，而后者通过单击链接来获得资源。HTML（Hyper Text Mark-up Language）即超文本标记语言，是 WWW 的描述语言。万维网常被当成互联网的同义词，其实万维网是靠着互联网运行的一项服务。

1. 浏览器介绍

浏览器是查看 Internet 中信息的必备工具。用户如果想要得到自己想要的内容，必须通过客户端程序向 WWW 服务器索取指定的文件，然后将它显示在本地的屏幕上，而这个客户端程序就是浏览器。

WWW 浏览器采用 HTTP 通信协议与 WWW 浏览器相连，WWW 主页是按照 HTML 格式制作阅读的。WWW 浏览器用户想浏览 WWW 服务器上的主页内容，必须先按照 HTTP 协议从服务器上取回主页，然后按照与制作主页时相同的 HTML 格式阅读主页。因此，借助于标准的 HTTP 与 HTML 语言，任何一个 WWW 浏览器都可以浏览 WWW 服务器中存放的 WWW 主页，这样就给用户提供了很大的灵活性。

随着 WWW 的出现，众多的浏览器也应运而生。个人电脑上常见的网页浏览器包括微软的 Internet Explorer、瑞影浏览器、Mozilla 的 Firefox（火狐浏览器）、Apple 的 Safari、Opera、HotBrowser、Google Chrome、GreenBrowser 浏览器、Avant 浏览器、360 安全浏览器、世界之窗、腾讯 TT、搜狗浏览器、傲游浏览器 、Orca 浏览器等。

2. Internet Explorer 浏览器的使用

Internet Explorer 浏览器占领了大部分的浏览器市场，目前微软已经推出了 8.0 版本，下面主要介绍其基本界面和主要的使用方法。

（1）Internet Explorer 浏览器的基本界面。如果已经连接到 Internet 上，启动 Internet Explorer 8.0，输入网址就可以访问网页，如图 10—5 所示，窗口结构如下：

标题栏：与 Windows 其他应用程序的窗口一样，其标题显示的为当前打开的网页的标题。

图 10—5 Internet Explorer 基本界面

菜单栏：菜单栏包含有控制和操作 IE 8.0 的命令

收藏夹栏：把经常要访问的网页存放在此栏中。

工具栏：包含一些常用的菜单命令。

地址栏：在地址栏中输入 URL 可以访问的网页。

浏览区：显示网页的内容，上下左右滚动条可以调节查看页面的其他部分。

状态栏：显示系统所处的状态。例如，浏览器当前打开页面的状态，网页是否全部打开等。

（2）基本操作。

①IE 菜单栏。IE 8.0 共提供六个菜单栏：文件、编辑、查看、收藏夹、工具和帮助。

②IE 工具栏。IE 8.0 中有多个工具按钮，使得用户操作起来更加方便快速。下面对部分常用工具进行介绍，如表 10—2 所示。

表 10—2 Explorer 基本工具

工　具	功　能	工　具	功　能
	转到前一个浏览的页面	收藏夹	存放站点信息
	转到下一个浏览的页面		将当前页添加到收藏夹中
×	终止网页的下载或打开过程		打印网页内容
	重新开始下载网页内容	页面(P) ▾	对当前页面进行操作如：如另存为、查看源文件等
	打开主页	工具(O) ▾	工具菜单栏的快捷按钮，可以对工具进行删减操作
	将网页全屏显示		

浏览器中有多少快捷工具可以根据每个人的不同习惯添加和删除方法如下：

①单击工具栏按钮工具，找到工具栏选项，选择自定义工具栏，如图 10—6 所示。

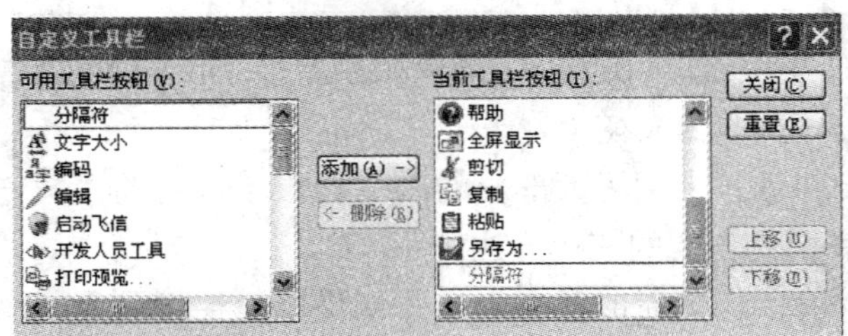

图 10—6 自定义工具栏

②从左边选择要添加的工具栏，单击“添加”按钮进行添加。

(3) 收藏夹。可以将经常要访问的网页地址放到收藏夹中。需要访问的时候单击“收藏夹”菜单，从中选择要访问的网站就可以迅速地访问网站。下面介绍一种将页面添加到收藏夹中的方法：

① 进入需要添加到收藏夹中的站点，选择“收藏夹”菜单中的“添加到收藏夹命令”，弹出如图 10—7 所示的对话框。

② 该站点的标题出现在“名称”栏中，用户可以重新编辑。

③ 用户也可以在“创建位置”选项框中选择要存放的文件夹，也可以新建文件夹存放。

(4) 常规选项卡。在如图 10—8 所示的常规选项卡中，可以对主页、浏览历史记录、搜索、颜色、字体及语言进行设置。

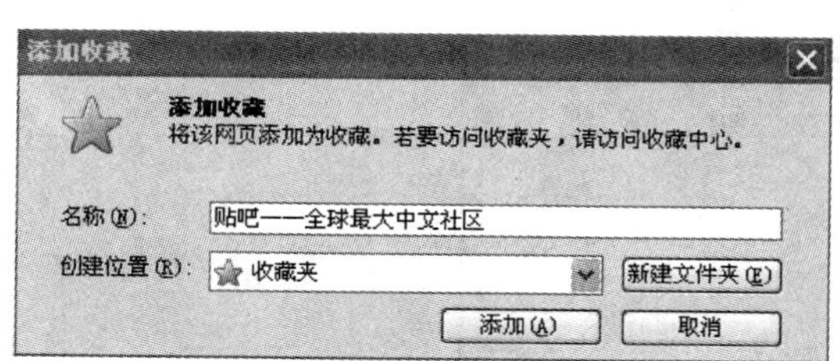

图 10—7　添加收藏

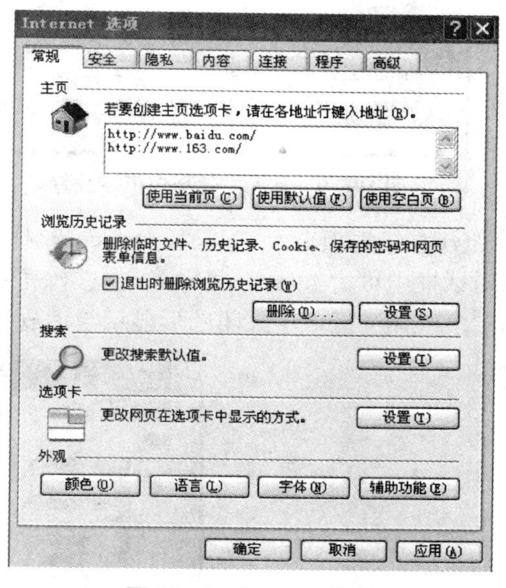

图 10—8　Internet 选项

① 主页的设置。主页是指启动 IE 时系统自动连接和显示的页面。用户可以将自己经常访问的网页定义为主页，操作如下：

单击“工具”菜单中的“Internet 选项”命令，弹出如图 10—8 所示对话框，在地址栏中输入自己要启动的网址。也可以单击“当前使用页按钮”则将当前浏览的网页设置为主页；单击“使用默认值”按钮，即使用 http：//go. microsoft. com/fwlink/? linkId=105563 为主页；单击“使用空白页”按钮，将不使用主页；或者直接在“地址”文本框中输入地址。IE 8.0 与 IE 6.0 不同的是可以创建多个主页，启动 IE 时所有主页都会打开。

② 浏览历史记录。进行适当设置，可以提高浏览器的速度。单击“删除”按钮，将删除 Internet 临时文件夹中的所有内容；单击“设置”按钮，弹出如图 10—9 所示的对话框，可为 Internet 临时文件夹设置空间等。

③ 程序选项卡。打开“Internet 选项”对话框中的“程序”选项卡，如图 10—10 所示，在对话框中可为 IE 的配件进行设置。例如，设置默认浏览器。

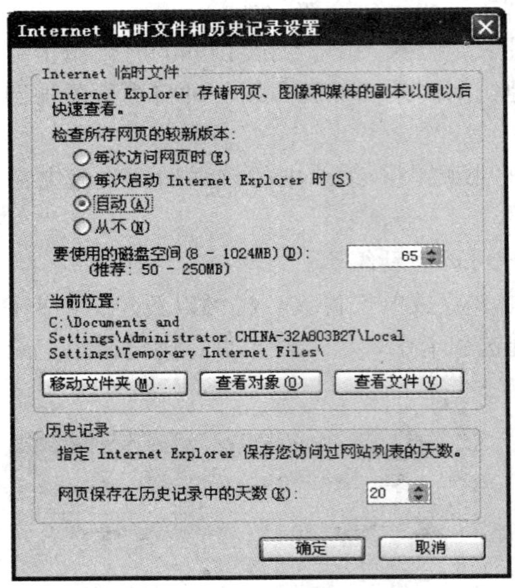

图 10—9　临时文件历史记录设置

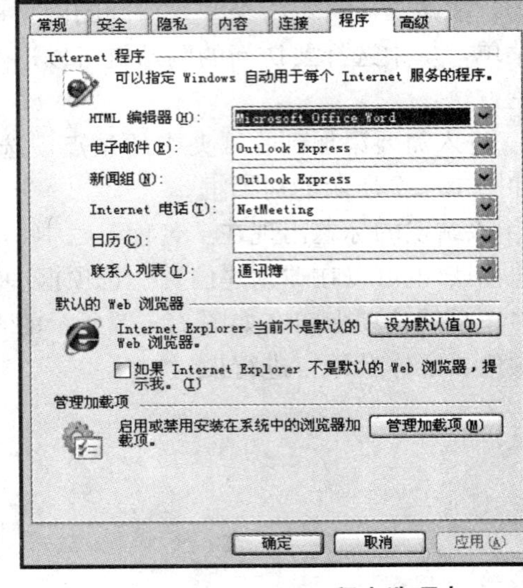

图 10—10　Internet 程序选项卡

④ 高级选项卡。打开“Internet 选项”对话框中的“高级”选项卡，如图 10—11 所示。在对话框中可为 Internet Explorer 进行高级设置。例如，要加快浏览器速度，可在高级设置的“多媒体”区域中关闭图形显示与播放多媒体信息，以加快 Web 页的显示速度。

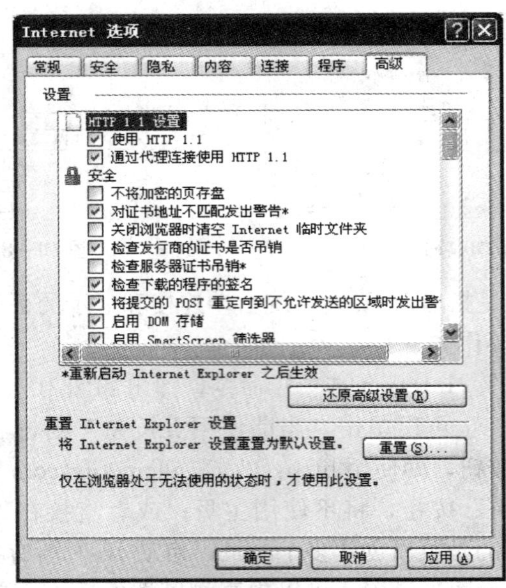

图 10—11　Internet 高级选项卡

10.3.2　电子邮件

电子邮件（Electronic Mail，简称 E-mail，也被大家昵称为“伊妹儿”）又称电子信箱，它是一种用电子手段提供信息交换的通信方式。通过网络的电子邮件系统，用户可以用非常低廉的价格，以非常快速的方式，与世界上任何一个角落的网络用户联系，这些电子邮件可以是文字、图像、声音等各种方式。同时，用户可以得到大量免费的新闻、专题邮件，并实现轻松的信息搜索。

1. 电子邮件的工作原理

电子邮件在 Internet 上发送和接收的原理可以很形象地用我们日常生活中邮寄包裹来形容：当我们要寄一个包裹的时候，首先要找到任何一个有这项业务的邮局，在填写完收件人姓名、地址之后包裹就寄出到收件人所在地的邮局，那么对方收取包裹的时候就必须去这个邮局才能取出。同样的，当我们发送电子邮件的时候，这封邮件是首先发送给邮件发送服务器，再由邮件发送服务器发出，并根据收信人的地址判断对方的邮件接收服务器，将这封信发送到该服务器上，收信人要收取邮件只能访问这个服务器才能够完成。工作原理如图 10—12 所示。

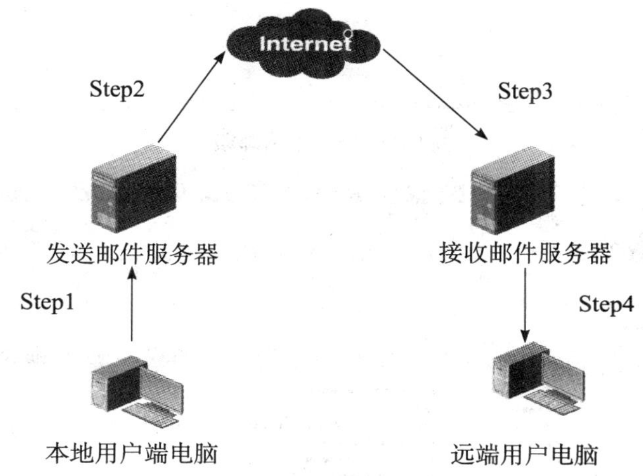

图 10—12 电子邮件原理

2. 电子邮件的使用

发送电子邮件必须要有一个唯一的电子邮件地址，也就是需要一个电子信箱，电子邮件地址的格式由三部分组成。第一部分“USER”代表用户信箱的账号，对于同一个邮件接收服务器来说，这个账号必须是唯一的；第二部分“@”是分隔符；第三部分是用户信箱的邮件接收服务器域名，用以标志其所在的位置，如 wljs@163. com。电子邮箱可以到网易、搜狐等网站申请注册一个免费的电子邮箱，如登录到网易网站，并单击申请免费邮箱，激活如图 10—13 所示网页，填入相关信息，如用户名、密码等，就可以申请到属于自己的邮箱。

申请到电子邮箱后，就可以开始写信，发邮件了。

(1) 接收邮件。登录到自己的邮箱后，单击“收件箱”，就可以看到收件箱中的邮件了，如图 10—14 所示。

(2) 发送邮件。单击“写信”按钮，在收件人地址栏写上收信人的电子邮箱地址，在主题栏里写上信件的主题，在底下的内容框中写上信件的内容，也可单击“添加附件”，给朋友发送照片、文档等内容，如图 10—15 所示。

对于经常要收发电子邮件的人来说，可以选用专业的电子邮件客户端，如 Outlook Express 或者 Foxmail 等。

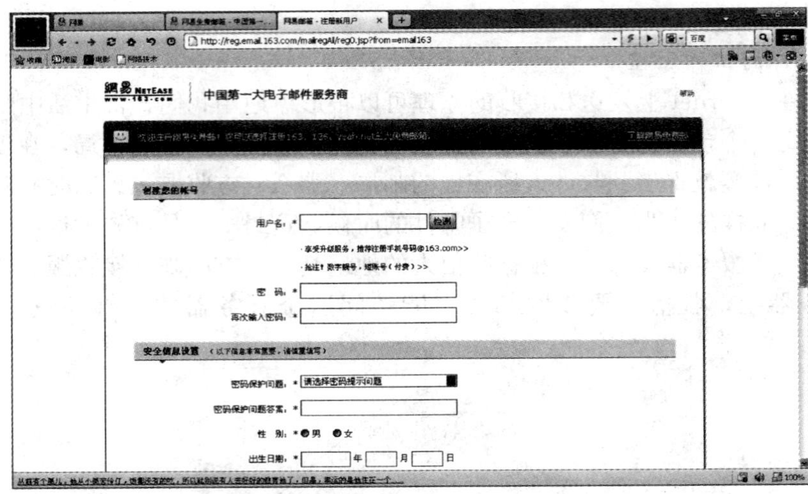

图 10—13　申请邮箱

图 10—14　登录电子邮箱

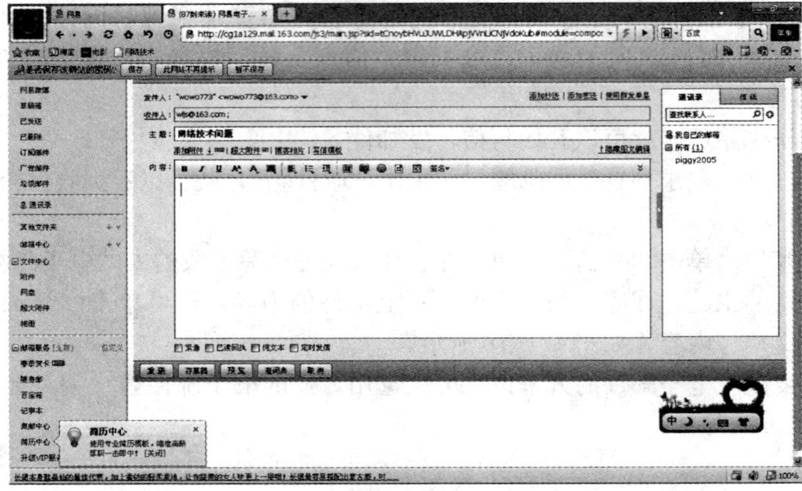

图 10—15　发送电子邮件

10.4　项目实训 1：使用 ICS 共享上网

对于局域网用户来说，要实现多台电脑同时上网，可采用共享 Internet 方法，最廉价的方式就是选用 Windows XP 系统本身提供的 ICS（Internet Connection Sharing）共享上网功能。

1. 所需设备

ICS 服务器：带有双网卡的能够接入 Internet 的计算机。

客户机：单网卡计算机。

互连设备：交换机或者集线器。

双绞线：交叉双绞线、直通双绞线。

2. 操作步骤

首先简单的实现一台计算机通过 ICS 服务器共享上网。将客户机与服务器用交叉线通过本地连接实现互连。

（1）ICS 服务器设置。

①在 ICS 服务器上依次选择“开始”→“控制面板”→“网络连接”命令，打开如图 10—16 所示的网络连接。其中“本地连接 2”代表接入 Internet 的网络连接，“本地连接”代表本地网络的网卡。

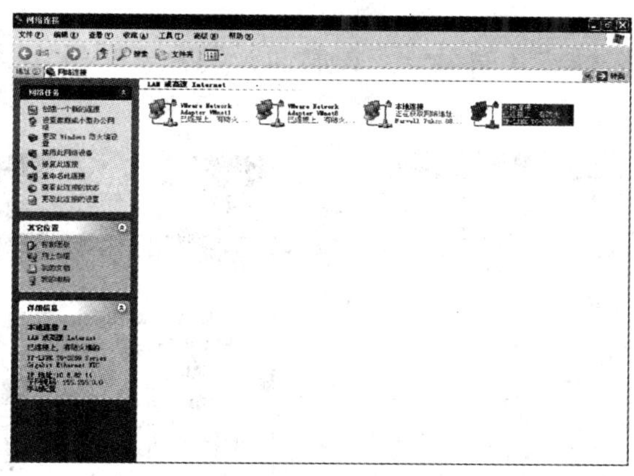

图 10—16　网络连接

②选择要共享的接入宽带网的本地连接，即“本地连接 2”后，单击鼠标右键，在弹出的快捷菜单中，单击“属性”选项，选择“高级”选项，弹出如图 10—17 所示的选项框。选择“Internet 连接共享”项目中的“允许其他网络用户通过此计算机的 Internet 连接来连接（N）”复选框，并从如图 10—18 所示的“家庭网络连接”下拉框中选择有使用此共享连接的“本地连接”。单击“确定”按钮后“本地连接 2”下就会出现一个“小手”表示共享成功。

③再次打开 ICS 服务器的“本地连接”的右键属性选项卡。

④在“本地连接属性”窗口中，“选中 Internet 协议（TCP/IP）”之后，单击“属性”按钮，激活如图 10—19 所示窗口，进行设置如下：

IP 地址栏输入“192.168.0.1”。

子网掩码中输入“255.255.255.0”。

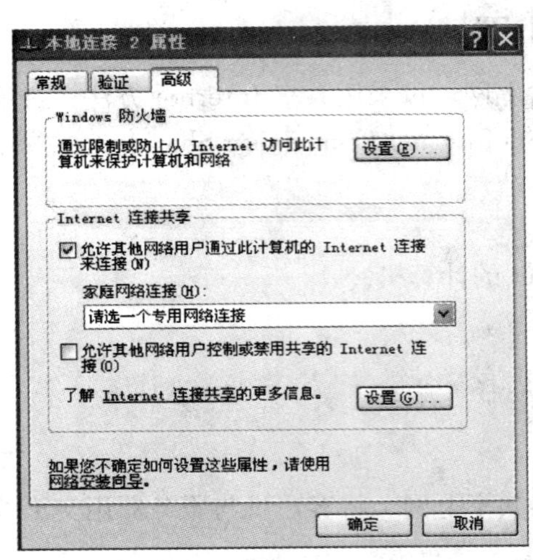

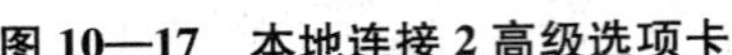
图 10—17　本地连接 2 高级选项卡

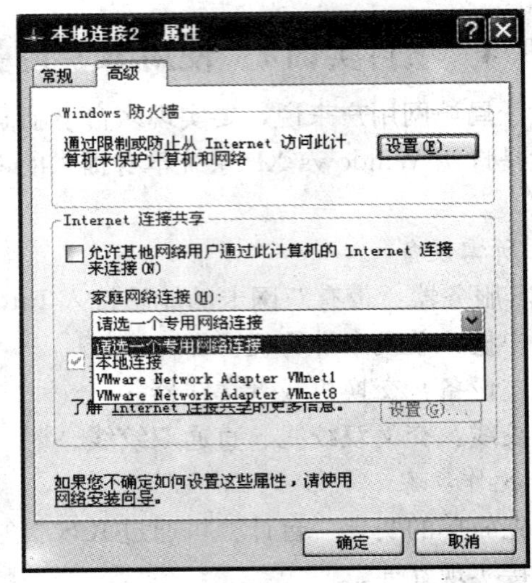

图 10—18　Internet 共享设置

默认网关不用填写。

DNS 服务器填写当前网络所使用的 DNS 服务器地址。

⑤单击“确定”按钮，完成设置。

(2) 客户机设置。

①在客户机中依次选择“开始”→“控制面板”→“网络连接”命令选项，激活如图 10—16 所示的窗口。

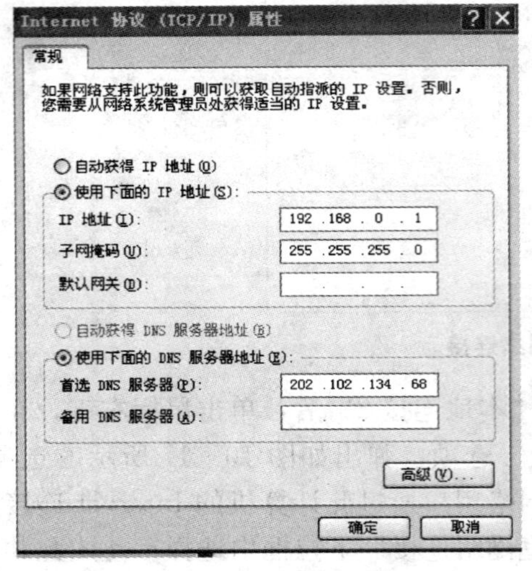

图 10—19　设置 ICS IP 地址

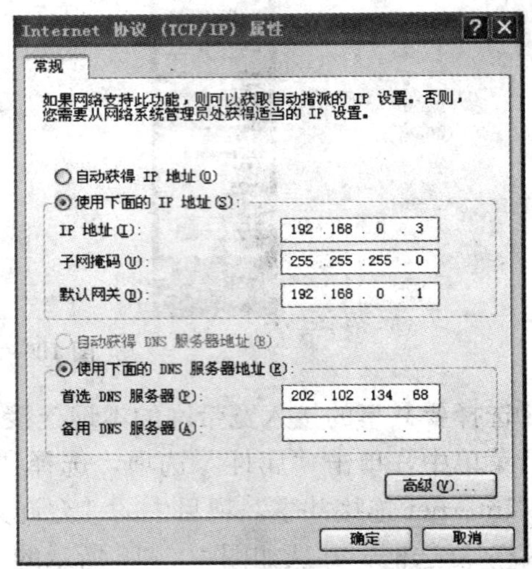

图 10—20　客户机 IP 地址

②选择局域网网卡所对应的“本地连接”，单击鼠标右键，在弹出的快捷菜单中，单击“属性选项”。

③在“本地连接属性”窗口中，“选中 Internet 协议 (TCP/IP)”之后，单击“属性”按钮，激活如图 10—20 所示窗口，进行设置如下：

IP 地址：192.168.0.X，其中 X 的取值范围是 2～254。

子网掩码：255.255.255.0。

默认网关：192.168.0.1。

DNS：与 ICS 服务器设置的一样。

(3) 将 ICS 服务器连接到 Internet 上，相应的客户机也就能连接到 Internet 上了。

如果想实现多台计算机共享上网的话，可以用一台互连设备将 ICS 服务器与客户机互连后，再对其他客户机进行相同的设置就可以实现多台机器共享上网了。

10.5 项目实训 2：使用路由器共享上网

使用 ICS 共享上网方式，要想实现共享上网，必须保证 ICS 服务器连接到 Internet 上，一旦 ICS 服务器断网，其他客户机也就不能连到 Internet 上。要想每台上网的计算机相互都不受制约的话，可采用路由器共享上网。

1. 所需设备

路由器：桌面路由器一台。

计算机：普通计算机若干台。

双绞线：直通双绞线。

2. 操作步骤

(1) 先将计算机连接到路由器的交换口上。如图 10—21 所示，路由器有四个交换口，分别为图示上的 1、2、3、4，通过双绞线将计算机连接到路由器上，再将路由器的 WAN 口通过双绞线连接到外网的端口。

(2) 登录到路由器，首先对连接到路由器上的其中一台计算机修改 IP 地址，IP 地址应该与路由器的 IP 地址属于同一个网络。网关设置成路由器的 IP 地址，在本实训中路由器的 IP 地址为 192.168.0.1，然后打开浏览器，在浏览器地址栏输入地址为 192.168.0.1。激活如图 10—22 所示的网页。输入用户名和密码，如用户名 admin，密码为空，登录到路由器的配置页面，如图 10—23 所示。

图 10—21 路由器

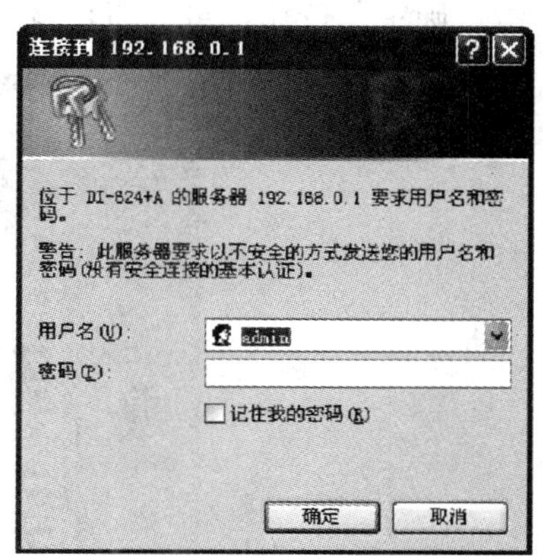

图 10—22 路由器登录对话框

(3) 配置路由器。配置 WAN 通过路由器上网，单击右边的 WAN 按钮进入如图 10—24 所示的页面，选择上网方式，这里根据自己的接入 Internet 的方法选一个适当的 WAN 设置来连接互联网服务提供者，如表 10—3 所示。

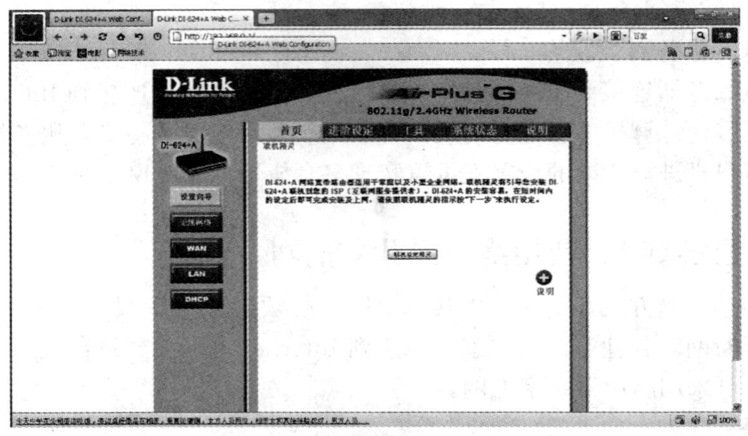

图 10—23　路由器设置界面

表 10—3

	动态 IP 地址	选择此项目会自动地从您的互联网服务提供者得到一个 IP 地址（Cable modem 使用者适用）
	固定 IP 地址	选择此项目请输入您的互联网服务提供者所提供的固定 IP 地址设定信息
	PPPoE	如果您的互联网服务提供者提供给的是 PPPoE 服务，请选择此项目（DSL 使用者适用）
	其他 WAN	PPTP、BigPond Cable、L2TP 和 Telia

如果是宽带拨号上网就需要选择 PPPoE，在 PPPoE 使用者名称后输入宽带账号，在 PPPoE 使用者密码后输入密码，确认密码后单击“执行”按钮，路由器就可以拨号上网了。再进行 DHCP 设置，单击右面的 DHCP 配置，激活如图 10—25 所示的页面，配置 DHCP 范围，单击“确定”按钮。最后将连接到路由器上的计算机的 IP 地址设置为自动获取。

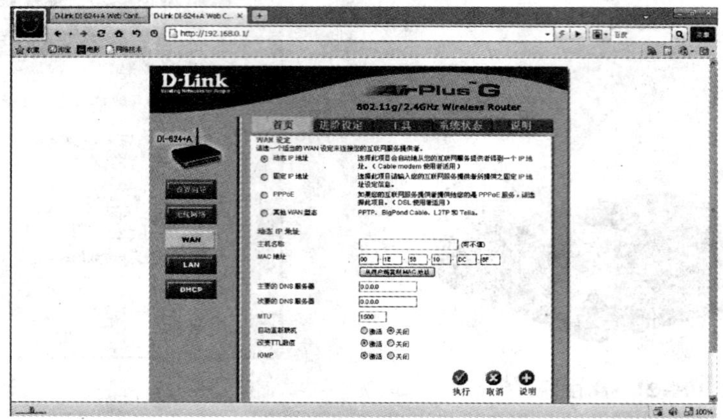

图 10—24　WAN 设置

思考：对于带有无线网卡的笔记本，是否可以组成无线局域网实现共享上网？参考“项目 8 组建无线局域网”的项目实训完成。

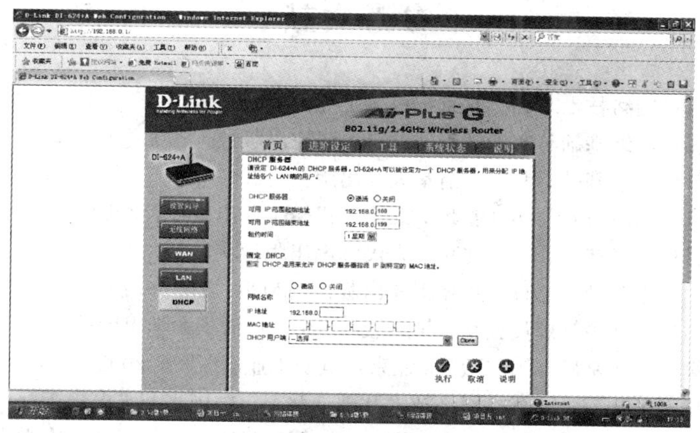

图 10—25　DHCP 设置

习　题　10

一、单项选择题

1. 目前，世界上最大、发展最快、应用最广泛、最热门的网络是(　　)。

A. ARPAnet　　B. Internet　　C. CERnet　　D. Ethernet

2. 根据计算机网络拓扑结构的分类，Internet 采用的是(　　)拓扑结构。

A. 环型　　B. 总线型　　C. 星型　　D. 网状型

3. 我国加入 Internet 的时间是(　　)。

A. 1989 年　　B. 1991 年　　C. 1994 年　　D. 1986 年

4. (　　)骨干网是由国家投资建设，教育部负责管理，清华大学等高等学校承担建设和运行的全国性学术计算机互联网络，是全国最大的公益性计算机互联网络。

A. 中国公用计算机互联网　　B. 中国金桥信息网

C. 中国教育和科研计算机网　　D. 中国科技网

5. 如果用户希望将一台计算机通过电话网接入 Internet，那么他必须使用的设备为(　　)。

A. 调制解调器　　B. 集线器　　C. 交换机　　D. 中继器

二、填空题

1. 万维网的内核部分是由三个标准构成的：(　　)、(　　)和(　　)。

2. (　　)被认为是解决“最后一公里”问题的最佳选择之一。

3. (　　)接入最为常见，应用较广的专线接入技术。

4. (　　)查看 Internet 中信息的必备工具。

5. 无线接入按接入方式和终端特征通常分为(　　)和(　　)两大类。

三、简答题

1. 什么是 Internet?

2. 在目前的 Internet 接入技术中，适合个人接入的有哪几种?

3. 简述电子邮件的工作原理?

参考文献

[1] 韩希义．计算机网络技术基础．北京：机械工业出版社，2010
[2] 刘文毓．计算机网络基础与实训教程．北京：研究出版社，2008
[3] 满昌勇．计算机网络基础．北京：清华大学出版社，2010
[4] 裴有柱．计算机网络技术与实训教程．北京：机械工业出版社，2010
[5] 尚晓航．计算机网络技术教程．北京：人民邮电出版社，2005
[6] 杨莉．计算机网络基础．北京：机械工业出版社，2008
[7] 张国鸣，严体华．网络管理员教程（第二版）．北京：清华大学出版社，2006
[8] 刘远生．计算机网络基础（第二版）．北京：电子工业出版社，2005
[9] 于德海，王亮，王金甫．计算机网络技术基础．北京：中国水利水电出版社，2008
[10] 戴有炜．Windows Server 2003 Active Directory 配置指南．北京：清华大学出版社，2004
[11] 戴有炜．Windows Server 2003 用户管理指南．北京：清华大学出版社，2004

教育部高职高专计算机教指委规划教材

序号	标准书号	书名	主编	定价(元)	备注
1	ISBN 978-7-300-12890-0	大学计算机基础教程	舒望皎、王瑛舒雅	26.00	配备教学资源
2	ISBN 978-7-300-13635-6	计算机信息技术基础与实训教程	王洪香、孟祥瑞	33.00	配备教学资源
3	ISBN 978-7-300-12889-4	C 语言程序设计项目教程	吕新平	29.80	配备教学资源
4	ISBN 978-7-300-13861-9	C 语言程序设计实例教程	周静、陈俊伟	33.00	配备教学资源
5	ISBN 978-7-300-13434-5	数据结构与算法	田晶、金鑫	29.00	配备教学资源
6	ISBN 978-7-300-12888-7	计算机组装与维修案例教程·浙江省高校重点教材建设(高职高专)	张海波	29.00	配备教学资源
7	ISBN 978-7-300-14122-0	网络技术基础项目教程	张学金	29.00	配备教学资源
8	ISBN 978-7-300-11722-5	ASP. NET 网络程序设计	崔连和	28.00	配备教学资源
9	ISBN 978-7-300-13432-1	现代办公自动化项目教程(Windows XP+Office2010)	靳广斌	29.00	配备教学资源
10	ISBN 978-7-300-11475-0	软件工程技术与实用开发工具	王伟	26.00	配备教学资源
11	ISBN 978-7-300-14121-3	软件测试技术与项目实训	于艳华	28.00	配备教学资源
12	ISBN 978-7-300-12061-4	Java 程序设计项目教程	张兴科、季昌武	29.80	配备教学资源
13	ISBN 978-7-300-12059-1	Java 网络程序设计项目教程——校园通系统的实现	王茹香	25.00	配备教学资源
14	ISBN 978-7-300-14154-1	Java Web 应用教程——网上购物系统的实现	李明革、孙佳帝	28.00	
15	ISBN 978-7-300-12060-7	JSP 动态网站设计项目教程	张兴科	28.00	配备教学资源
16	ISBN 978-7-300-12504-6	Dreamweaver CS 网页设计与实训教程	史晓红、章立	29.00	配备教学资源
17	ISBN 978-7-300-12887-0	SQL Server 2005 数据库案例教程	尹毅峰、李东	28.00	配备教学资源
18	ISBN 978-7-300-13435-2	Web 数据库设计项目教程	邵冬华	29.00	配备教学资源
19	ISBN 978-7-300-12759-0	企业级网站开发项目教程(ASP. NET)	陈义辉、沙继东	32.00	配备教学资源
20	ISBN 978-7-300-12891-7	动态网站开发技术项目教程(ASP. NET)	牛立成	29.00	配备教学资源
21	ISBN 978-7-300-13430-7	基于 C#的 Windows 应用程序设计项目教程	刘昌明、郑卉	28.00	配备教学资源
22	ISBN 978-7-300-13246-4	数据库开发技术项目教程(SQL Server 2008+C# 2008)	王跃胜	28.00	配备教学资源
23	ISBN 978-7-300-13431-4	Windows Server 操作系统维护与管理项目教程	王伟	29.00	配备教学资源
24	ISBN 978-7-300-13433-8	Linux 网络服务器搭建管理与应用	周奇	28.00	配备教学资源
25	ISBN 978-7-300-	数字电子技术及 EDA 设计项目教程	王艳芬、候聪玲	28.00	配备教学资源
26	ISBN 978-7-300-13636-3	Flash CS5 动画设计项目实践教程	周奇	29.00	配备教学资源
27	ISBN 978-7-300-12892-4	Premiere Pro CS4 视频编辑项目教程(彩印)	尹敬齐	38.00	配备教学资源
28	ISBN 978-7-300-12894-8	中文版 Photoshop 设计与制作项目教程(彩印)	张小志、高欢	35.00	配备教学资源
29	ISBN 978-7-300-12893-1	3ds Max 动画设计与制作项目教程(彩印)	许广彤	35.00	配备教学资源
30	ISBN 978-7-300-12886-3	网页美术设计(彩印)	许广彤	33.00	配备教学资源

全国高职高专计算机系列精品教材

序号	标准书号	书名	主编	定价(元)	备注
1	ISBN 978-7-300-12039-3	网络管理与维护	马志彬	26.00	配备教学资源
2	ISBN 978-7-300-12437-7	计算机应用基础	沈美莉、陈孟建、池敏	32.00	
3	ISBN 978-7-300-12435-3	计算机应用基础实训	刘静	26.00	
4	ISBN 978-7-300-12458-2	C 语言程序设计	汪剑	25.00	
5	ISBN 978-7-300-12432-2	Java 实例应用教程	王建虹	26.00	
6	ISBN 978-7-300-12459-9	计算机组成原理	朱小军	25.00	
7	ISBN 978-7-300-12429-2	计算机网络技术实训教程	曹建春	28.00	
8	ISBN 978-7-300-12431-5	Dreamweaver 网页设计与制作案例教程	李敏	26.00	
9	ISBN 978-7-300-12428-5	计算机组装与维护	陈桂生	22.00	
10	ISBN 978-7-300-12434-6	多媒体应用技术基础教程	张明	20.00	
11	ISBN 978-7-300-12436-0	三维动画设计与制作	向华	28.00	
12	ISBN 978-7-300-12430-8	数据结构导论	蔡厚新	39.80	
13	ISBN 978-7-300-12438-4	操作系统概论	杨云	29.00	
14	ISBN 978-7-300-12433-9	二维动画制作技术	牟奇春	26.00	

教师信息反馈表

为了更好地为您服务，提高教学质量，中国人民大学出版社愿意为您提供全面的教学支持，期望与您建立更广泛的合作关系。请您填好下表后以电子邮件或信件的形式反馈给我们。

<table>
<tr><td>您使用过或正在使用的我社教材名称</td><td></td><td>版次</td><td></td></tr>
<tr><td>您希望获得哪些相关教学资料</td><td colspan="3"></td></tr>
<tr><td>您对本书的建议（可附页）</td><td colspan="3"></td></tr>
<tr><td>您的姓名</td><td colspan="3"></td></tr>
<tr><td>您所在的学校、院系</td><td colspan="3"></td></tr>
<tr><td>您所讲授课程名称</td><td colspan="3"></td></tr>
<tr><td>学生人数</td><td colspan="3"></td></tr>
<tr><td>您的联系地址</td><td colspan="3"></td></tr>
<tr><td>邮政编码</td><td></td><td>联系电话</td><td></td></tr>
<tr><td>电子邮件（必填）</td><td colspan="3"></td></tr>
<tr><td>您是否为人大社教研网会员</td><td colspan="3">□ 是　会员卡号：____________
□ 不是，现在申请</td></tr>
<tr><td>您在相关专业是否有主编或参编教材意向</td><td colspan="3">□ 是　　　　□ 否
□ 不一定</td></tr>
<tr><td>您所希望参编或主编的教材的基本情况（包括内容、框架结构、特色等，可附页）</td><td colspan="3"></td></tr>
</table>

我们的联系方式：北京市海淀区中关村大街 31 号
中国人民大学出版社教育分社
邮政编码：100080
电话：010-62515923
网址：http://www.crup.com.cn/jiaoyu
E-mail：jyfs_2007@126.com

图书在版编目（CIP）数据

计算机网络技术项目教程/张学金等主编. —北京：中国人民大学出版社，2011
（教育部高职高专计算机教指委规划教材）
ISBN 978-7-300-14122-0

Ⅰ.①计… Ⅱ.①张… Ⅲ.①计算机网络-高等职业教育-教材 Ⅳ.①TP393

中国版本图书馆 CIP 数据核字（2011）第 181655 号

教育部高职高专计算机教指委规划教材
计算机网络技术项目教程
主　编　张学金　王立征
副主编　赵宪华　李韦韦

出版发行	中国人民大学出版社		
社　址	北京中关村大街 31 号	**邮政编码**	100080
电　话	010－62511242（总编室）		010－62511398（质管部）
	010－82501766（邮购部）		010－62514148（门市部）
	010－62515195（发行公司）		010－62515275（盗版举报）
网　址	http://www.crup.com.cn		
	http://www.ttrnet.com(人大教研网)		
经　销	新华书店		
印　刷	秦皇岛市昌黎文苑印刷有限公司		
规　格	185 mm×260 mm　16 开本	**版　次**	2011 年 9 月第 1 版
印　张	12.5	**印　次**	**2017 年 8 月第 5 次印刷**
字　数	296 000	**定　价**	25.00 元